Basic principles of Mathematics and Philosophy of Science and Technology for Artificial Intelligence

AI를 위한
수학의 기초원리와
과학기술철학

신정수 지음

지오북스

저자소개

신정수

서울디지털대학 소프트웨어공학과 객원교수 (인공지능수학/이산수학 강의)
네이버 Edwith 강의 (어른들을 위한 기초수학, 삼각함수 미적분, 벡터 미적분, 수학철학)
기업 대상 수학 출장강의 (미적분, 인공지능수학, 선형대수 등)
고교, 대학 등 수학 주제 특강(수학사/수학철학)
한국외국어대학교 대학원 철학 석사 (수학철학 전공)
서울대학교 자연과학대학 수학과 졸업

AI를 위한
수학의 원리와 과학기술철학

초판발행 2024년 3월 1일

저 자 신정수
펴낸곳 지오북스
등 록 2016년 3월 7일 제395-2016-000014호
전 화 02)381-0706 / 팩스 02)371-0706
이메일 emotion-books@naver.com
홈페이지 www.geobooks.co.kr
ISBN 979-11-91346-87-9

값 19,000 원

이 책은 저작권법으로 보호받는 저작물입니다.
이 책의 내용을 전부 또는 일부를 무단으로 전재하거나 복제할 수 없습니다.
파본이나 잘못된 책은 바꿔드립니다.

추천의 글

"수학이 중요하다고 들었으나 수학도 그 중요성도 잘 이해할 자신이 없었다면, 이 책의 <제1부 수학의 기초원리>를 읽어 보면 좋습니다. 수학의 핵심을 이렇게 이해하기 쉽게 설명할 수 있다니 놀랍습니다. 인공지능의 발전에 놀라며 과학기술과 수학에 대해 막연한 불안감을 느끼고 있다면, 이 책의 <제2부 과학기술철학>을 읽어 보십시오. 저자가 경험한 기초 다지기 과정을 따라가다 보면 어느새 4차산업혁명 현장에서도 흔들리지 않을 자신감이 생길 것입니다."

– 김동수, 카이스트 수리과학과 교수, 전 국가수리과학연구소장

"고대에 철학적인 사유로부터 수학의 기초원리와 과학기술의 원리가 탄생했지만, 근대 이후의 과학기술의 진보는 세분화되고 전문화되면서 수학과 과학기술들 사이는 물론이고 과학기술의 본질에 대한 철학적 물음들과는 그 사이가 너무 멀어졌다. 이제 그들 사이의 통합과 융합이 다시 화두

로 떠오르고 있다. 이 책은 수학과 과학기술에 대한 다양한 철학적 논점, 토론될 이슈들을 소개하고 있다. 특히 이 책 2부는 수학철학, 과학철학, 정보철학, 인공지능철학, 과학기술과 사회 분야에서 이러한 현대적 흐름을 이해하는데 필요한 내용들로 구성됐다. 나는 이 책이 고등학교 청소년과 대학생들이 수학의 기초원리와 과학기술철학을 통합적으로 이해할 수 있는 좋은 교양서임을 의심치 않는다."

- 김원명, 한국외국어대학교 철학과 교수

"철학의 본질은 메타적으로 생각하는 것, 즉 자신의 생각을 객관화하여 다시 생각해보는 것이다. 그래서 철학을 한다는 것은 자신에게 질문을 던지는 것이다. 자기 자신에게 질문을 하지 않으면 자기 자신이 누구인지 모른다. 그런 의미에서 우리는 끊임없이 자기 자신에 대해서 물어야 한다. 수리철학은 '수학이란 무엇인가'를 묻는 학문이다. 수학만 해서는 이 질문에 적절한 대답할 수 없다. 저자는 이 질문에 대한 다양한 철학적 관점을 제시하고 있다. 수학의 기초원리는 물론, 수학철학, 정보철학, 인공지능철학까지 수학의 본질에 대한 이야기를 하고 있다. 그런 의미에서 이 책은 수학을 공부하는 사람이 자신 생각을 메타적으로 조망하는데 도움이 될 것이다."

- 김필영, 철학박사, 인기 철학 유튜버, 『5분뚝딱철학』 시리즈 저자

"이 책의 제1부에서는 그동안 우리가 이렇게 간과해 왔던 수학의 기초이론 및 원리를 간명하고 알기 쉽게 설명함으로써 수학에 대한 특별한 배경 지식 없이도 이해할 수 있게 한다. 또한, 이 책의 제2부에서는 과학기술

에 관한 철학적 논점이나 토의할 만한 이슈들을 소주제로 삼아 소개함으로써 우리가 오늘날 현대 사회를 살아가는 데 있어서 알고 관심을 가져야 할 지식을 함양하는데도 도움을 주고 있다. 이 책은 우리가 학창 시절 배웠던 수학의 기초원리를 다시 한번 재정리하고 나아가 오늘날 빠르게 발전하는 과학기술을 인문학 및 철학적 통찰을 통해 바라볼 수 있게 하는 훌륭한 교양서라는 점을 믿어 의심치 않는다."

— 박정호, 서울디지털대학교 AI소프트웨어공학과 교수

"저자는 현명함과 성실함을 겸비한 인재이면서도 책 읽기와 학생들 가르치기를 좋아하는 분이다. 이 책은 저자가 수학과 IT, 그리고 철학을 공부해 오며 얻은 지식과 통찰을 담고 있다. 이 책은 수의 개념부터 미적분, 통계, 벡터, 정수론 등에 이르기까지의 다양한 수학적 지식과 그것들의 의미를 담고 있다. 또한, 이 책의 2부에서는 저자의 전공 분야인 수학과 과학의 철학의 핵심적인 내용을 이야기해 주고 있다. 이 책은 수학의 기본 개념과 과학철학의 핵심적 내용을 담은 이 시대 최고의 명저 중 하나이다."

— 송용진, 인하대학교 수학과 교수, 『진짜 논리이야기』, 『영재의 법칙』 등 저자

"세상에는 수없이 많은 책들이 있고 또 어디선가는 새로운 책이 쏟아져 나옵니다. 하지만 수학을 위한 대중 서적을 쓴다는 것은 매우 큰 난제입니다. 수학 이론은 처음부터 개념 그리고 메타개념으로 쌓아 올려진 매우 삭막하고 앙상한 골조이기 때문입니다. 쳐다보면 어디까지 이어지는지 가늠

하기 어려운 아득한 곳까지 이르기에 많은 사람들이 금방 현기증을 느낍니다. 어려운 도전에 다시 뛰어드신 신 선생님께 우선 박수 한 번 쳐 드리고 싶습니다. 십수 년 이상 연령에 상관하지 않고 수포자들을 위해 애써오셨고 일정 부분 성과를 거두셨기 때문에 이런 책을 내실 수 있었던 것입니다. 그 과정은 결코 순탄치 않았음을 옆에서 지켜본 저는 이 책이 진심을 담아 책을 정독하는 독자에겐 새로운 세상을 열어줄 것이라 말하고 싶습니다."

— 지형범, GES영재교육센터 대표, 전 멘사코리아 회장

서문

 필자는 대학 학부에서는 수학을 전공했고, 젊은 시절 소프트웨어 개발자와 기업 연구소장 그리고 IT 사업가로 활동하다가, 나중에는 이른바 '수포자' 전문 선생을 표방하며 초등, 중등, 고등학생은 물론 대학생, 일반인까지를 대상으로 20년 가까이 나름의 방식으로 수학을 지도해왔다. 또, 예순 나이에 철학과 대학원에 들어가 서양분석철학을 전공하면서 철학이라는 인문학의 세계에 흠뻑 빠져들기도 했다. 그리고 수학을 철학적 관점에서 바라보는 수학철학에 관한 논문 및 블로그 글들도 쓰면서 이런 주제의 대중 강의도 여러 차례 했다. 이제 이런 공부 및 경험들을 정리해서 수학의 기본 원리를 처음부터 다시 체계적으로 살펴보고 또 인문, 철학적 관점에서 수학/과학/기술에 대한 새로운 통찰을 얻을 수 있는 새로운 책을 써보자는 생각을 여러 해 동안 해왔다. 어찌 보면 이 책에서 다루는 주제가 너무 방대하여 이를 한 권의 책에 담으려는 시도 자체가 일종의 만용이 아닐까 싶기도 했다. 하지만, 내가 열심히 배우고 생각하며 깨달아왔던 주제와 내용에 대해 후일의 나 자신을 위해서라도 필요할 수 있는 아담한 책으로 엮어보고 싶은 소망 같은 것이 있었다. 더불어 이 책을 써나가면서 이 책을 읽는 일반 독자들에게도 분명 의미 있는 콘텐츠가 될 수 있을 것이라는 기대와 믿음도 가지게 되었다.

이 책의 제1부는 '수학의 기초원리'에 관한 것으로 중등 수학부터 대학 교양 수학까지의 필수적인 기본 이론들에 대한 나의 지난 강의록을 엄선하고 정리한 내용이다. 시중의 학기별 진도에 맞춘 학교 교과서나 방대한 문제 유형 학습을 위한 문제집들은 사실 일반 교양인들이 읽고 공부하기에는 적합하지 않은 것 같다. 왜냐하면, 이런 책들을 통해서는 단기간에 수학의 전체적 맥락과 진수를 파악하기는 무척 어렵기 때문이다. 이 책에서 제1부는 수, 식, 도형, 조합, 함수, 미적분, 통계, 벡터, 정수론 등 아홉 가지의 굵직한 주제들로 분류하여 이에 대해 평소의 강의처럼 간명하고 알기 쉬운 설명을 시도했다. 결국, 이 책 한 권으로 중고등 수학의 기본을 빠르게 재정립하고, 더 나아가 대학에서의 미적분, 기초통계학, 선형대수학, 정수와 암호론 등에 대한 감을 잡을 수 있게 하며, 마침내 인공지능의 수학적 이해를 위한 기본 토대를 만들 수 있도록 해보자는 취지로 이 책을 썼다.

그다음 이 책의 제2부는 수식이 거의 없으며 수학/과학/기술을 철학 관점으로 조명하는 인문학적 파트로 '과학기술철학'이라는 제목을 붙였다. 오늘날 융합인재가 요구되는 통섭의 시대라고는 하지만 실제 수학, 과학이나 공학의 각 세부 전공 분야들은 각자 너무 깊게 들어가 있어서 상호 간의 소통이나 전체적 시각을 얻기는 쉽지가 않다. 과학기술을 교양 차원에서 폭넓게 이해하기 위해서는 많은 부분에서 이공계 지식을 넘어 인문학적, 철학적 통찰도 요구된다. 이 책의 제2부에서는 서양 분석철학 관점에서의 과학철학, 수학철학, 정보철학, 인공지능철학, 그리고 과학기술과 사회라는 다섯 가지 큼직한 주제별로 내용을 분류했다. 이를 통해 과학기술에 관한 다양한 철학적 논점이나 토의할 만한 이슈들을 소개하면서 이들에 대해 함께 생각하는 기회를 만들어보고자 했다. 여기에는 튜링기계, 인공지능(AI) 기계와 인간 마음과의 차이에 관한 논점과 더불어, 다중우주론과 시뮬레이션 가설 등 오늘날 크게 화두가 되는 흥미로운 주제의 글들을 주로 실었다. 제2부의 내용은 결국 인공지능시대를 맞이하는 철학적 사유이며, 대학 교양과정에서 '인문학적 관점에서의 과학기술' 같은 과목명으로도 활용될 수 있었으면 하는 소망도 없지 않다.

아무쪼록 이 책이 수학/과학/기술에 대한 신선한 깨달음과 새 지혜를 얻는 계기가 되고, 그다음 단계의 공부를 위한 소박하지만 하나의 디딤돌 역할이 될 수 있다면, 이 책을 열심히 써서 세상에 내는 저자로서 더없는 큰 기쁨과 보람이 될 것이다. 서문을 마치면서, 이 졸저의 출간 계획 소식에 세심한 조언, 격려와 더불어 추천 글까지 기꺼이 보내주신 김동수 교수님, 김원명 교수님, 김필영 박사님, 박정호 교수님, 송용진 교수님, 지형범 대표님께 이 자리를 빌려 심심한 감사를 표한다. 그밖에도 이 책을 만드는 과정에서 유익한 조언을 많이 주신 최건돈 박사님, 최건호 교수님 등 여러분께도 깊은 감사의 말씀을 드린다.

2024년 2월 1일
저자 신정수

목 차

제1부 수학의 기초원리

1-1. 수 …………………………………………………………… 11
1-2. 식 …………………………………………………………… 25
1-3. 도형 ………………………………………………………… 42
1-4. 조합 ………………………………………………………… 50
1-5. 함수 ………………………………………………………… 58
1-6. 미적분 ……………………………………………………… 87
1-7. 통계 ………………………………………………………… 110
1-8. 벡터 ………………………………………………………… 119
1-9. 정수론 ……………………………………………………… 146

제2부 과학기술철학

2-1. 수학철학 …………………………………………………… 159
2-2. 과학철학 …………………………………………………… 175
2-3. 정보철학 …………………………………………………… 218
2-4. 인공지능철학 ……………………………………………… 236
2-5. 과학기술과 사회 …………………………………………… 260

제1부

수학의 기초 원리

1-1 수

자연수란?

하나, 둘, 셋,... 등으로 부르는 이 수(자연수)의 개념이란 도대체 무엇일까? 우리는 둥근 공, 붉은 토마토처럼 어떤 대상(공, 토마토)의 속성(둥근, 붉은)을 형용사로 표현하곤 한다. 그런데 수란 개체들 각자의 이런 속성이라고 하기엔 이들과는 무언가 차이가 있어 보인다. 왜냐하면, 수란 어떤 대상의 순수한 존재성만을 조사 대상으로 삼는 것이지 그 대상이 모양이든 색깔이든 어떤 속성을 가지는 지에 대해서는 알 필요성이나 관심을 느끼지 않기 때문이다. 조금 철학적으로 표현하자면, 수라는 것은 어떤 개체들의 묶음(집합, 보편자)을 대상으로 하는 것이며 그 묶음 속에 개별적 순수 존재(원소, 개별자)들이 어느 정도로 들어가 있는가를 비교적으로 표현하려는 것이다.

그렇다면 우리는 어떤 메커니즘을 통해 특정 묶음의 수가 '같다' 또는

'다르다' 또는 '더 크다'라고 말하며, 또 어떤 경우를 자연수들 1,2,3,... 등으로 표현하기로 약속한 것일까? 우리가 아주 어릴 적부터 부모로부터 수를 배우며 너무나 무의식적으로 익숙해진 것이 바로 자연수 개념이다 보니 그 당연한 계산 메커니즘을 단계적으로 분석하는 것은 좀 엉뚱해 보일 수도 있다. 하지만 오늘날 수학이란 가장 큰 확실성을 추구하는 학문 분야이며 따라서 공리, 정의 등 의심하기 어려운 가장 명확한 전제들로 이론적 토대 구축을 해야 한다. 따라서 너무나 당연하게 보이는 이 자연수 개념을 더 파고들며 수학적 기호들을 사용한 현대적 집합론적 개념으로 재정립하게 된 것이다.

예를 들어 아주 오래전 원시적 인류가 사과 다섯 개의 A 묶음과 감 다섯 개의 B 묶음을 비교하면서 A, B 묶음에서 각 수는 서로 같다는 것을 인지하는 방법이 어떠했을지를 상상해보자. 그것은 아마도 머릿속으로 일대일 공간 대응을 순차적으로 시켜나가면서 어느 쪽이든 모든 과일이 다 대응을

마친 것을 확인하면서 A, B가 같은 수라고 파악했을 가능성이 매우 높다. 하지만 만일 한 쪽에서 아직 남는 것이 있었다면 이쪽의 수가 대응을 마친 다른 쪽보다는 수가 더 많다고 받아들인다. 이것은 순식간에 일어나지만 결국 이 방식이 인간이 수를 비교하는 가장 원초적인 방식이라고 볼 수 있을 것이다.

근대 영국 철학자 데이비드 흄

철학사를 돌아보면 근대 영국 철학자 데이비드 흄의 경우도 이 방식을 통해 수의 대소 관계 개념을 파악했으며 이는 나중 '흄의 원리'로 일컬어졌다. 현대 집합론의 창시자 칸토어도 이 기법을 유한 집합이든 무한 집합들의 원소 개수를 비교하는 데 있어서의 개념적 정의의 구축 방법으로 삼았다.

그렇다면 자연수 1,2,3,4,... 라는 것들의 개념은 어떻게 정하게 된 것일까? 이 세상에 각 수에 해당하는 그런 구체적 실물 존재가 따로 있는 것은 아니며 수라고 하는 것은 우리가 단지 수가 같은 어떤 묶음들에 대해 붙이는 개념적 약속 즉 언어일 뿐이다. 기호논리학의 창시자였던 프레게(Gottlob Frege)와 수리 철학자였던 버트런드 러셀(Bertrand Russell)은 집합론 용어들을 도입하여 '2'라는 수는 원소의 개수가 단지 두 개인 집합들의 총집합을 일컫는 개념으로 간주했다. 즉 어떤 개체들 묶음 속의 개체 수가 손가락 두 개와 일대일 대응이 가능하여 수적으로 동일하다면 이 묶음(집합)은 2의 원소가 되는 셈이다. 결국, 눈앞의 손가락 두 개와 수적으로 동일한 묶음들의 전체 집합을 칭하는 것이 '2'라는 수의 개념이라고 본 것이다. 따라서 사과 두 개의 묶음은 2에 속하며 이는 2의 원소라고 표현할 수 있다는 것이다.

모든 자연수 1,2,3,4,…는 이런 방식으로 개념들이 정해진 것으로 볼 수 있는데, 여기에는 페아노가 사용했던 '후자(successor)'라는 개념을 동원하여 귀납법적으로 수의 용어 정의가 가능하다. 일단 0은 원소가 없는 공집합만을 유일한 원소로 하는 집합이라고 약속해 둔다. 집합 기호를 사용하자면 {∅} 또는 {{ }}이 바로 0이다. 앞의 숫자에서 대응시킬 원소가 하나 더 많은 집합들의 집합을 후자라고 부르기로 하는데, 이를테면 1은 0의 후자이고, 2는 1의 후자, 3은 2의 후자,… 이런 식으로 숫자의 이름을 약속해나간다. 이를테면 2라는 수의 개념이 정해졌다면 그 후자인 3은 2에 해당하는 집합 하나에다 원소 '하나'를 더 추가시켜서 다시 이와 일대일 대응 관계에 있는 집합들을 모은 개념으로 간주한다는 것이다.

추상적 용어나 기호들을 사용하면서 뻔한 자연수를 왜 이렇게 어렵게 설명하는가 하는 의문을 품을 수도 있겠지만 사실은 우리가 애초에 수라는 개념에 눈뜨고 파악하고 활용하는 근원적 절차를 이해할 필요가 있으며 이를 명확히 함으로써 수를 공리화하고 관련 이론을 체계화해나가는데 더욱 확실성, 정밀성을 기대할 수 있기 때문이다.

한편, 제르멜로(Zermelo)는 0을 포함한 수를 공집합에서 출발하여 Ø=0, {Ø}=1, {{Ø}}=2, {{{Ø}}}=3,...방식으로 정의를 내렸으며, 폰 노이만(Von Neumann)은 Ø=0, {Ø}=1, {Ø, {Ø}}=2, {Ø, {Ø}, {Ø, {Ø}}}=3,... 방식으로 기묘하게 정의를 내리기도 했다. 그런데 이들은 왜 이렇게 이상하게 수의 정의를 내렸던 것일까? 그것은 이 세상에는 무엇이든 최소한 하나라도 존재한다는 경험적인 것을 전제로 수학을 펼쳐나가기는 싫었던 때문인 듯하다. 이들은 무에서 유를 만들어나가는 식으로 모두 외연적 존재 대상에서는 자유로운 공집합으로부터 수의 개념을 확장해나갔던 셈이다.

정수의 개념

수의 개념이 자연수에서 정수로 확장되면서 수앞에 '-'(마이너스) 기호가 붙는 음수라는 개념이 등장하게 된다.

'-' 마이너스

자연수는 부호가 필요 없는 '양의 정수'라고 표현하기도 하는데, 여기에 '0'과 더불어 -1,-2,-3,-4,... 처럼 자연수에 마이너스 부호가 붙는 '음의 정수'들까지 통틀어 '정수'라고 말한다. 우리가 학교에서 처음 음수를 배울 때에는 음수는 과연 이 세상에 있기나 한 수인지 또 이들은 자연수와 달리 어떤 의미를 가지는 수인지에 대해 의구심을 가져본 경우도 있었을 것이다.

나의 기억으로는 음수란 일종의 '부채' 같은 것으로 다른 수들과 합쳐졌을 때 결국 전체에서 그 만큼 빼주어야 할 숫자의 개념으로 학교에서 배웠고 스스로도 그렇게 이해를 해왔던 것 같다. 그런데 사실은 음수가 공식적인 수로 인정을 받게 된 것은 역사적으로 그다지 오래된 일이 아니다. 근대에 와서 음수 계산을 수학에 도입할 필요성이 제기되었을 때에도 많은 수학자들은 반대 의사를 표시했으며 천재 수학자 라이프니츠조차 이는 어불성설이라고 맹렬한 비판을 했다. 왜냐하면 1:(-1)의 양쪽에 같은 수 '-1'을 곱해도 그 비는 그대로 유지되어야 할 텐데 1:(-1)=(-1):1이라고 말하면 대소관계가 어긋나는 문제가 발생한다는 것이다. 왜냐하면, 좌변은 1>-1, 우변은 -1<1이기 때문이다. 따라서 그는 음수를 수학에 도입하게 되면 기존 수학 체계에 큰 혼란이 올 수 있다고 반기를 든 셈이다. 그런데 사실 오늘날 수학에서는 a:b=c:d처럼 두 가지 비가 서로 같다고 말할 때 반드시 각자의 앞뒤 대소관계까지 서로 같아야 할 당위성은 보장하지 않는다.

음수와 정수 개념, 그리고 그 연산들을 이해하는 데에는 다소 모호한 부채 개념보다는 이들을 기하학적으로 직선상에서 어떤 점에 대응시키면 좋을지를 생각해보면 그 개념들을 보다 선명하게 이해하는 데에 도움이 된다 (원래 고대부터 수학은 토지의 측량을 중시하면서 대수 쪽보다는 기하 쪽에서 개념들의 발전이 먼저 이루어진 것이다). 직선의 중앙 한 곳에 점을 찍고 이 점을 '0'에 대응하는 원점으로 간주한다. 그 우측 한 곳을 선택하여 이를 '1'에 대응되는 점이라고 해보자. 그럼 2,3,4,... 등 자연수들의 위치는 더 우측에서 동일한 일정 간격으로 즉시 결정이 될 것이다. 그다음

'-1'은 원점으로부터 1과 같은 간격으로 반대 방향(좌측)에 자리 잡는 수로 간주하며 -2.-3.-4,...등의 음의 정수들은 더 좌측에서 동일 간격으로 결정이 되는 수가 된다. 그리고 마이너스를 붙인 수란 원점을 기준으로 원래 수와 반대 방향에 놓여있는 점들을 지칭하기로 약속한다면, 양수에 마이너스를 붙이면 음수가 되고 음수에 마이너스를 또 붙이면 다시 양수가 될 것이다. 이를테면 -(+3)=-3이고 -(-3)=3으로 간주한다. 또한, 어떤 수이든 원점으로부터의 해당 점 거리가 곧 부호를 뺀 그 수의 '절댓값'에 해당한다. 이를테면 음수 -3과 양수 +3은 그 절댓값이 |-3|=|+3|=3이며 이 말은 두 수의 원점으로부터의 거리가 동일하게 3이라는 의미이며 그 두 수는 원점 기준으로 서로 반대 방향(-3은 좌측, +3은 우측에 놓인 점들이라는 것이다.

한편, 어떤 수에 양수 n을 더한다는 개념은 그 점에서 우측으로 n 간격만큼 이동시킨 점을 가리키는 것이며 음수 -n을 더하거나 양수 n을 뺀다는 것은 그 어떤 점에서 좌측으로 그 만큼 이동하는 개념으로 받아들일 수 있다. 따라서 3+(-5)=3-5=-2로 계산이 되며 정수의 덧셈 계산에서 3+(-5)=(-5)+3 같이 교환법칙이 성립한다는 것도 좌표 기하로 생각해보면 그 이해가 쉽다. 그렇다면 이 관점에서 볼 때, 어떤 수에서 음수를 빼는 것은 어떤 의미로 받아들여야 할까? 예를 들어, m에서 음수인 -n을 뺀다는 것은 m-(-n)로 표시가 될 것인데, 여기에서 -n을 다시 더한다면 원래 수 m으로 돌아가야 마땅할 것이다. 즉, m-(-n)+(-n)=m이 된다는 이야기인데, 결국 -n을 뺀다는 것은 +n과 같은 역할을 해야 이 계산이 맞아들어가는 셈이다. 따라서 -n을 뺀다는 것은 음수의 음수인 -(-n) 즉, n을 더하는 것과 같은 셈으로 간주하게 되는 것이다. 우리가 중학교 때 음수의 계산을 배우면서 그냥 공식으로 이런 방식을 받아들이고 다양한 계산에 의심 없이 기계적으로 적용해 온 것이어서, 이런 정의나 원리를 따진다는 것이 더 불편하게 느껴질지 수도 있을 것이다. 하지만 공식들을 주어진 법칙으로만 간주하고 그냥 그 방식을 외워서 사용하기만 한다면 수학의 원리를 제대로 이해하기 위한 좋은 태도로 보기는 어려울 것이다.

자, 이제 (-3)×(-2)=6처럼 음수와 음수를 곱하면 왜 양수가 되는 지에 대해서도 생각을 해보기로 하자. 원래 (-3)×2라는 곱셈은 앞의 수 -3을 두 번 더한다는 의미를 부여한 것으로 (-3)+(-3)=-6 계산은 매우 당연해 보인다. 그다음 3×(-2)는 어떨까? 일단 곱셈의 원래 의미를 좇아 3을 -2번 더하는 것으로 해석한다면 이것은 도대체 어떻게 계산하라는 것인지가 직관적이지가 않다. 그래도 곱셈을 자연수를 넘어 정수끼리의 연산으로까지 확장을 하고 싶다. 그래서 3×(-2)처럼 어떤 수에 음수를 곱한다는 것은 -(3×2)=-6 과정처럼 일단 양수인 2를 곱한 후 그 계산 결과에 다시 마이너스를 붙이는 계산법을 취하기로 미리 '약속'을 한 것이다. 따라서 음수에 음수를 곱한 (-3)×(-2)의 경우에도 -(3×2)=-(-6)=6 방식으로 계산이 된다. 그렇다면 왜 하필 이런 식으로 약속을 한 것일까에 대한 궁금증이 생길 수도 있다. 우선 어떤 수이든 0을 곱하면 0이 되는 것으로 약속(정의)이 되어있고 이는 우리가 받아들이기도 용이하다. 그런데 0=(-3)×0=(-3)×(-2+2)에서 연산의 분배법칙이 적용된다면 -3×(-2)+(-3)×2=0이 되어야 한다. 그렇다면 이 수식에서 -3×(-2)+(-6)=0이 성립되어야 하므로 -3×(-2)=6이 된다고 보는 것이 타당하다. 요컨데, 음수에 음수를 곱할 때 양수가 되는 것으로 약속한 것은 다소 비직관적으로 보이기는 하지만 자연수들의 기존 연산법칙들을 정수 차원으로까지 그대로 이어가기 위한 탁월한 선택이라고 볼 수 있는 것이다.

무리수란?

피타고라스 시대에는 모든 수는 비로 나타낼 수 있는 것으로 보았다. 이를테면 1.2는 $\frac{1.2}{1.0}=\frac{12}{10}$과 동일한 수이며 약분을 해서 $\frac{6}{5}$이라는 기약분수(더 이상 약분이 되지 않는 분수)로 표현이 가능하다.

$$0.12121212\cdots\cdots$$

우리는 중학교 수학에서 이런 유한 소수뿐 아니라 심지어는 0.12121212.... 같은 순환하는 무한소수는 분수 12/99=4/33으로 나타낼 수 있다는 것을 배웠다. 순환소수를 분수로 변환하는 공식은 일차방정식 풀이로 유도가 가능하다. 일단 x=0.12121212...로 놓은 후 양변에 100을 곱하면(두 자리씩 순환되는 케이스) 100x=12.12121212.... 가 된다. 여기서 x와 100x는 소숫점 아래 수가 동일하므로 후자에서 전자를 빼면 100x-x=12만 남는다. 따라서 99x=12이고 따라서 x=$\frac{12}{99}=\frac{4}{33}$처럼 분수 표현이 가능해지는 것이다. 이렇듯 분수로 표현이 가능한 수를 우리는 '유리수'(rational number)라고 부른다. 그렇다면 순환이 되지 않고 불규칙하게 무한히 전개되는 소수는 어떠할까? 과연 이런 수도 실제 존재할 수 있는 것이며 이런 경우도 어떤 방법을 쓰면 분수로 변환이 가능해질까? 자연스럽게 이런 의문들 확대되어 나갈 수 있을 것이다.

기원전 500년 무렵 피타고라스 학파에서는 세상은 모두 수로 이루어졌으며 모든 수는 비(ratio)로 나타낼 수 있다고 가르쳤으며 이는 그들 학파에겐 일종의 교리와도 같은 것이었다. 그런데 이 신비로운 교리에 치명적 문제가 있다는 것이 발견되었다. 당시 피타고라스 학파에서 공부했던 히파수스라는 사람은 한 변이 1인 정사각형의 대각선은 분명히 존재하는 수이지만 그 길이를 분수로는 표현할 수 없다는 사실을 발견했다. 한변의 길이가 1인 정사각형의 대각선 길이 x는 피타고라스 정리를 이용하면 x는 그 제곱이 2가 되는 '루트2' ($\sqrt{2}$)에 해당하는 수이다. 그런데 이 수는 소수로 1.414213…로 전개가 되어 나가지만 결코 분수로 표현은 불가능하므로 유리수라고 볼 수 없다는 이야기인 셈이다. 그렇다면 왜 그렇게 단언할 수 있었던 것일까? 그 증명은 그다지 복잡하지 않으므로 여기에서 간략히 소개를 해본다.

$\sqrt{2}$가 유리수라면?

만일 $\sqrt{2}$가 유리수라면 기약분수 $\frac{a}{b}$ (a,b는 '서로소'인 자연수)로 나타낼 수 있을 것이다. 이 가정을 하게 되면 논리적 모순이 발생한다는 것을 보여서 이 가정이 잘못되었음을 증명하려고 한다(이런 방식의 증명법을 귀류법이라고 한다). $\sqrt{2}$의 제곱은 2이므로 $(\frac{a}{b})^2=\frac{a^2}{b^2}=2$가 된다. 여기서 b^2을 이항하면 $a^2=2b^2$이므로 a^2이 짝수이고 따라서 a도 짝수여야 한다. 그럼 a=2k라고 놓자(k는 어떤 자연수). $(2k)^2=2b^2$에서 $4k^2=2b^2$가 되어 $b^2=2k^2$로 표현이 되므로 b 역시 짝수임을 알 수 있다. 그런데 문제가 발생했다. a와 b는 애초에 서로소가 된다고 가정했는데, 결국 둘 다 짝수(2로 나누어떨어진다)로 판명이 되었기 때문이다. 이런 모순이 발생한 원인은 $\sqrt{2}$가 유리수라는 가정 자체에 잘못이 있었기 때문이며 따라서 $\sqrt{2}$는 유리수가 아니다. $\sqrt{2}$처럼 분수로 표현이 불가능한 수를 오늘날 '무리수

'(irrational number)라고 하는데, 이는 비이성적인(irrational) 수라는 의미가 아니라 비(ratio)로 표현할 수 없다는 의미로 해석해야 할 것이다.

무리수에 해당하는 수들을 실제 무한히 많다. 루트3, log2, 원주율 π, 오일러수 e 등도 무리수라는 것이 증명 가능하며 무리수에 유리수를 더하거나 0이 아닌 유리수를 곱해도 역시 무리수가 된다. 실수란 유리수들과 무리수들을 모두 합친 수의 집합으로 기하적으로는 수직선상의 모든 점 (위치)들과 각각 완벽히 일대일대응이 되는 수들을 일컫는 것으로 볼 수 있다. 칸토어는 그의 현대 집합론에서 함수 관계를 이용하여 무한 집합들의 개수까지 비교하는 수학적 방법론을 창안했는데, 그의 이론에 따르면 실수 중에도 무리수 집합은 유리수 집합보다 월등히 더 크다(둘 다 무한집합이지만 그 크기의 급이 다르다는 의미이다). 만일 수직선 상에서 임의의 절단을 한다고 할 때 그 위치의 수가 유리수에 해당할 확률은 0이라고 말할 수 있을 정도이다(반면 무리수일 확률은 1로 보아야 한다).

허수란?

중학교 교과 과정에서는 자연수, 정수, 유리수, 무리수 등 실수 영역의 수를 다룬다. 사실은 우리가 대수학에서 방정식의 해를 구하는 과정에서 이런 수의 체계의 확장 필요성이 대두되곤 했다. 이를테면 일차방정식은 아무리 복잡한 경우라도 그 해는 분수로 표현 가능하며 따라서 그 해는 기껏해야 유리수 범위 내에서 도출이 된다. 그런데 이차방정식 $x^2=2$의 해는 어떨까? 제곱해서 2가 되는 수는 양수, 음수 두 개가 있는데 이를 '2의 제곱근'이라고 말하며 이를 루트 기호($\sqrt{}$)를 써서 $\sqrt{2}$ (양수 해)와 -$\sqrt{2}$ (음수 해)로 표현한다. 루트 2 (제곱근 2) 즉 $\sqrt{2}$ 는 앞에서 증명을 했듯이 유리수 영역에서는 존재하지 않으며 따라서 우리는 분수로 표현 불가능한 무리수라는 수의 존재를 인정하기에 이르렀고 그리하여 마침내 무리수를 포함한 실수 체계라는 것을 구축하기에 이르렀다.

이차 방정식
$x^2+1=0$
$x^2=-1$

자 그럼 이제 $x^2+1=0$이라는 이차방정식의 해를 생각해보자. 이 식은 $x^2=-1$과 동일한 식으로 그 해는 제곱해서 -1이 되는 수여야 할 것이다. 하지만 이런 수는 실수 범위 내에서는 존재하지 않으며 중학교 과정에서는 이 이차방정식은 (실수)해 또는 실근이 없다고 표현한다.

왜냐하면, 양수든 음수든 그 수를 제곱하면 양수가 되지 결코 -1 같은 음수가 나올 수는 없기 때문이다. 그렇다면 수의 체계를 실수 범위에서 더 확장하여 이런 이차방정식의 해가 되는 수를 포함하는 더 확장적 수의 체계를 만들 수는 없을까? 수학자들은 이런 생각을 하게 되었다. 우선 $x^2=-1$이 되는 수를 -1의 제곱근이라고 표현하고, '$\sqrt{-1}$' (루트 -1, 그냥 i로 간략히 표기)가 그런 수라고 하자. 그렇다면 ±i는 이차방정식 $x^2=-1$의 해가 될 것이다. 왜냐하면 $(±i)^2=i^2=-1$이기 때문이다. 그렇다면 이제 '$\sqrt{-2}$' 같은 수도 제곱했을 때 -2가 되는 수를 가리키며, 이를 $\sqrt{2}$ i로 표기하기로 한다. $\sqrt{2}$ i를 기존 연산 법칙에 따라 제곱하면 $2i^2=2(-1)=-2$가 된다. 따라서 $x^2=-2$라는 이차방정식의 해는 ±$\sqrt{2}$ i가 될 것이다. 같은 방식으로

'$\sqrt{-4}$'라면 $\sqrt{4}\,i$, 즉 2i로도 표기할 수 있을 것이다. 이처럼 i에 실수가 곱해진 모양의 수로 이를 제곱했을 때 음수가 되는 수들을 우리는 '허수'라고 말한다.

우리가 고등학교 1학년 때 배우게 되는 '복소수' 체계란 실수 체계를 포함하되 이를 더 확장하여 허수까지 포함하는 수의 체계를 일컫는 것이다. 다만 a+bi 형식의 수(여기서 a와 b는 실수)로 실수(a) 파트와 허수(bi) 파트의 합의 꼴로 나타내어지는 수들의 집합을 일컫는다. 예를 들어, 2+3i, 3-i 등은 복소수이다. 하지만 5^i, i^i 같은 표현의 수는 이 형태 자체만으로는 복소수라고 말해서는 안 될 것이다. 그런데 복소수를 a+bi 형태로 정의하면 복소수끼리의 사칙 연산은 그 계산 결과도 항상 복소수 형식으로 나타날까? 만일 이렇게 된다면 복소수 체계는 사칙 연산에 대해 '닫혀있다'고 말할 수 있게 된다. 우선 a+bi와 c+di를 더하는 것은 (a+c)+(b+d)i처럼 실수부는 실수부끼리 허수부는 허수부끼리 더하고 보면 이 역시 복소수 형식이다. 빼기의 경우도 마찬가지일 것이다. 더구나 두 복소수의 곱의 경우도 (a+bi)(c+di)=(ac-bd)+ (ad+bc)i로 역시 복소수 형식으로 정리가 가능하다. 가장 의심스러운 것은 복소수의 나눗셈 격인 분수식 $\frac{a+bi}{c+di}$의 정체인데, 이 경우에는 분자와 분모에 똑 같이 c-di를 곱하면 분모는 실수화 (c^2+d^2)가 가능해진다. 또 분자는 두 복소수의 곱이므로 복소수 형식 p+qi 꼴이 될 것이며 여기에 분모인 실수 c^2+d^2를 나누어도 $\frac{p}{c^2+d^2}+\frac{q}{c^2+d^2}i$ 모양으로 역시 복소수 형식이 된다. 결국, 복소수 체계란 기존의 사칙 연산에 대해 닫혀있는 매우 그럴듯한 실수 체계의 확장판으로 볼 수 있다.

하지만 이런 복소수는 도대체 어디에 쓰려고 우리가 배우는지에 대해 의문을 가질 수 있다. 이 접근법은 대수학에서 고차방정식의 분석에도 도움

을 주지만 현대 물리학에서도 이런 복소수 체계를 도입하면 계산상 매우 편리한 점이 많다. 우선 기하학적으로 실수들은 1차원 직선상의 점들에 대응이 되는 수들이지만 복소수는 실수부와 허수부 두 개의 좌표로 표현 가능한 2차원적 수라는 점에 유의할 필요가 있다. 즉, 복소수 a+bi는 평면좌표 상에서 실수부를 나타내는 가로축에서 좌표가 a이고 허수부를 나타내는 세로축에서의 좌표가 b가 되는 점 (a,b)에 대응이 되는 수로 간주할 수 있다. 물리학에서의 힘은 크기와 방향을 가지는데, 이 두 가지 정보를 벡터라는 형식으로 표현하기도 하지만 벡터 대신 복소수 형식으로도 표현 가능하다. 그렇다면 동일한 작용점에서의 두 힘의 합성은 두 복소수의 숫자 합으로 용이하게 나타낼 수 있다. 여기서 힘의 크기는 해당 좌표의 원점에서의 거리에 해당되는데, 이는 복소수의 절댓값으로 정의가 된다. 수직선 상에서의 실수 경우에도 그 절댓값을 원점으로부터의 거리로 간주하는 것과 마찬가지 관점이다. 따라서 복소수 z=a+bi라고 한다면 그 복소수에 해당하는 점의 원점으로부터의 거리(|z|)의 제곱은 피타고라스 정리에 의하여 a^2+b^2이 될 것이므로 $|z|=|a+bi|=\sqrt{a^2+b^2}$ 로 정의가 된 것이다.

1-2 식

일차방정식

중학교 수학의 백미와 자랑거리는 x가 포함된 문자식의 계산을 통해 일차방정식이든 이차방정식이든 방정식을 풀어서 그 등식을 만족하는 x 값을 찾을 수 있다는 것이다. 우선 일차식의 해를 구하는 과정은 x 주변을 사칙 연산으로 둘러싼 여러 숫자들을 등호 너머로 이항시키면서 x 주변의 양파 껍질들을 벗겨나가는 과정처럼 느껴진다.

이러한 이항이 방정식 해법의 핵심이 되므로 이렇듯 방정식을 푸는 분야를 대수학, 영어로는 'Algebra'라고 한다. 그런데 사실 그 어원은 9세기 아랍의 대수학자 알 콰리즈미가 이항이라는 뜻으로 'al-jabr'를 사용한 것에 기원한다. 이항의 원리와 규칙은 매우 심플하며 일반 성인들도 대체로 잊지 않고 잘 기억하는 편이다. 이를테면 x+3=5일때 좌변의 +3을 우변으로 넘기면(이항하면) -3이 되어 x=5-3=2로 계산이 된다. 이런 이항이 성립하는 이유는 등식 양변에 같은 수 3을 빼주어도 등식이 성립하기 때문이다. 4x=8의 경우에는 x에 곱해진 수 4를 이항하면 4를 나누는 것이 되어 x=$\frac{8}{4}$=2가 된다. 이것은 등식 양변에 0이 아닌 수 4를 나누어도 등식이 성립한다는 원리를 활용한 것이다. 이런 방식으로 어떤 수를 등호 너머로 이항할 때에는 x에 대해 더하는 수는 빼기로, 빼는 수는 더하기로, 곱하는 수는 나누기로, 나누는 수는 곱하기로 넘길 수 있다는 것이다.

단, 여기서 곱한 수를 나누기로 이항하는 경우에는 0이 아닌 수만 가능하다는 점은 매우 조심해야 한다. ax=b이면 무조건 x=$\frac{b}{a}$가 성립한다고 말하는 것은 좀 성급한 것이다. a가 0이 아닐 때만 나누기로 이항이 가능하기 때문이다. 그렇다면 a=0인 경우는? 만일 b도 0이라면 어떠한 x에 대해서도 이 등식이 성립하므로 모든 실수가 다 해가 된다. 그럼 a=0인데 b는 0이 아니라면? 어떤 x 값을 대입해도 그 등식은 성립할 수가 없다. 따라서 이 경우는 해가 없다고 말해야 한다. 일차방정식을 배운 중학생들에게 a,b의 조건에 따라 ax=b의 해를 말해보라고 하면 안타깝게도 대부분 이런 서술을 제대로 하지 못한다. 몇 차례의 힌트를 받아서 마침내 이 서술을 완성하곤 하는데, 진짜 수학 실력의 향상을 위해서는 평소 이런 훈련이 꼭 필요하다.

일차방정식은 현실의 정말 다양한 상황들에 대한 수학적 모델링을 통해 답을 찾는데 매우 유용한 수학적 방법이다. 이 중에도 속력 관련 문제는 일차방정식의 대표적인 활용문제 유형이다. 우선 속력의 정의를 명확히 숙지하고 있어야 한다. '속력=거리/시간' 또는 '거리=속력×시간'이라는 속력의 정의를 기반으로 일차방정식을 세워야 하기 때문이다. 이를테면 둘레 길이가 6km가 되는 둥근 호수가 있는데 어느 한 지점에서 동생은 시계 방향으로 시속 5km로 걸어가고 형은 그 반대 방향으로 시속 10km로 뛰어갈 때 이 둘은 몇 분 후에 만나게 될까? 그렇다면 우선 x시간 후에 만난다고 가정하고 다음과 같이 식을 세워본다. x시간 후 동생의 이동 거리(km)는 5x, 형의 이동 거리는 10x가 될 것이다. 그런데 둘의 이동 거리를 합하면 호수 둘레의 전체 길이와 일치할 것이므로 결국 5x+10x=6이라는 일차방정식이 세워진다. 이 방정식을 풀면 (5+10)x=6에서 15x=6이고 따라서 x=$\frac{6}{15}$=$\frac{2}{5}$=0.4(시간)이 나온다. 이를 분으로 환산하려면, 1시간은 60분이므로 60×0.4=24분이 그 답이 되는 것이다.

또 한 가지 자주 등장하는 일차방정식 상용 문제는 소금물 농도에 관한 것이다. 이런 농도 문제를 어려워하고 싫어하는 중학생이 제법 되는 편이지만 이 경우도 '농도(%)=$\frac{용질(소금)무게}{용액(소금물)무게}$×100'의 정의를 잘 숙지하고 있으면 해결이 가능하다. 이를테면, 2% 농도의 소금물 100g에 물을 증발시켜 5% 농도의 소금물을 만들려고 한다면 몇 g의 물을 증발시켜야 할까? 이런 문제를 해결하려면 우선 처음 소금의 양을 식으로 나타내보는 절차가 필요하다. 원래 100g 소금물 안에 녹아있는 소금의 양은 소금=소금물×$\frac{농도(\%)}{100}$=100×$\frac{2}{100}$= 2로 계산이 가능하다. 만일 소금물에서 물을 x g만큼 증발시킨다면 그 속에 녹아있던 소금의 양에는 변화가 없을 것이다. 따라서 소금물의 양만 100-x으로 변화되어 그 농도는 5%가 된다는 것이다. 따라서 $\frac{2}{100-x} \times 100 = 5$이라는 방정식이 세워진다. 얼핏 보면 이는 일차방정식 모양이 아니어서 당황하기 쉽다. 하지만 100-x는 0이 될 수는 없으므로 이 식을 우측으로 이항을 하면 200=5(100-x)라는 일차방정식 형태가 된다. 이제 이항을 통해 이 일차방정식을 풀면 x=60이 나온다. 따라서 2%의 소금물 100g에서 물을 60g 증발시켜야 원하던 5%의 소금물 40g이 만들어진다는 것을 알 수가 있다.

식의 전개와 인수분해

일차방정식의 풀이와 해법에는 익숙해져 있는 중3 무렵 학생들은 마침내 이차방정식의 해를 구하는데 도전을 하게 된다. 이차방정식은 일차방정식보다 더 복잡하고 알아야 할 테크닉도 적지 않다. 우선 그 해를 구하는 과정에서 제곱근 모양이 발생하는 경우가 많으며, 따라서 먼저 루트들의 사칙 연산법과 분모의 유리화 테크닉에 익숙해져야 한다. 그 다음 이차식을 일차식들의 곱의 형태로 변형하는 테크닉이 매우 중요하다. 어떤 이차식이나 고차식을 차수가 낮은 식들의 곱의 형태로 나타내는 것을 그 식의 '인수분해'를 한다고 한다. 이차식의 경우에도 일차식들의 곱의 형태로 나타낼 수 있다면 그 이차방정식은 쉽게 풀 수가 있다. 이를테면 $x^2-2x=0$라는 매우 간단한 이차방정식의 예를 생각해보자. 좌변 식을 두 일차식의 곱으로 나타낸 인수분해 형태인 x(x-2)=0으로 변형을 하고나면 이 방정식은 곧바로 해를 구할 수 있다. 원래 두 수의 곱 AB=0이라는 것은 A=0 또는 B=0

이기 때문이므로 이 경우 x=0 또는 x-2=0(이 경우 x=2)이 성립하는 것은 매우 당연하다. 따라서 이 이차방정식의 해는 x=0 또는 x=2가 된다.

 이차식을 일차식들의 곱으로 변환하는 인수분해 테크닉을 배우기 전에 사실은 먼저 그 반대인 일차식들의 곱의 형태를 이차식으로 바꾸는 전개공식에 익숙해져야 한다. 이러한 전개에는 (b+c)a=a(b+c)=ab+ac의 경우에서처럼 곱셈과 덧셈 간의 분배법칙이 사용된다. 그렇다면 (a+b)(c+d)를 전개하면 어떻게 될까? c+d를 하나의 값으로 간주해서 분배법칙을 쓰면 (a+b)(c+d)=a(c+d)+b(c+d)로 표현이 가능할 것이다. 그럼 이제 한번 더 분배법칙을 써서 괄호를 풀고 그 전개를 마무리하면 ac+ad+bc+bd가 된다. 이제 (ax+b)(cx+d)라는 일반적인 두 일차식들의 곱 형태를 앞의 전개 방식을 통해 계산해보기로 하자. 그러면 $acx^2+(ad+bc)x+bd$가 됨을 곧 확인할 수가 있다. 인수분해를 잘하기 위해서는 기본적으로 먼저 이러한 전개공식을 잘 숙지해야 한다.

 자 이제 활용도가 높은 전개공식들을 정리해보자. 앞의 전개 방식을 적용하면서 식을 정리해보면, $(a+b)^2=(a+b)(a+b)=a^2+2ab+b^2$이 성립하며, $(a-b)^2=a^2-2ab+b^2$, $(a+b)(a-b)=a^2-b^2$이 도출이 된다. 이 공식을 잘 숙지하고 잘 적용하면 그 전개의 역방향인 이차식의 인수분해도 편해진다. 이를테면 $(x+3)^2=x^2+6x+9$이 되는데, 이러한 식의 전개에 익숙해지고 나면 x^2+6x+9을 만났을 때, 이 식은 $(a+b)^2=a^2+2ab+b^2$ 전개공식을 떠올리면서 $x^2+6x+9=x^2+2·3·x+3^2=(x+3)^2$ 방식으로 인수분해가 가능하다는 것을 곧바로 알 수가 있다. x^2-4는 어떨까? 이 경우 $(a+b)(a-b)=a^2-b^2$ 공식을 떠올리면, $x^2-4=x^2-2^2=(x+2)(x-2)$ 방식으로 인수분해를 할 수 있다. 그렇다면 이런 공식들을 그대로 떠올리며 적용할 만한 식이 아니라면 어떤 방식으로 인수분해를 시도하면 좋을까? 가장 먼저 각 항의 공통된 문자나 식이 있는지 체크해 보는 것이 좋다. 만일 그렇다면 일단 그것을 괄호 바깥으로 뽑아내고 나머지 식은 괄호 처리를 한다. 예를 들어, $3x^2+6x$인 경우 각 항의 공통부분은 $3x$로 볼 수 있으며 따라서 $3x$를 괄호 바깥으로 뽑아낸다면 이 식은 $3x(x+2)$로 표현이 가능하다. 만일 $3x^2+6x=0$ 같은 이차방정식을 풀려고 한다면 $3x(x+2)=0$로 인수분해를 해서 그 해는 곧바로 $x=0$ 또는 -2가 된다고 하면 되는 것이다.

그렇다면 이런 특수한 경우들이 아닌 x^2-2x-3과 같은 일반적 이차식의 인수분해를 시도하려면 어떻게 해야 할까?

이 경우 $(x+\alpha)(x+\beta)=x^2+(\alpha+\beta)x+\alpha\beta$가 된다는 점을 역으로 이용한다. 즉, 서로 합할 때 -2가 되고, 곱했을 때는 -3이 되는 두 정수 α, β를 찾아 보는 것이다. 1과 -3이 바로 그런 수라는 것은 어렵지 않게 찾을 수 있을 것이다. 따라서 $x^2-2x-3=(x+1)(x-3)$으로 인수분해 시킬 수 있을 것이다. 한 가지 예를 더 들면 x^2+5x+6의 경우에는 두 수를 곱해서 6이 되는 수들 중 더할 때 5가 되는 수를 찾아보면 2, 3이 바로 그 두 정수이다. 따라서 $x^2+5x+6=(x+2)(x+3)$으로 인수분해가 가능하다. 물론 이차방정식 $x^2+5x+6=0$의 해를 구하라면 이 인수분해 식을 통해 이 방정식의 해(또는 근)는 $x=-2$ 또는 -3이 된다는 것을 알 수 있다. 다시 정리해보면, x^2+px+q의 식이라면 두 수를 합할 때 p가 되고 서로 곱했을 때는 q가 되는 두 수 α, β를 찾아서 $x^2+px+q=(x+\alpha)(x+\beta)$로 인수분해를 한다는 것이다(이 경우 이차방정식 $x^2+px+q=0$의 해는 $x=-\alpha$ 또는 $-\beta$). 하지만 모든 이차식에서 이런 α, β가 다 잘 찾아지는 것은 아니다. 인수분해가 간단치 않거나 아예 되지 않는 유형도 있기 때문이다. 하지만 이차방정식을 반드시 풀 수 있는 최후의 수단이 남아 있다. 그것은 x가 들어간 일차식의 '완전제곱꼴' 모양을 만드는 것인데, 이 방식으로 가장 일반적인 이차방정식의 해를 얻는 유용한 '근의 공식' 도출이 가능하다. 이 기법에 대해서는 다음 절에서 자세히 소개를 할 것이다.

자, 그럼 여기서 인수분해 테크닉이 들어가는 기묘한 가짜 증명의 예를 하나를 소개한다. 다음은 '1=1이면 1=2이다'라는 것을 증명하는 과정이다. 분명 잘못된 결과가 도출이 된 케이스인데 여기서 무엇이 잘못된 것일까? 우선 1=1 양변에 같은 식 x^2-x^2을 곱해도 등호는 성립할 것이다. 그런데 x^2-x^2 식은 x(x-x)로 인수분해가 가능하며 한편 전개공식을 이용하면 (x+x)(x-x)로도 인수분해가 가능하다(거꾸로 인수분해된 두 식을 각각 전개해 보아도 둘 다 x^2-x^2가 된다는 것을 확인할 수 있다). 따라서 x(x-x)=(x+x)(x-x)가 되며 양변에서 여기서 동일 식 부분 (x-x)를 소거하면 x=2x가 된다. 또 양변의 x까지 소거하면 결국 1=2가 성립한다. 그런데 그 결론이 잘못된 것임을 우리는 너무나 잘 알며 이 증명 과정에 무언가 잘못이 있을 것이다. 그렇다면 어디에 문제가 있었던 것일까? 사실은 인수분해에 문제가 있는 것이 아니라 양변에서 동일한 값이라고 무작정 소거한 것이 문제였다. 일반적으로 ab=ac라는 식에서 동일한 값 a가 소거되어 b=c가 도출이 되려면 a는 0이 아니라는 전제 조건이 반드시 필요하다. a가 0이 아닐 때에만 ab÷a=ac÷a 방식으로 양변에서 a를 소거할 수 있기 때문이다. 0×1=0×2라고 양변에서 그냥 0을 소거하여 1=2라고 말할 수 있겠는가? 배운 공식을 활용하는데 있어서 그냥 기계적 대입 방식은 매우 위험할 수 있다는 점을 이 사례를 통해 명심하는 것이 좋을 것이다.

이차방정식

이차방정식의 해를 구하는 데에는 일차식들로 인수분해하는 것이 매우 편리한 방법이긴 하지만 모든 이차식이 다 인수분해가 잘 되는 것은 아니다. 이를테면 $x^2-4x+1=0$의 경우 두 수를 곱해서 1이 되는 정수 중에서 서로 더해서 -4가 되는 경우는 얼핏 보아도 없다는 것을 알 수 있다. 따라서 인수분해를 통해 이 이차방정식을 해결하기는 어려워 보인다. 그렇다면 다른 방법으로 이 이차방정식의 x의 근을 구하는 방법은 없을까? 이런 경우, $x^2-4x+1=\{(x-2)^2-4\}+1=(x-2)^2-3$처럼 x가 들어간 일차식의 완전제곱꼴 형태로 변형하는 방법을 쓰면 된다. 여기서 1차항의 계수 -4의 절반값 -2가 괄호 안에 들어가며 이 수를 제곱한 4는 다시 빼주어서 원래 식과 같게 만든다는 점만 유의하면 된다. 이제 $(x-2)^2-3=0$에서는 3을 이항하면 $(x-2)^2=3$이 되고 따라서 제곱근을 써서 $x-2=\pm\sqrt{3}$ 이 되므로 2까지 이항하면 $x=2\pm\sqrt{3}$ 라는 두 근을 얻을 수가 있다. 이처럼 주어진 이차식을 어느 일차식의 완전제곱꼴 형태가 나타나도록 변형을 한다면 이항과 제곱근을 통해 그 해를 구할 수가 있다는 것을 알게 된다.

그럼 일반적으로 a, b, c라는 계수들로 이루어진 $ax^2+bx+c=0$ $(a\neq 0)$이라는 일반적인 이차방정식을 이러한 완전제곱꼴 만들기 방식으로 해를 구한다면 그 근은 어떤 모양으로 나타나는지를 살펴보자. 우선 $a\neq 0$이므로 양변을 a로 나누면 이차항의 계수가 1로 바뀌며 $x^2+\dfrac{b}{a}x+\dfrac{c}{a}=0$의 모양이 된다. 여기에서 $x^2+\dfrac{b}{a}x$는 완전제곱꼴 형태로 변형을 한 $(x+\dfrac{b}{2a})^2-\dfrac{b^2}{4a^2}$과 동일한 식이 될 것이다. 그렇다면 $x^2+\dfrac{b}{a}x+\dfrac{c}{a}=(x+\dfrac{b}{2a})^2-\dfrac{b^2}{4a^2}+\dfrac{c}{a}=0$

이 될 것이며, x가 빠진 상수항의 이항을 통해 $(x+\frac{b}{2a})^2 = \frac{b^2}{4a^2} - \frac{c}{a} = \frac{b^2-4ac}{4a^2}$ 가 성립한다. 이제 $x+\frac{b}{2a}$ 의 값을 얻으려면 제곱근을 통해 $x+\frac{b}{2a} = \pm\frac{\sqrt{b^2-4ac}}{2a}$ 가 되고, 좌변의 $\frac{b}{2a}$ 까지 이항을 마치면, 중학 수학의 대수 영역에서 가장 중요한 공식으로 꼽힐 만한 이차방정식의 근의 공식 $x = \frac{-b \pm \sqrt{b^2-4ac}}{2a}$ 을 얻게 된다. 이차방정식의 계수들 a, b, c 값을 이 공식에 집어넣기만 하면 해당 이차방정식의 해를 곧바로 찾을 수 있으므로 이 공식은 매우 유용하다. 이차방정식을 매번 풀 때마다 이런 완전제곱꼴을 만드는 절차를 따라가며 그 근을 구하는 것은 매우 번거로운 일이므로, 이 공식을 미리 잘 암기하여 활용을 한다면 상당히 편리할 것이다. 그렇다면 앞의 $x^2-4x+1=0$을 이번엔 근의 공식을 통해 그 해를 찾아보자. a=1, b=-4, c=1의 값을 근의 공식에 넣으면 $\frac{4\pm\sqrt{12}}{2}$ 가 되고 $\sqrt{12}=\sqrt{2^2\times 3}=2\sqrt{3}$ 이므로 약분까지 하면 정확히 아까와 같은 $2\pm\sqrt{3}$ 가 나온다는 것을 알 수 있다.

그렇다면 어떠한 이차방정식이라도 근이 있다면 이를 구하는 방법이 있다는 이야기이다. 그렇다고 모든 이차방정식이 반드시 실수해(실근)를 가지는 것은 아니다. 간단한 예로 $x^2+4=0$의 경우 실수해는 존재하지 않는다 (사실은 $x=\pm 2i$라는 허수 해 두 개가 존재). 그럼 $x^2+2x+5=0$의 경우에는 실수해가 존재할까? 그런데 a=1, b=2, c=5를 근의 공식에 대입을 해보면 루트 안에 들어가는 수인 b^2-4ac가 -16으로 음수가 됨을 알 수 있다. 사실 그 해는 $x=-1\pm 2i$으로 실수가 아닌 이런 근을 '허근'이라고 한다. 근의 공식에서 루트 안의 수가 양수인지 0인지 음수인지만 확인해도 그 실근이 각각 2개인지 1개인지 0개인지를 판별할 수가 있으며 우리는 $D=b^2-4ac$를

'판별식'이라고 한다. 실은 판별식을 쓰지 않더라도 완전제곱식으로 변형해보면 $x^2+2x+5=(x+1)^2+4$이므로 x가 실수일 경우 이 식은 항상 4 이상으로 0이 될 수 없음을 알 수도 있다. 하지만 판별식의 부호를 통해 실근의 개수를 확인하는 방법이 가장 편리하다. 한편, $x^2+2x+1=0$의 경우에는 판별식 $D=2^2-4=0$이므로 그 근은 하나뿐이며, 실제 근의 공식을 써서 계산해보더라도, 그 근은 $x=-\frac{b}{2a}=-\frac{2}{2(1)}=-1$ 하나뿐이다. 인수분해를 해보면 $x^2+2x+1=(x+1)^2=0$에서 -1이 유일한 해(이를 '중근'이라고 한다)라는 것을 확인할 수 있다.

그럼, 3차방정식, 4차방정식의 경우에는 근의 공식이 없을까? 16세기 이탈리아 수학자들에 의해 양쪽 케이스 모두 근의 공식이 유도되어 있기는 하지만 너무 복잡하여 우리가 외워서 활용할 수 있는 수준은 아니다. 그런데 5차 이상의 방정식부터는 사칙연산과 거듭제곱근 등의 대수적 연산으로 일반해를 구할 수 없다는 것(따라서 근의 공식이 존재할 수 없다)이 19세기 노르웨이 수학자 아벨과 프랑스의 갈루아에 의해 각자 증명되었다. 이 중 갈루아의 군이론은 오늘날 현대 추상대수학의 체계화에 큰 기여를 했다. 수학 전공 과정의 현대대수학에서는 군(group), 환(ring), 체(field)등의 개념과 이론들 기반으로, 어떤 5차방정식에 대한 갈루아군이 '가해군'인지 여부로 이 방정식이 대수적 방법으로 일반해를 구할 수 있는 식인지 판별을 하는데, 그 전체 과정을 따라가며 이해하기는 상당히 어려운 편이다.

일차함수와 이차함수

　문자식을 통해 방정식을 세우고 푸는 것이 중학교 수학 대수 영역의 백미라면 바로 그다음 넘어야 할 산에 해당하는 것이 바로 함수이다. 사실 일차함수, 이차함수를 중학교 과정에서 배우고 많은 관련 문제들을 풀기는 하지만, 집합 이론이 중학교 교과 과정에서는 빠져있어 제대로 된 함수의 개념은 고등학교에 가서야 만날 수 있다. 그렇다면 흔히 y=f(x)라고 표기하는 이 함수란 과연 무엇을 의미하는 것일까? 집합 개념 없이 좀 쉽게 함수 설명을 하자면, 함수란 입력값이 들어오면 어떤 미리 정해진 계산 규칙에 의해 반드시 하나의 출력값을 내놓는 기능(function)을 가진 블랙박스 같은 것이다. 이를테면 함수식 f(x)=2x-1로 표현되는 일차함수 f는 x라는 실수가 입력되면 항상 2x-1의 계산 결과 값을 출력하는 기능을 한다는 의미이다. 따라서 f(1)=2×1-1=1, f(2)=2×2-1=3 등의 계산으로 알 수 있듯이 이 함수는 1이 들어가면 1을 내보내고, 2가 들어가면 3을 내보낸다. 그 출력값을 y라고 한다면 y=2x-1이라는 식도 일차함수를 나타내는 식으로 볼 수 있다.

　우리는 중학 과정에서 일차함수의 일반적인 식 형태는 y=ax+b로 표현이 되며, 이를 xy평면좌표 상에서 그래프로 나타냈을 때 직선 모양이 된다는 것을 배운다. 함수의 그래프라고 함은 해당 함수식을 만족하는 x,y 값들로 이루어진 좌표 (x,y)들의 자취를 나타낸 그림이다. 또 여기서 a는 직선의 기울기에 해당하고 b는 y축과 만나는 y절편 값에 해당한다는 것도 배운다. 직선의 기울기란 직선 위 임의의 다른 두 점 $A(x_1,y_1)$, $B(x_2,y_2)$이 있을 때 A에서 B로 이동하는 동안의 $\frac{y좌표\ 변화}{x좌표\ 변화}$에 해당한다. 실제 그 값은

A, B의 좌푯값들로부터 $\frac{y_2 - y_1}{x_2 - x_1}$가 될 것이다. 그런데 $y_1=ax_1+b$, $y_2=ax_2+b$ 두 식에서 좌변은 좌변끼리, 우변은 우변끼리 빼기를 해보면 $a=\frac{y_2 - y_1}{x_2 - x_1}$가 된다. 따라서 a가 바로 직선 그래프의 기울기에 해당하는 값이라는 것이다. a가 0이면 x축과 평행하게 누운 직선이 되며, a가 양수이며 그 값이 커질수록 그 직선은 경사가 더 급한 우상향을 한다(이는 x값의 증가와 함께 y값도 증가하는 증가함수의 일종). 만일 a가 음수이면서 -1, -2, -3,…과 같이 점점 작아진다면? 그럴수록 그 직선 그래프는 경사가 점점 급한 우하향을 한다(이는 감소함수의 일종). 따라서 직선 그래프의 모양을 보면 직선의 기울어진 방향을 통해 일차함수의 기울기 a의 부호를 한눈에 알 수가 있다.

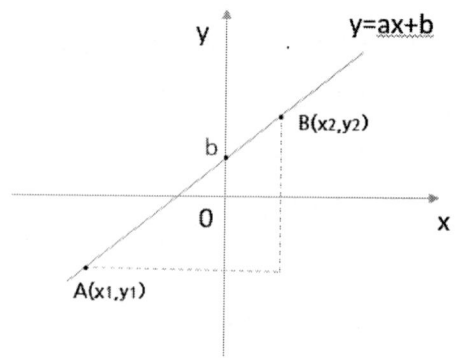

◎ 두 점을 지나는 직선

그다음 이차함수에 대해서도 하나의 예를 통해 살펴보기로 하자. $y=f(x)=x^2-2x-3$은 이차함수의 식인데, 이를 평면좌표 상의 그래프로 나타내면 아래로 볼록한 포물선 모양이 된다. 우선 여기서 y절편 값은 상수항의 -3이 된다. 왜냐하면, 함수의 식에서 x=0일 때의 y 값이 곧 y절편에 해당하기 때문이다. 그렇다면, 이 그래프가 x축과 만나는 점인 x절편은 그 좌표의 값을 어떻게 알 수 있을까? y=0을 만드는 x값을 찾아보면 되는데, 이는 $x^2-2x-3=0$이라는 이차방정식을 풀어서 구하면 된다. 즉, $(x+1)(x-3)=0$에서 $x=-1$ 또는 3 두 개의 근이 나오며 따라서 (-1,0), (3,0) 두 점이 바로 x절편의 좌푯값들이 되는 것이다. 이제 이 포물선이 x축, y축과 만나는 점들의 좌표는 알아냈다. 이제 포물선의 꼭짓점에 해당하는 점의 좌표만 알 수 있다면 포물선의 그래프를 비교적 정확히 그려낼 수가 있을 것이다. 꼭짓점 좌표를 얻기 위해서는 이차방정식의 해를 구하기 위해 사용했던 방법인 완전제곱꼴 형태로 변형을 해본다. 즉, $y=x^2-2x-3=\{(x-1)^2-1\}-3=(x-1)^2-4$가 되는데, 이 식에서 $(x-1)^2$은 0이상이며 이 값이 최소(0)가 되는 경우는 $x=1$일 때이다. 따라서 $x=1$에서 $y=-4$인 경우가 전체 가능한 y값들 중 최솟값이 되는 것이다. 그러므로 (1, -4)가 바로 꼭짓점 좌표임이 분명하다. 이 경우 $x=1$을 축의 방정식이라고 하는데, 이를 그래프로 표현하면 (1,0)을 지나며 y축과 평행한 세로 직선인데, 이는 이 포물선의 좌우 선대칭 기준선이기도 하다.

방금 예를 통해 살펴보았던 내용을 공식적으로 일반화시켜 보면, 이차함수 $y=ax^2+bx+c$에서 c는 유일한 y절편 값이고, 이차방정식 $ax^2+bx+c=0$의 근이 x절편 값이 된다. 따라서 판별식 $D=b^2-4ac>0$이면 x절편 값은 두 개가 되고, $D=0$이면 x절편 값은 하나로 x축과 그 꼭짓점에서 접하는 형태이다. 하지만 $D<0$인 경우에는 x절편 값이 존재하지 않으며 그 그래프가 x축과 만나지 않는 경우에 해당한다. 이처럼 그 이차방정식의 판별식은 이차함수의 그래프 개형을 파악하는 데 큰 도움이 된다. 만일 $a>0$이고 $D<0$이라면 이 이차함수의 그래프는 그 전체가 x축과 만나지 않으면서 아래로

볼록한 경우인데, 이런 경우는 모든 x에 대해 y=ax²+bx+c>0임이 분명하다. a<0이고 D<0의 경우라면 어떨까? 이 경우의 그래프는 x축 아래에서 위로 볼록한 포물선 모양이 되며, 모든 x에 대해 y=ax²+bx+c <0가 성립할 것이다. 그다음 꼭짓점 좌표의 공식화를 위해 y=ax²+bx+c 식을 완전제곱꼴 모양으로 변형해보기로 하자. $ax^2+bx+c=a(x^2+\frac{b}{a}x)+c=a\{(x+\frac{b}{2a})^2-\frac{b^2}{4a^2}\}+c=a(x+\frac{b}{2a})^2-\frac{b^2-4ac}{4a}$ 가 된다. 이 식에서 우리가 알 수 있는 것은 이 이차함수의 축의 방정식은 $x=-\frac{b}{2a}$ 이고 꼭지점의 좌표는 $(-\frac{b}{2a}, -\frac{b^2-4ac}{4a})$가 된다는 것이다. 이것은 일종의 공식이지만 축의 방정식 정도만 암기해두면 충분하지 않을까 싶다.

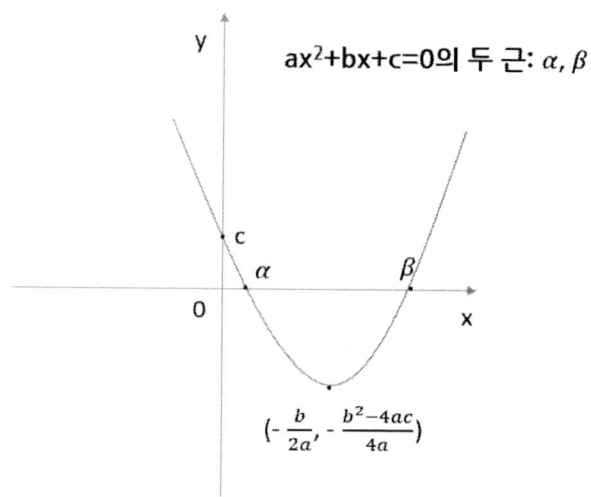

◎ 이차함수의 꼭지점 좌표 공식

부등식

일차/이차 문자식 계산과 방정식, 그리고 함수 이론에 익숙해지면 부등식의 다양한 문제들도 잘 처리할 수가 있다. 방정식이 등호로 이루어진 식이라면 부등식은 부등호가 들어가는 식이며 이를 만족하는 해를 구하기 위해서는 이항 같은 방정식 기법들을 잘 활용하면 된다. 이를테면 $2x+5>9$ 같은 일차부등식의 경우, 이 부등식의 해를 구하는 과정은 일차방정식에서 해를 구하는 과정과 매우 유사하다. 즉, 이항을 통해 $2x>9-5$을 거쳐 $x>\frac{4}{2}$에서 그 해로 $x>2$를 얻는다. 등식에서의 경우처럼 부등식에서도 양변에 같은 수를 더하거나 빼도 식은 성립한다. 또 양변에 같은 '양수'를 곱하거나 나누어도 부등식은 그대로 성립한다. 단 등식과의 중요한 차이 한 가지는 잊지 말아야 하는데, 양변에 '음수'를 곱하거나 나눌 때는 부등호의 방향이 바뀐다는 것이다. 만일 $-2x>6$이라면, -2를 이항하기 위해서는 양변에 -2를 나누어야 하는데 이때 부등호 방향이 바뀌면서 $x<\frac{6}{-2}=-3$이 되어 $x<-3$이 해가 된다. 등호까지 붙는 부등호가 들어가는 $-2x \geq 6$ 경우도 마찬가지로 $x \leq -3$이 해가 된다. 이런 점만 유의하면 일차부등식의 해를 찾는 것은 그다지 어렵지 않다.

이제 이차부등식의 경우를 살펴보자. 이를테면 $x^2-2x-3>0$라는 부등식의 해는 어떻게 구할까? 이 이차식을 인수분해를 한 $(x+1)(x-3)>0$ 상태에서 바라보면, 두 일차식이 둘 다 양수이거나 또는 둘 다 음수인 경우에만 이 부등식은 성립하게 될 것이다. 그런데 전자가 되려면 $x>3$이어야 하고 후자가 되려면 $x<-1$이어야 한다. 따라서 그 해는 $x>3$ 또는 $x<-1$이 된다. 만일 부등호 방향이 바뀐 $(x+1)(x-2)<0$이라면 어떨까? 이 경우는 두 일차식 중

하나는 양, 또 하나는 음이 되어야 성립하게 될 것이다. 그럴려면 x+1은 양, 그리고 그보다 작은 x-2는 음이 되는 경우일 뿐일텐데, 이는 x>-1 그리고 x<2가 동시에 성립하는 경우이므로 이 부등식의 해는 -1<x<2로 표현이 된다. 이처럼 한 변은 0이며 다른 변은 인수분해가 되는 이차부등식일 경우 그 부등호의 방향에 따라 해가 이런 식으로 표현된다는 것은 미리 그 패턴을 잘 숙지할 필요가 있다.

하지만 인수분해가 되지 않는 이차부등식의 해는 어떻게 구해야 할까? 예를 들어, $x^2-4x+1<0$는 어떻게 해를 구하면 좋을까? 이런 경우 먼저 $x^2-4x+1=0$이라는 이차방정식의 근을 구해본다. 그 실근은 $x=2\pm\sqrt{3}$ 두 개이다. 그렇다면 이 이차식은 이 두 실근을 사용하여 무리수를 포함한 실수 범위에서 억지(?) 인수분해를 하자면 $x^2-4x+1=\{x-(2+\sqrt{3})\}\{x-(2-\sqrt{3})\}$가 된다. 결국 $\{x-(2+\sqrt{3})\}\{x-(2-\sqrt{3})\}<0$이라는 부등식을 푸는 문제로 귀결이 되는데, x가 $2-\sqrt{3}$보다 크고 $2+\sqrt{3}$보다 작은 범위이면 양수×음수<0으로 이 부등식을 만족한다. 따라서 이 이차부등식의 해는 $2-\sqrt{3}<x<2+\sqrt{3}$이다.

그럼 이 방식을 일반화하여(이차항의 계수가 1이 아닐 때는 이 수로 전체 식을 나눈 후 시작하면 된다), $x^2+px+q>0$일 경우의 해를 구하는 과정을 살펴보기로 하자. 먼저 이차방정식 $x^2+px+q=0$의 판별식 $D=p^2-4q>0$인 경우로 그 두 근을 $\alpha, \beta(\alpha>\beta)$라고 해보자(인수분해가 어려우면 근의 공식에 넣어 그 실제 값을 구할 수 있다). 그렇다면 $x^2+px+q=(x-\alpha)(x-\beta)>0$의 해는 $x>\alpha$ 또는 $x<\beta$가 될 것이다. 만일 D=0이고 그 중근이 α라면 $x^2+px+q=(x-\alpha)^2>0$를 푸는 것이므로 $x\neq\alpha$(x는 α가 아닌 모든 실수)가 해가 될 것이다. 그렇다면 D<0 경우라면 어떻게 될까? 이 경우는 아래

로 볼록한 이차함수 $y=x^2+px+q$의 그래프는 x절편이 없으며 x축 위로 떠 있고 y는 모든 실숫값 x에 대해 항상 양이 되는 경우이다. 따라서 이 이차부등식의 해는 '모든 실수'라고 말해야 한다.

고등학교에서는 절댓값이 들어간 조금 더 어려운 부등식을 다루기도 한다. 이를테면 |x+2|>2x-1과 같은 부등식 문제는 그 해를 어떻게 구해야 할까? 이런 경우 절댓값 안의 식의 부호 조건에 따라 절댓값 기호를 알맞게 소거하는 방법을 사용한다. 절댓값의 |a|는 그 정의에 따르면 a≥0이면 |a|=a, a<0이면 |a|=-a가 된다. 따라서 절댓값 표현이 들어간 방정식이나 부등식은 우선 절댓값 안의 식의 부호 조건에 따라 절댓값을 이런 식으로 벗겨내어야 한다. 즉, 만일 x≥-2라면 x+2≥0이므로 |x+2|=x+2가 될 것이다. 따라서 이 조건에서는 주어진 식의 부등식을 x+2>2x-1로 풀면 된다. x<3이 그 해인데 x≥-2라는 조건 범위와 함께 표현하면 -2≤x<3이 이 부등식을 만족할 것이다. 그다음 x<-2인 경우도 마저 살펴보면, x+2<0로 |x+2|=-(x+2)가 되므로 이 경우는 -(x+2)>2x-1를 풀면 된다. 이 해는 x<-1/3이므로 x<-2 조건 하에서 보면 x<-2 그 자체가 모두 해가 된다. 따라서 두 가지 해의 영역을 다시 합쳐보면 전체 해의 영역은 x<3로 표현이 가능하다. 따라서 |x+2|>2x-1 부등식의 해는 x<3가 되는 것이다.

1-3 도형

삼각형의 합동과 닮음

중학교 기하는 논리적 사고력과 창의력을 키우는데 매우 좋은 공부가 된다. 우리가 중학교 때 배우는 기하는 사실상 유클리드 기하학 원본에서의 공리와 이론들을 토대로 하는 고전 기하학이다. 당시만 해도 대수적인 계산 이론보다 토지 그리고 이를 추상화한 도형을 측량하는 기하학이 매우 중시되었다. 원래 기하학으로 번역된 영어 표현 geometry는 토지(geo)와 측량(metry)의 합성어로 만들어진 단어이다. 중학교 때 처음 만나는 기하학이란 삼각형, 사각형, 원뿔, 구 등 도형의 종류와 넓이 또는 부피, 각의 계산, 그리고 삼각형의 합동 조건, 닮음 조건 등을 이용한 문제 해결법 등에 관한 것이다. 이를테면, 기하학 지식의 기초로 삼각형의 내각의 전체 합은 180도라는 것을 대부분 사람은 알고 있다. 하지만 왜 그렇게 되는지를 물어보면 그 이유를 제대로 설명할 수 있는 사람은 드물다. 사실 이는 삼각형의 한 꼭지점에서 그 대변과 평행하는 보조선을 그으면 엇각끼리 같다는 기본 성질을 이용하여 매우 간단한 증명이 가능한 것이다. 이처럼 기본적 공리에서부터 어떤 기묘한 정리를 이끌어내는 증명과정을 통해 우리는 수학적, 논리적 사고력을 기를 수 있고 또 이런 의외의 보조선을 떠올리고 활용하는 창의성을 통해 문제 해결력을 더욱 키울 수 있다. 반면 어떤 공식 그 자체만 무심히 외운다거나 문제 유형들을 암기에 의존하여 기계적으로만 접근하려 한다면 그런 자세로는 수학적 사고력과 실력이 제대로 증진되기 어렵다.

중학교 기하 하면 보통 가장 먼저 떠오르는 개념은 중1 때 배우는 합동의 조건에 관한 것이다. 어떤 두 삼각형의 모양과 크기가 똑같아서 두 도형이 완벽하게 포개질 수 있는 상태를 서로 합동이라고 말하는데, 그렇게 되려면 각 변끼리의 길이도 서로 같고, 그 사이의 세 각끼리도 완전히 일치해야 할 것이다. 삼각형의 합동 조건은 우선 SSS합동, SAS합동, 그리고 ASA합동 세 가지로 정리가 된다. 세 변의 길이가 정해진 삼각형은 그 모양과 크기가 일정하며 다른 모양의 삼각형이 작도될 수 없다는 데에서 가장 먼저 SSS합동 조건이 나온 것이다. 여기서 잠깐 AB와 AC 두 변이 같은 이등변 삼각형 ABC는 각B와 각C가 서로 같다는 것을 증명해보기로 하자. 꼭지점 A에서 대변 BC의 중점 D를 연결하는 중선을 보조선으로 그어보면 그 실마리가 풀린다. 그러면 삼각형 ABD와 삼각형 ACD는 서로 세 변끼리 같으므로 SSS합동 조건에 맞기 때문이다. 따라서 서로 대응점들인 두 꼭지점 B. C에서의 각끼리도 서로 같을 것이다. 이런 식으로 합동 조건을 잘 이용하면 다양한 기하적 문제들을 해결하는데 도움이 된다. 한편, SAS합동은 두 변끼리 같고 그 사잇각끼리도 같은 두 삼각형은 합동이라는 것이며, 또 ASA합동은 한 변끼리 같고 그 양 끝 각끼리도 같을 때 그 두 삼각형이 서로 합동이 된다는 의미이다. 사실 이런 세 가지 합동 조건 중 하나를 만족한다는 것은 각각 그런 조건 하에서는 오직 한 가지 형태의 삼각형만을 작도할 수 있다는 삼각형의 결정 조건과 다르지 않다. 다만 조심해야 할 것은 SAS의 경우 그 각이 반드시 두 변의 낀 각이어야 한다. 왜냐하면, 두 변끼리 같고 또 어떤 한 각끼리 같다는 조건만으로는 두 삼각형이 겹쳐지지 않는 경우의 작도도 가능하기 때문이다. 마찬가지 이유로 ASA의 경우엔 그 두 각이 반드시 대응되는 한 변의 양 끝 각이어야 한다는 점을 소홀히 해서는 안 된다.

 삼각형의 닮음 조건의 경우에도 합동 조건과 유사하다. 일반적으로 두 도형의 닮음이란 대응되는 꼭지각들끼리는 각각 서로 같고 각 대응변끼리의 길이는 일정한 비의 관계를 이루어서 전체적 모양은 같으나 그 크기는 달라도 되는 경우를 일컫는다. 삼각형끼리의 닮음 조건에는 SSS닮음과 SAS닮음, 그리고 AA닮음이 있는데 이 중 각 두개가 서로 같다는(실상은 모든 대응되는 각끼리 서로 같은) AA닮음만 합동 조건과 차이를 보인다. 여기서 SSS닮음이란 세 변 모두 각 대응 변끼리의 비가 일정한 것을 의미하며, SAS닮음이란 두 변은 각 대응변끼리의 비가 일정하되 두 변의 사잇각끼리는 서로 같은 경우이다. 그런데 ASA합동 조건처럼 ASA닮음은 없는가 생각이 들 수가 있는데, 변 하나만으로는 닮음비를 비교할 다른 변이 없기 때문에 S 하나만으로는 길이의 비가 일정한지를 확인할 수가 없다. 그냥 S를 뺀 AA조건만으로도 나머지 한 각끼리도 같아져(삼각형의 세 내각의 합은 180도로 일정하다) 세 각끼리 같다는 AAA닮음과 사실상 동일한 상황이라고 볼 수 있다.

직각삼각형끼리의 경우에는 빗변끼리와 다른 한 변끼리 서로 같다면 RHS합동이라는 별다른 조건 명칭을 붙인다. 이 경우 같은 변끼리 옆으로 붙여서 하나의 이등변 삼각형을 만들 수 있으며, 밑변의 양 끝각끼리도 같아짐으로, 결국 두 직각삼각형의 세 대응각끼리 같아져 ASA나 SAS합동 조건을 만족시킨다는 것을 알 수 있다. 직각삼각형끼리의 RHA합동도 마찬가지이다. 빗변끼리는 같되 직각 외에도 대응각 하나가 더 같은 경우이므로 사실상 ASA합동 케이스로 볼 수 있다. 직각삼각형끼리의 닮음에서도 RHS닮음을 말하기도 하는데, 이 경우 빗변끼리와 다른 변끼리의 상호 비는 일정해야 한다. RHA닮음은 필요가 없는 것이 사실상 이는 곧바로 AA닮음이기 때문이다. 자주 만나게 되는 예로, 각C가 직각인 직각삼각형 ABC에서 꼭지점C에서 빗변AB로 수선을 내린 점을 D(수선의 발)이라고 하면, 삼각형 CBD와 삼각형 ACD는 삼각형 ABC와 함께 모두 서로 AA닮음 관계가 되는 직각삼각형들이다. 왜냐하면, 각A와 각B는 합하면 직각이 되는 여각 관계이며 각 삼각형은 직각 이외에도 이 각들과 동일한 두 각을 가지고 있기 때문이다.

닮음비는 각 변의 길이끼리의 일정한 비를 이야기하는 것이며 만일 두 평면 도형이 닮음인데 그 닮음비가 1:2라면 그 넓이의 비는 각 수를 제곱하여 $1^2:2^2=1:4$가 된다는 점을 알아두면 유용할 때가 있다. 만일 닮음이 되는 두 입체 도형의 변들(모서리들)끼리의 길이 비가 1:2라면 그 부피의 비는 각각 세제곱을 하여 $1^3:2^3=1:8$이 된다.

피타고라스정리와 삼각비

피타고라스정리는 가히 고전 기하학의 꽃이라 할 만하다. 이는 직사각형을 한 대각선으로 절단한 절반에 해당하는 직각삼각형의 놀라운 성질 중 하나로 직각을 우측에 둔 직각삼각형 ABC에서 삼각형 밑변 길이 a의 제곱과 높이 b의 제곱은 빗변의 길이 c의 제곱과 같다는 $a^2+b^2=c^2$ 공식이다.

이는 밑변을 한 변으로 하는 정사각형의 넓이에다가 높이를 한 변으로 하는 정사각형의 넓이를 더하면, 빗변을 한 변으로 하는 정사각형의 넓이와 놀랍게도 일치한다는 신비로운 현상을 수학적 공식으로 정립한 것이다. 그 역도 성립하는데, 이런 성질이 있는 삼각형은 반드시 직각삼각형이 될 수밖에 없다. 이를테면 각 변이 3, 4, 5이면 $3^2+4^2=5^2$가 되며 이 삼각형은 직각삼각형이라는 것이다. 이런 법칙은 피타고라스 시대보다 천 년 이전의 메소포타미아 문명에서의 점토판에서도 나타나며, 중국 고대 문헌인 주비산경에서도 구고현정리로서 그 증명법까지 소개가 된다. 하지만 남아있는 서구 문헌 중에서 일반 피타고라스정리의 증명법까지 제대로 서술한 것은 유클리드의 기하학원론 책이 처음이라고 봐야 할 것이다.

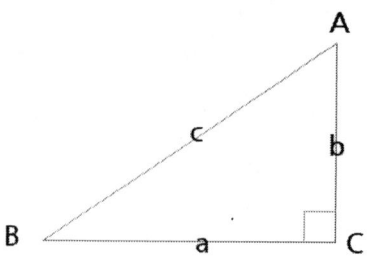

◎ 직각삼각형 ABC의 세 변 a,b,c

피타고라스정리는 기하에 있어서 활용성이 높은 사실상 매우 중요한 공식이다. 우선 한 변의 길이를 아는 정사각형이나 가로와 세로 길이를 아는 직사각형의 대각선 길이를 구하는데 유용하다. 입체도형의 경우에도 한 변의 길이를 아는 정육면체의 가로 a, 세로 b, 높이 c를 아는 직육면체의 가장 먼 꼭지점 사이의 대각선 길이 L을 구하는데에도 사용이 된다(L= $\sqrt{a^2+b^2+c^2}$). 피타고라스정리는 대수에서 평면좌표 상에서 좌푯값이 주어진 임의의 두 점 사이의 거리를 구하는 데에도 사용된다. 이는 직사각형의 대각선 길이 구하는 방식과 동일하며 한 점 P(a,b)와 다른 점 Q(c,d) 사이의 거리는 피타고라스정리를 이용하면 $\sqrt{(c-a)^2+(d-b)^2}$ 으로 계산이 된다.

3차원 공간좌표에서의 두 점 P(a,b,c), Q(d,e,f) 사이의 거리도 역시 피타고라스정리를 사용하면 직육면체 대각선 길이 구하는 방식처럼 계산하여 $\sqrt{(d-a)^2+(e-b)^2+(f-c)^2}$ 의 공식이 얻어진다. 좌표계를 도입하면서 도형이나 물체의 변화를 대수적으로 분석할 수 있게 했던 근대 데카르트의 해석기하학에서도 그 이론적 토대는 피타고라스정리였다고 말해도 과언이 아닐 것이다.

이제 우측에 직각인 C를 놓은 직각삼각형 ABC에서 좌측의 각 B에 대한 삼각비 정의를 살펴보기로 하자. 여기서 sinB는 $\frac{높이}{빗변}$ 으로 정의된다. 다시 말해 꼭지점 A,B,C와 마주 보는 대변들 길이를 각각 소문자로 a,b,c라고 한다면(밑변, 높이, 빗변의 길이가 각각 a, b, c), sinB=$\frac{b}{c}$ 가 되는 셈이다. 그리고 cosB는 $\frac{밑변}{빗변}=\frac{a}{c}$, tanB는 $\frac{높이}{밑변}=\frac{b}{a}$ 로 정의가 되는데 이런 정의들은 잘 기억해두어야 한다. 직각삼각형에서 왼편 각 B의 크기가 결정되면 이런 삼각형들은 직각과 더불어 항상 AA닮음 관계가 되므로 그 도형의 크기와 상관없이 그 삼각비들은 항상 일정한 값이 된다. 그럼 각 B가 30°, 45°, 60°일때 (이런 각들을 특수각들이라고 말한다) 각각 그 삼각비의 값들은 어떻게 되는지 알아보자. 먼저 각 B가 45°라면 이 경우는 각 A도 45° 이므로 이 삼각형은 직각이등변삼각형이다. 만일 두 이등변의 길이가 모두 1이라고 하면 그 빗변의 길이는 피타고라스정리에 의해 $\sqrt{2}$ 가 될 것이다. 따라서 sinB=sin45°=$\frac{1}{\sqrt{2}}$, cos45°=$\frac{1}{\sqrt{2}}$, tan45°=1가 된다. 그 다음 각 B가 60°라면 이 삼각형은 정삼각형의 좌측 반쪽에 해당한다. 따라서 만일 밑변이 1이라면 빗변은 2가 되고 높이는 피타고라스정리에 의해 $\sqrt{3}$ 이 되므로, sin60°=$\frac{\sqrt{3}}{2}$, cos60°=$\frac{1}{2}$, tan60°=$\sqrt{3}$ 이 된다. 또 각 B가 30° 라면 그 여각인 각 A가 60°이며 이 역시 정삼각형의 절반 모양이다. 따라서 높이:빗변:밑변=1:2:$\sqrt{3}$ 의 관계가 성립하므로, sin30°=$\frac{1}{2}$, cos30°=$\frac{\sqrt{3}}{2}$, tan30°=$\frac{1}{\sqrt{3}}$ 이 된다.

그런데 일반적으로 sinB=cos(90°-B)=cosA, cosB=sin(90°-B)=sinA, tanB=sinB/cosB=$\frac{1}{\tan A}$, sin²B+cos²B=1 등이 성립한다는 것을 미리 잘 숙지해두는 것이 좋다.

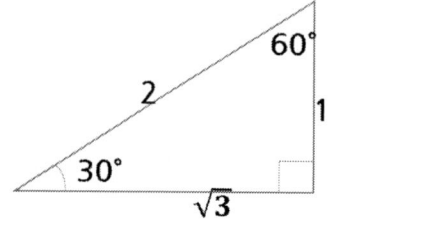 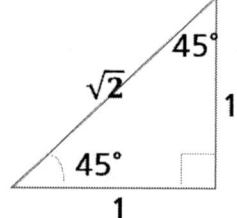

◎ 특수각들의 삼각비

그런데 이런 삼각비는 단지 직각삼각형에 관한 것인데 실제 과연 어디에 많이 쓰이는 것일까? 삼각비들의 값은 그 근사치를 테이블로 미리 만들어 두면 닮음을 이용하여 실 생활의 거리 측정에 큰 도움이 될 수 있다. 수학사적으로는 11세기 이슬람 학자였던 알 비루니는 삼각비 관련 기하학의 중세 최고 권위자였다. 그의 마수드경전에서는 산의 높이 측정을 위해 삼각함수가 들어간 공식을 제시했다. 놀랍게도 그는 이를 기반으로 삼각비를 이용하여 지구 반지름까지 측정하기도 했다. 그의 지구 반지름 추정 계산 값 6,340km이라는 수치는 오늘날의 정밀한 실제 값과의 오차는 1% 미만이다. 그런데 사실 삼각비는 직각삼각형이 아닌 일반삼각형에서도 이미 알고 있는 각이나 변의 길이로부터 출발하여 다른 각과 변의 길이를 추정하는 데에 매우 유용하다. 우리가 고등학교 수학에서 만나는 삼각형의 사인법칙과 코사인법칙이 그러한 공식들이다. 사인법칙은 $\frac{a}{\sin A}=\frac{b}{\sin B}=\frac{c}{\sin C}=2R$이라는 공식을 일컫는데, 여기서 R은 삼각형 ABC의 외접원의 반지름이다. 이는 원에 내접하는 삼각형을 그려보면 어렵지 않게 증명이 된다. 이 공식을 이용하게 되면 한 변과 양 끝 각을 알 때 다른 변들의 길이를 추정할 수 있다. 코사인 (제2의) 법칙은 $\cos B=\frac{a^2+c^2-b^2}{2ac}$ (또는 $b^2=a^2+c^2-2ac\cdot\cos B$)인데 이 공식은 윗 꼭짓점 A에서 아래 대변에 수선을 내린 후 피타고라스정리를 써서 증명이 가능하다. 이 공식을 이용하면 세 변의 길이를 알 때 각 꼭짓점 각들을 계산(각의 근사치)할 수 있고, 두 변과 그 사이의 낀 각을 알 때 다른 한 변의 길이도 쉽게 계산이 가능하다.

1-4 조합

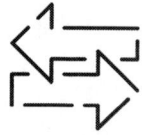

순열과 조합

   해당 경우의 수를 모든 경우의 수로 나눈 빈도 개념의 확률값 계산을 잘하기 위해서는 경우의 수를 정확히 계산할 수 있어야 한다. 이를테면 A도시에서 B도시로 가는데 길이 두 개가 있고 B도시에서 C도시로 가는데는 길이 세 개가 있다고 해보자. 그럼 A에서 C로 가는 방법은 총 몇 가지일까? 이 질문에 대해 길의 개수를 그냥 모두 더해서 2+3=5가지로 답하면 안 될 것이다. 모든 경우의 수는 2×3=6가지의 방법이 있다고 답을 해야 할 것이다. 즉, A에서 B로 가는 길 중 첫 번째 길을 간다면 그 이후 B에서 C로 가는데 세 가지 선택지가 있고 두 번째 길로 가더라도 또 세 가지 선택지가 있으니 총 3+3=3×2=6가지로 계산이 되는 것이다. 순열이나 조합은 이처럼 어떤 상황에서 특정 조건을 만족하는 경우의 수가 몇 가지가 되는지를 정확히 계산하는 이론들이며 이는 오늘날 현대 수학의 굵직한 한 줄기로 등극한 이산수학의 대표적 영역이다.

그럼 먼저 순열 문제를 몇 가지 살펴보자. 숫자 1,2,3이 쓰인 카드 세 장을 순서대로 나열하여 만들 수 있는 세 자리 수의 총 갯수는? 만일 백의 자리부터 카드를 선택해 나간다면, 먼저 백의 자리에 올 수 있는 카드는 3장, 그 다음 십의 자리에는 남은 카드 2장, 그다음 일의 자리에는 그냥 남은 카드 하나뿐이다. 따라서 3×2×1=3!=6개이다. 5장 카드로 다섯 자릿수를 만드는 방법은 5!=120개이고 n장 카드라면 n!이 될 것이다. 그렇다면 1,2,3,4,5가 쓰인 다섯 장의 카드 중 단지 3개를 뽑아 세 자릿수를 만드는 방법은? 백의 자리에 올 수 있는 것이 5장, 그다음 십의 자리는 4장, 일의 자리는 3장이 가능할 것이므로 5×4×3=60가지가 그 답이 될 것이다. 이것을 $_5P_3$라는 순열 기호로 표현한다. 일반적으로 서로 다른 n개 중에서 r개를 뽑아 순서대로 나열하는 방법의 수를 $_nP_r$로 표시하며 그 계산법은 n부터 수를 하나씩 줄여가며 r개까지를 서로 곱하는 것이므로 n(n-1)(n-2)...{n-(r-1)}인데, 이는 $\frac{n!}{(n-r)!}$로 표현이 가능하다. 따라서 순열 공식은 $_nP_r=\frac{n!}{(n-r)!}$ 이다.

이제 조합 계산에 대해서도 살펴보자. 예를 들면, 1,2,3,4,5가 쓰인 다섯 장의 카드 중 세 장을 순서 개념은 없이 뽑기만 하는 방법은? 이것은 조합 기호 $_5C_3$으로 표시한다. 이것을 아까 세 장을 뽑아서 순서대로 나열하는 경우의 수인 순열 $_5P_3$과 비교해보자. 순열 $_5P_3$의 경우는 조합 $_5C_3$의 경우보다 이미 뽑힌 세 장을 순서대로 나열하는 방법 개수인 3!=6배만큼 경우의 수가 더 많을 것이다.

따라서 $_5C_3=\frac{_5P_3}{3!}=\frac{5\times4\times3}{3\times2\times1}=10$으로 계산을 하면 된다. 일반적으로

서로 다른 n개 중에서 r개를 뽑는 조합의 공식은 $_nC_r = \frac{_nP_r}{r!} = \frac{n!}{(n-r)!r!}$ 이 되는 셈이다. 순열과 조합의 차이를 보다 명확히 하기 위해 다음과 같은 예제를 풀어보자. 우리 팀에 10명의 구성원이 있는데, 이 중 팀장과 부팀장을 뽑는 방법은 몇 가지일까? 이는 열 명 중 두 명을 뽑되 그 두 명의 순서를 구분하는 경우이므로 순열인 $_{10}P_2$에 해당하며 10×9=90가지이다. 한편, 10명의 팀 구성원 중 팀 대표로 두 명을 뽑는다고 하면 그 방법은? 이 경우는 뽑히는 두 명 사이에 순서 개념은 없으므로 조합인 $_{10}C_2$에 해당하고 그 계산은 $\frac{_{10}P_2}{2!} = \frac{90}{2}$=45로 하면 된다.

실제 여러 가지 개수의 셈에 있어서 조합 이론의 활용성은 놀라울 정도이다. 이제 몇 가지 조합의 활용 사례를 살펴보자. 서로 평행하는 간격 1의 가로줄 다섯 개와 이들과 수직이 되면서 간격 1로 서로 평행하는 세로줄 여섯 개에는 직사각형이 몇 개 들어있을까? (다음 페이지 그림) 우선 가로와 세로 모두가 1인 정사각형 4×5=20개가 보일 것이다. 하지만 이 그림에는 가로 세로가 1이 아닌 직사각형들도 많이 들어있는데 그 수를 실수 없이 정확하게 세는 것은 쉬운 일이 아닐 것이다. 하지만 가로줄 두 개의 선택 방법의 수 $_5C_2$와 세로줄 두 개의 선택 방법의 수 $_6C_2$를 서로 곱하면, 이 그림에서 직사각형을 만드는 모든 경우의 수를 단번에 계산이 가능해진다. 즉 이렇게 계산을 해보면 $_5C_2 \times _6C_2$=10×15 =150개의 직사각형을 찾을 수 있다는 결과를 얻는다.

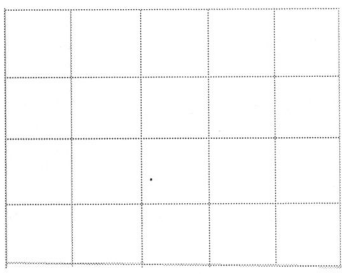

◎ 조합을 이용한 직사각형의 개수 구하기

또 하나의 예로 $(x+1)^{10}$ 다항식의 경우, 실제 이 10차원 식을 모두 전개해보지 않고도, 전개항들의 각 계수들을 쉽게 알아내는 방법이 있다. 이를테면 x^6항의 계수는 얼마일까? $(x+1)$ 열 개가 세로로 나열되어 있다고 생각해보자. 10개의 줄에 놓인 일차식들이 모두 곱해지는 상황이라고 볼 때 x는 6개 줄에서 선택이 되고 1은 나머지 네 개 줄에서 선택이 되어 곱해진 경우여야만 x^6이 만들어질 것이다. 그런데 이런 경우가 총 몇 가지 있는가를 생각해보면 이는 총 10개 줄에서 6개 줄이 선택되는 방법의 수인 $_{10}C_6$ =210이 된다. 따라서, $(x+1)^{10}$이라는 10차 식의 전개 항들에서 6차 항은 $210x^6$이 된다는 것을 조합 계산으로 쉽게 알 수 있다.

확률의 법칙

어떤 사건에서 그 일어날 빈도가 미리 결정이 되어 있다는 빈도주의 관점에서의 확률이란 가능한 모든 경우의 수에 대해 해당 사건이 일어날 경우의 수를 비율로 나타낸 것이다. 이를테면 1에서 6까지의 수가 적힌 주사위를 던졌을 때 1이 나올 확률을 묻는다면 그 답은 1/6이며 퍼센트로 나타내면 100을 곱하여 $\frac{100}{6}$ (약 16.6) %가 될 것이다. 여기에는 주사위를 충분히 많이 던졌을 때, 각 숫자가 나오는 빈도(일어날 가능성 정도)가 서로 동일한 수준이라는 가정이 깔려있다. 만일 주사위 모양이 좀 이상해서 어느 숫자가 조금이라도 더 잘 나오는 상황이라면 이야기는 달라질 것이다. 그럼 주사위를 던졌을 때 짝수가 나올 확률은? 이렇게 될 경우는 2, 4, 6 세 가지이므로 $\frac{3}{6}=\frac{1}{2}$ 로 계산이 된다. 그렇다면 주사위를 던졌을 때 2 이하가 나오거나 짝수가 나올 확률을 묻는다면? 2 이하가 나오는 사건을 A라고 하고 짝수가 나오는 사건을 B라고 한다면 A가 발생할 확률 P(A)=$\frac{2}{6}=\frac{1}{3}$, B가 발생할 확률 P(B)=$\frac{3}{6}=\frac{1}{2}$ 로 표현이 가능하다. 그런데 A 또는 B 둘 중 하나가 일어날 확률은 P(A∪B)로 표시하며, P(A∪B)=P(A)+P(B)-P(A∩B)=$\frac{1}{3}+\frac{1}{2}-\frac{1}{6}=\frac{2}{3}$ 로 계산을 한다. 이를 확률의 '덧셈 법칙'이라고 한다. 여기서 P(A∩B)란 사건 A와 사건 B 양쪽 모두에 해당이 될 확률을 의미하며, 여기서 이렇게 되는 경우는 2의 경우뿐이므로 P(A∩B)=$\frac{1}{6}$ 이 되는 것이다.

만일 A, B간 공통부분이 없어서 P(A∩B)=0이면, 사건 A와 사건 B는 서로 '배반사건'이라고 말한다.

확률 이론의 활용과 계산법에 한 단계 더 나아가기 위해서는 조건부확률이라는 개념도 배워야 한다. A가 발생하는 전제 조건 하에서 B가 일어날 확률이 곧 조건부확률이며 이를 P(B|A)라는 기호로 나타낸다. 예를 들어 보자. 어느 학급에 '남학생'(사건 A)이 60%(여학생 40%)라고 한다. 여기서 남학생의 경우 '안경을 썼을'(사건 B) 확률은 70%, 여학생 중 안경을 썼을 확률은 50%라고 한다. 그럼 이 학급에서 남학생을 한 명 지명할 때

그 학생이 안경을 썼을 조건부 확률 P(B|A)=$\frac{7}{10}$, 여학생을 한 명 지명할 때 그 학생이 안경을 썼을 조건부확률은 P(B|A^c)=$\frac{1}{2}$이 될 것이다. 그런데 이 학급에서 아무 학생을 한 명 지명했을 때 이 학생이 남학생이면서 안경을 썼을 확률은? 이는 P(A∩B)로 표현하고 P(A)×P(B|A)로 계산이 가능하다. 이는 남학생일 확률과 남학생일 때 안경을 썼을 확률을 서로 곱한 값이다. 따라서 그 확률은 $\frac{3}{5}$×$\frac{7}{10}$=$\frac{21}{50}$(42%)이 될 것이다. 이를 확률의 '곱셈 법칙'이라고 말한다. 그렇다면 어느 학생을 지명했을 때 여학생(사건 A^c)이면서 안경을 썼을 확률은?

마찬가지 방식으로 P(A^c∩B)= P(A^c)×P(B|A^c)=$\frac{2}{5}$×$\frac{1}{2}$=$\frac{1}{5}$(20%)이 된다. 그렇다면 이 학급에서 아무 학생을 지목했을 때 이 학생(남학생이든 여학생이든)이 안경을 썼을 확률 P(B)는 어떻게 계산해야 할까? 이는 앞에서 계산한 남학생이면서 안경을 썼을 확률 P(A∩B)과 여학생이면서 안경을 썼을 확률 P(A^c∩B)을 더하면 될 것이다. 따라서 P(B)는 $\frac{31}{50}$(42%+20%=62%)가 된다.

자, 이제 여기에서 저 유명한 '베이즈 정리'라는 것을 간략히 소개해본다. 베이즈 정리는 확률의 곱셈 법칙에서 P(A∩B)=P(A)×P(B|A)=P(B)×P(A|B)가 성립하므로 P(A|B)는 $\frac{P(A) \times P(B|A)}{P(B)}$를 통해 계산이 가능하다는 것이다. 이를테면, 만일 앞의 예에서 어느 안경 쓴 아무 학생을 하나 지목했을 때 이 학생이 남학생일 확률을 묻는다면 어떻게 계산해야 할까? 이는 기호로 P(A|B)에 해당하며(이를 사후확률이라고 한다) 베이즈 정리를 쓴다면 $\frac{P(A) \times P(B|A)}{P(B)}$=$\frac{21}{50}$÷$\frac{31}{50}$=$\frac{21}{31}$로 계산이 된다.

그런데 확률의 곱셈 법칙에서 만일 B의 발생이 A 사건 발생 여부와는 전혀 무관한 경우라면 어떻게 될까?

그 경우라면 P(B|A)=P(B)가 될 것이며 이런 경우 A, B를 서로 '독립사건' 이라고 말한다. 이를테면, 주사위를 두 번 던지는데 첫 번째 시도에서 1이 나왔을 때, 두 번째 시도에서도 1이 나올 확률은? 이 경우 두 번째 시도는 첫 번째 시도에서 무엇이 나오는가에 영향을 받지 않는 독립사건이며 따라서 그 확률은 그냥 $\frac{1}{6}$일 뿐이다. 첫 번째 주사위에서 1이 나오는 사건을 A, 두 번째 주사위에서 1이 나오는 사건을 B라고 하면 P(A)=$\frac{1}{6}$, P(B)=$\frac{1}{6}$이 된다는 것이다.

그리고 P(B|A)=P(B)=$\frac{1}{6}$이다. 따라서 만일 주사위를 던져 두 번 다 1이 나올 확률을 묻는다면 확률의 곱셈 법칙을 쓰되 P(A∩B)=P(A)×P(B|A)= P(A)×P(B)=$\frac{1}{6}$×$\frac{1}{6}$=$\frac{1}{36}$로 계산을 하면 된다.

이런 확률의 덧셈 법칙이나 곱셈 법칙을 활용하여 실생활의 확률 문제를 해결하는 예를 몇 가지 들어보기로 하자. 먼저, O,X 퀴즈 문제가 다섯 개가 있는데, 모두 다 아무렇게나 찍었을 때 4개 이상 맞힐 확률은? 문제 하나를 찍었을 때 맞힐 확률은 $\frac{1}{2}$, 틀릴 확률도 $\frac{1}{2}$이다. 그리고 각 문제들은 서로 영향을 주지 않는 독립사건들이다. 그렇다면 다섯 개를 다 맞힐 확률은 $\frac{1}{2}$의 5제곱으로 $\frac{1}{32}$이 될 것이다. 그다음 네 개를 맞히고 하나를 틀릴 확률은? 만일 OOOXO처럼 특정 순서로 정해진다면 이렇게 될 확률도 역시 $\frac{1}{32}$이겠지만 하나만 틀리는 경우가 몇 번째 문제에서인가에 대한 경우는 $_5C_1$로 총 다섯 가지가 있다. 따라서 하나만 틀릴 확률은 $_5C_1 \times \frac{1}{32} = \frac{5}{32}$로 계산하면 된다. 그렇다면 4개 이상 맞힐 확률은 $\frac{1}{32} + \frac{5}{32} = \frac{6}{32} = \frac{3}{16}$이 최종적 답이 될 것이다. 만일 3개 맞히고 2개 틀릴 확률이라면? 틀린 문제의 위치 경우의 수를 $_5C_2$로 보아서 $_5C_2 \times \frac{1}{32} = \frac{5}{16}$가 그 답이 된다. 그럼 최소한 한 개는 맞힐 확률은? 이 경우는 어떤 사건 A에 대해 $P(A^c)=1-P(A)$가 성립한다는 것을 이용하여 전체 확률 1에서 다섯 개 모두 다 틀릴 확률 $\frac{1}{32}$을 빼주면 $\frac{31}{32}$가 나온다.

   한편, 도박의 경우에도 확률의 기댓값 개념과 계산을 통해 이것이 과연 할 만한 게임인지 아니면 적잖은 손해를 볼만한 게임인지를 판단하는 데 도움이 된다. 이를테면 다음과 같은 상금이 걸린 주사위 던지기 게임이 있다고 해보자. 여기에는 주사위를 한번 던져 1이 나오면 백만 원, 그리고 그 밖의 홀수(3, 5)가 나오면 십만 원의 상금이 걸려 있다. 그럼 이 경우의 확률 기댓값, 즉 이 게임을 한번 했을 때 기대되는 상금의 평균은 $1,000,000 \times \frac{1}{6} + 100,000 \times \frac{1}{3} = 200,000$으로 계산이 된다. 그렇다면 이 게임에 참여하는데 판돈을 15만 원 내는 게임이라면 이 게임은 하는 것이 이득일 것이며 만일 25만 원을 내고 하는 게임이라면 손해를 볼 게임이므로 그 자리를 떠나는 것이 상책일 것이다. 하지만 만일 현실에서 그 판돈과 상금이 모두 천 배인 이런 게임이 실제 주어져 있다고 생각해보자. 그렇다면 내 전 재산에 가까운 일억오천만 원을 내고서도 이런 게임은 과연 한번 해볼 만한 것일까? 3이나 5가 나오면 1억 상금일 뿐으로 결국 판돈에 비해 오천만 원이나 손해를 손해 보며, 만일 짝수가 나온다면 전 재산을 다 잃고 파산에 이른다. 현실의 대부분 사람은 1/6 가능성의 10억 원 상금을 기대하면서 이런 큰 도박 게임을 한다는 것은 리스크가 너무 크고 무모하다는 판단을 할 것이다. 하지만 재산이 수천억 원이 되는 부자라면 이야기는 달라질 수 있다. 결국, 수명과 기회가 유한한 우리의 실제 현실에서는 확률적 기댓값 판단만으로 모든 결단을 할 수는 없으며 그 외에도 고려해야 할 만한 리스크 요소들이 있을 수 있다는 의미이다.

1-5 함수

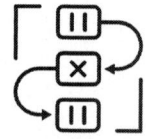

집합 이론

집합에 관한 개념과 연산은 과거 중학교 1학년 때 나왔었지만 요즈음은 고등학교 1학년(수학 '하')에 가서야 배우게 된다.

아마도 일반 수와 식의 계산과는 달리 집합은 추상적인 (어찌 보면 다소 철학적인) 느낌으로 다가오고 다른 부분과의 연결성도 크지 않아 보여서 학생들의 학습 부담을 조금은 경감시켜 보자는 의도에서 그렇게 된 것이 아닌가 싶다. 하지만 원래 중학교 과정에 나오는 일차/이차 함수의 경우, 함수의 엄밀한 수학적 정의는 집합 개념(정의역, 공역, 치역 등)을 통해 먼저 명확히 제시를 해야 마땅하다. 하지만 집합 부분이 빠지면서 x값의 입력에 대한 y값의 출력이라는 시각으로 x와 y의 관계식을 표현하고 설명하는 데 그치게 되었다. 집합 이론은 사실 존재들을 지칭하는 개념들의 관계를 다루는 이론으로 사실상 현대의 기호논리학 이론들을 뒷받침한다. 어떤 복잡한 내용을 일상적 말로 표현하면 매우 모호하고 이해가 어려운 경우들이 많은데 이들을 수학적 기호들로 바꾼 후 명제들의 논리 연산 혹은 진리 집합의 포함 관계 분석을 시도하면 그 내용의 진위를 보다 명쾌히 판단할 수 있다.

이제 집합과 원소의 개념부터 알아보기로 하자. 집합이란 어떤 속성을 가진 대상들만의 묶음 같은 것으로 어떤 것이든 그 안에 들어가는지 들어가지 않는지가 분명히 구분 가능해야 한다. 만일 A를 1부터 5까지의 자연수들을 담은 집합이라고 해보자. 그렇다면 1은 집합 A에 포함이 되며 이 경우 1은 집합 A의 '원소'라고 표현하며 기호로는 '1∈A'로 표기한다. 하지만 6은 집합 A에 포함되지 않으며 따라서 이 경우 6은 A의 원소가 아니다(기호로는 6∉A). 1,2,3,4,5는 집합 A를 구성하는 총 원소들로 A={1,2,3,4,5}처럼 원소들을 나열하는 표현법을 '원소나열법'이라고 한다. 한편, A={x|x는 1이상 5이하의 자연수}라는 방식처럼 원소들을 직접 나열하는 것이 아니라 원소의 구분법을 어떤 조건으로 제시하는 표현법을 해당 집합의 '조건제시법' 이라고 한다. 어떤 집합 A에서 그 원소들의 개수는 보통 n(A) 또는 |A|로 표기한다. 앞의 A의 경우, n(A)=|A|=5가 될 것이다.

그다음 부분집합의 개념에 대해서도 알아보자. 이를테면 집합 B={1,2,3}이라고 해보자. 그렇다면 B의 모든 원소들은 곧 A의 원소에 해당되기도 한다. 즉, 집합 B는 집합 A에 포함이 되는 경우이며, 이 경우 기호로는 부분집합 기호 '⊂'를 사용하여 'B⊂A'로 표기한다. 그 역으로, A의 모든 원소는 B의 원소가 되는 것일까? 그렇지는 않다. 4나 5는 A의 원소이지만 B의 원소는 아니기 때문이다. 만일 A=B라는 표현을 한다면 두 집합은 같은 원소들로 구성된 집합이며 A⊂B와 B⊂A가 동시에 성립한다는 의미이기도 하다. 만약 원소가 하나도 없이 텅 빈 집합이라면 이를 '공집합'이라고 부르며 { }, 또는 $\emptyset$로 표기한다. $\emptyset \subset A$ 그리고 $\emptyset \subset B$처럼 공집합은 모든 집합의 부분집합으로 본다는 점에 유의해야 한다.

집합에도 다음과 같이 집합 상호 간의 연산들이 정의가 된다. 먼저 집합 A와 집합 B의 합집합은 기호로는 '$A \cup B$'로 표기하며 이는 양쪽 집합의 원소들을 모두 모은 집합을 일컫는다. 수학적 정의로는 $A \cup B = \{x | x \in A$ 또는 $x \in B\}$이다.

이를테면, A={1,2,3,4,5}, B={4,5,6,7}이라고 해보자. 그렇다면 A, B 두 집합의 합집합 $A \cup B$={1,2,3,4,5,6,7}이 될 것이다. 여기서처럼 한 집합 안에 같은 원소를 두 번 쓰지는 않는다. 그다음 A와 B의 교집합은 '$A \cap B$'로 표기하며 이는 A, B 양쪽에 모두 속하는 원소들만 모아놓은 집합을 일컫는다. 수학적 정의로는 $A \cap B = \{x | x \in A$ 그리고 $x \in B\}$이다. 따라서 바로 앞의 A, B 집합에 대한 $A \cap B$={4,5}가 된다. 그다음 차집합 개념에 대해서도 알아보자. A에 대한 B의 차집합 A-B는 A에서 B의 원소이기도 한 것들은 다 빼낸 집합을 일컫는다. 즉 A에는 속하지만 B에는 속하지 않는 원소들의 총집합이다. 앞의 A,B에 대해 차집합 A-B={1,2,3}이 될 것이다. 만일 전체 집합 U라는 것을 정의를 하고, A가 U의 부분집합이라고 해보자. 그렇다면, A의 '여집합'은 'A^c'로 표기하며 전체집합에서 A의 원소가 아닌 모든 원소들의 집합을 의미한다. 따라서 $(A^c)^c = A$가 성립할 것이다. 만일 전체집합 $U = \{x | x$는 10이하의 자연수$\}$로 정의한다면 A={1,2,3,4,5}라면 A^c={6,7,8,9,10}이 된다.

집합 간에는 이러한 정의를 기반으로 다양한 연산들을 해나갈 수 있는데, 여기에는 다음과 같은 중요한 연산법칙들이 성립한다는 것을 잘 숙지할 필요가 있다. 우선, 수와 식에서의 덧셈과 곱셈에 관한 3대 연산법칙인 교환법칙, 결합법칙, 분배법칙이 집합의 경우에도 잘 성립한다.

다만 수식에서는 덧셈과 곱셈의 분배법칙 $a \times (b+c) = a \times b + a \times c$는 성립하지만, 곱셈과 덧셈의 위치를 바꾼 $a + (b \times c) = (a+b) \times (a+c)$와 같은 법칙은 성립하지 않는다.

하지만 집합에서는 $A \cap (B \cup C) = (A \cap B) \cap (A \cap C)$도 성립하며 합집합과 교집합 위치를 바꾼 $A \cup (B \cap C) = (A \cup B) \cap (A \cup C)$도 역시 늘 성립한다. 또 하나의 중요한 연산법칙으로는 '드 모르간의 법칙'이라는 것이 있다. 다음 페이지의 그림에서처럼 전체 집합을 U라고 할 때, 그 안의 임의의 집합 A, B에 대해 $(A \cup B)^c = A^c \cap B^c$와 $(A \cap B)^c = A^c \cup B^c$이 성립한다는 것이다. 이는 매우 중요한 법칙이며, 논리학적으로 증명이 가능하고 벤 다이아그램을 통해서도 그 성립 이유를 알 수가 있다. $A \subset B$가 성립하면 $B^c \subset A^c$도 성립하며 그 역도 마찬가지라는 점도 중요한 성질이다. 또한 $A \subset B$이면, $A \cap B = A$, $A \cup B = B$가 성립한다. 또 $A \cap B \subset A \subset A \cup B$와 함께 $A \cup (A \cap B) = A$, $A \cap (A \cup B) = A$의 흡수법칙도 확인하고 기억해 두는 것이 좋다. 더불어 유한한 집합의 개수에 관한 법칙 $n(A \cup B) = n(A) + n(B) - n(A \cap B)$도 활용성이 큰 공식이다.

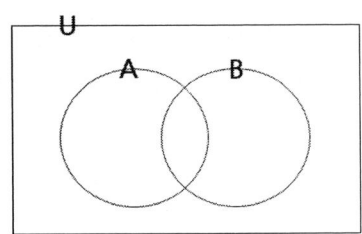

◎ 집합 A, B와 전체 집합 U와의 일반 관계

명제와 논리

명제란 참과 거짓을 분명하게 구분할 수 있는 진술을 의미한다. 그러니까 명제란 참이 아니면 거짓이며 그 구분이 모호한 것들은 아예 명제에 넣지를 않는다. 그리고 '참' 또는 '거짓'을 그 명제의 진릿값이라고 말한다. 우선 참, 거짓이 정해진 단순 명제들을 서로 연결한 복합명제에 대해 살펴보자. 명제의 연결사에는 기본적으로 연언/선언/부정 연결사가 있다. 연언이란 '그리고(and)'에 해당하며, 기호로는 '∧' 또는 '&'로 표기한다. 즉, 두 명제 a, b에 대한 연언 연결은 'a∧b'로 표기한다. 이 복합명제는 a가 참이고 b도 참일 때에만 참이며, 둘 중 하나라도 거짓이 있으면 거짓으로 간주한다. 그리고 선언이란 '또는(or)'에 해당하며, 기호로는 'a∨b' 형식으로 표기한다. 이 경우에는 둘 중 하나만이라도 참이면 다른 명제가 거짓이더라도 이 복합명제는 참으로 간주한다. 어느 명제 a에 대한 부정은 'not a'에 해당하며 '~a' 또는 '¬a'로 표기한다. 이 경우 a가 참이면 그 부정 ~a는 거짓이고, a가 거짓이면 ~a는 참으로 받아들인다. ~(~a)와 a는 그 진릿값이 항상 서로 같은데 이처럼 진릿값이 항상 서로 일치하는 경우를 논리적 동치라고 한다. 동치 기호 '≡'를 써서 표현하면, ~(~a)≡a이다. 어떤 명제 a에 대해서도 a∧~a=F로 항상 거짓이며 이를 '모순율'이라고 하고, a∨~a=T로 항상 참이며 이를 '배중률'이라고 말한다. 논리의 배중률에 따르면 ~a가 아니라면 반드시 a이어야 하며 둘 다 아닐 수는 없다. 한편, 집합에서의 연산 경우처럼 이런 연결사들에 대해 분배법칙 a∧(b∨c)≡(a∧b)∨(a∧c), a∨(b∧c)≡(a∨b)∧(a∨c)와 드모르간의 법칙 ~(a∨b)≡~a∧~b, ~(a∧b)≡~a∨~b도 활용성이 꽤 높다.

명제 논리에 있어서 조금 어렵고도 참으로 흥미로운 것은 "a이면 b이다"라는 조건명제이다.
　a라는 명제와 b라는 명제가 있을 때 기호로는 'a→b'라는 조건명제는 그 참, 거짓이 어떻게 정해지는 것일까? 우선 a가 참이라면 b의 참/거짓이 곧 이 조건명제의 참/거짓이 된다. 하지만 만일 a가 거짓이라면 이 조건명제는 b의 참/거짓과는 상관없이 항상 참이 되는 것으로 약속(정의)이 되어 있다. 따라서 전제(가정)가 거짓이거나 결론이 참이면 이 조건명제는 참이 되며, 전제가 참인데 결론이 거짓인 경우에만 이 조건명제는 거짓이 된다. 예를 들어, "3이 짝수이면, 7도 짝수이다"라는 조건명제는 전제가 거짓이므로 그 결론이 거짓이지만 이 조건명제는 참이 된다. 하지만 만일 "3이 홀수이면, 7은 짝수이다"라는 조건명제는 전제가 참인데 그 결론은 거짓이므로 거짓 명제로 보는 것이다. 또 하나의 예를 들어보자. "실수 x에 대해 $|x|<-2$이면 $2|x|<-6$이다."라는 명제는 어떨까? 여기서는 모든 x에 대해 그 절댓값은 0 이상이므로 그 전제도 결론도 거짓에 해당한다. 따라서 이 조건명제는 참이다. 얼핏 생각하면 $|x|<-2$의 양변에 2를 곱하면 $2|x|<-4$가 성립하므로 $2|x|<-6$이라는 결론은 대수적으로 잘못 유도된 것이므로 거짓으로 비추어질 수도 있을 것 같다. 하지만 이 명제는 논리적으로 참이다! 일반적으로 $a→b \equiv \sim a \vee b$ 라는 논리적 동치 관계가 성립한다는 점을 알아둘 필요가 있다.
　'$|x|<1$'처럼 미지수가 들어가는 명제의 경우 이를 만족하는 x들의 집합을 그 명제의 '진리집합'이라고 말한다. 이를테면 "$|x|<1$이면 $|x|<2$이다"라는 조건명제의 경우 이는 전제를 참으로 만드는 그 어떤 x에 대해서도 그 결론이 거짓이 되는 경우가 없으므로 이 조건명제는 참이다. 이를 좀 더 명

확히 하기 위해 그 전제의 진리집합 {x| -1<x<1}를 A, 그 결론의 진리집합 {x| -2<x<2}를 B로 놓자. 그렇다면 이 경우 A⊂B의 포함 관계가 성립하는데, 진리집합 간에 이런 관계가 성립한다는 것은 이 명제가 참이라는 것과 같은 이야기이다.

A에 포함된 모든 원소에 대해서는 그 전제와 결론 모두가 참이 되고, A에 포함되지 않는 원소들에 대해서는 그 전제 자체가 아예 거짓이 되므로 더이상 따질 필요 없이 이 조건명제를 참으로 만든다. 다시 말해 진리집합 간의 포함 관계만으로 미지수가 들어간 조건명제의 참/거짓을 분석할 수 있다. 만일 "|x|<-1이면, |x|<2"의 경우라면, 공집합은 모든 집합의 부분집합임을 상기할 때 ∅⊂B의 성립으로부터 참인 조건명제로 간주한다. 아까 예를 든 "|x|<-2이면 2|x|<-6이다"의 경우는 어떨까? 이 경우 두 진리집합을 비교해보면 ∅⊂∅도 성립하므로 이 역시 참이라는 설명이 가능하다. 일반적으로 미지수 x가 들어간 'a→b' 조건명제에서 a를 만족하는 진리집합 A, 그리고 b를 만족하는 진리집합을 B라고 할 때, 이 조건명제가 참이 되게 하는 진리집합은 $A^c \cup B$이 된다. 따라서 만일 이 조건명제가 항상 참이 되지는 않는다는 것을 밝히려면 $(A^c \cup B)^c = A \cap B^c$ (드 모르간 법칙 사용)의 원소 중에서 하나를 그 반례로 채택하면 될 것이다. 한 쉬운 예를 들어보자. "|x|<3이면 2|x|<4이다"라는 명제는 거짓이다. 그 반례를 찾아보려면 A={x|-3<x<3|, B={x|-2<x<2}로 잡을 때, $A \cap B^c$={x|-3<x≤-2 또는 2<x<3}이므로 그 속에서 어떤 값이든 하나(이를테면 2.5)를 선택하여 조건명제에 넣어보면, 그 전제는 참이 되지만 결론은 거짓이 되는 케이스에 해당하면서 이 명제의 반증을 위한 하나의 반례가 찾아진 셈이다.

조건명제의 변형에 대해서도 알아보자.

'a→b'라는 조건명제에 대해 'b→a'는 그 역(逆)이라고 일컬으며, '~a→~b'는 이(裏), 그리고 '~b→~a'는 그 대우(對偶)라고 말한다. 여기서 '이'는 역의 대우명제이기도 하다. 처음 조건명제가 참이라고 해도 그 역이나 이가 반드시 참이 되는 것은 아니다. 하지만 그 대우명제는 처음 명제와 논리적 동치 관계가 성립하며 참/거짓이 항상 서로 일치한다. 즉, a→b ≡ ~b→~a가 성립하는 것이다. 이를테면 "6의 배수는 짝수이다."의 역은 "짝수이면 6의 배수이다."이며, 그 이는 "6의 배수가 아니면 짝수가 아니다(홀수이다)", 그리고 그 대우는 "홀수이면 6의 배수가 아니다"가 되는 것이다. 여기에서 원래의 조건명제는 참이지만 그 역(반례: 4)과 이는 거짓이며, 그 대우는 원래 명제와 같은 참 명제임을 알 수 있다. 조건명제 "a이면 b이다"가 참일 때, a는 b이기 위한 '충분조건'이라는 표현도 흔히 쓴다.

또 이 경우 b는 a이기 위한 '필요조건'이라고도 말한다. 여기서 필요조건이라고 표현한 것은 참인 그 대우명제에서 b가 아니라면 a도 될 수 없으므로 a가 되기 위해서는 최소한 b는 성립할(참이 될) 필요가 있다는 의미로 보면 된다. a가 b이기 위한 충분조건이고 b도 a이기 위한 충분조건(a는 b이기 위한 필요조건)이 된다면 이 경우는 a는 b이기 위한 '필요충분조건'이라고 말하며 a↔b로 표기도 한다. 이를테면, x=1은 $(x-1)^2 \leq 0$이기 위한 필요충분조건이다. 그리고 두 명제 a와 b가 서로 논리적 동치 관계일 경우에는 a는 b이기 위한 필요충분조건이라고 표현할 수 있다.

평면좌표

고전기하는 삼각형의 합동과 닮음 조건, 그리고 피타고라스정리, 삼각비 등의 활용이 주를 이룬다. 중학생들은 이런 기본 공식들을 기초로 삼각형의 내심, 외심, 무게중심의 정의와 성질들을 배우고 더 나아가 원의 성질까지 공부한다. 이런 고전기하를 유클리드 기하학이라고도 하는데, 유클리드 기하학 원본이야말로 가장 근원적인 수학 공준, 공리들로부터 순차적 증명과정을 통해 기하 공식이나 문제들의 해법을 유도해 내며 기하학의 수학적 체계를 세웠다. 그런데 근대에 이르러 수학자이자 철학자였던 데카르트는 평면상 점들의 위치를 표시하는 좌표 개념을 기반으로 대수적인 계산법으로 기하 문제들을 해결하는 새로운 해석기하학을 창안했다. 가로의 x축 직선과 세로의 y축 직선을 서로 직교시키고, 그 교차점을 원점이라고 부른다. x,y 축은 원점을 0으로 한 수직선이며 평면상의 임의의 점의 위치는 각 축에 수선을 내린 점(수선의 발)의 수치를 그 축의 좌푯값으로 삼는다. 평면상에서는 그 어떤 점이든 x좌표 값과 y좌표 값이 각각 유일하며, 역으로 두 좌푯값이 결정되면 그 점의 평면상 위치도 유일하다. 그리하여 한 점의 위치를 의미하고 대변하는 평면좌표는 (x좌표, y좌표) 형식의 순서쌍으로 표시할 수 있는 것이다.

그렇다면 우선 평면상의 임의의 두 점 (a,b)와 (c,d) 사이의 선분 길이 즉 그 두 점 사이의 거리는 직각삼각형의 피타고라스정리를 적용하여 $\sqrt{(a-c)^2 + (b-d)^2}$ 로 구해질 것이다. 그다음 함수식 y=2x-1 같은 일차함수의 경우, 이 관계식을 만족하는 (x,y) 좌표 점들의 자취 즉, 이 함수의 그래프는 바로 직선이 된다. 두 직선이 평행하다는 것은 그 그래프에 해당하는 두 일차함수의 일차항의 계수(기울기)끼리 동일하지만 상수항끼리는 서로 달라야 한다(상수항까지 같으면 두 직선은 서로 겹친다). 또한, 두 직선 그래프가 서로 수직으로 교차할 조건은 두 직선의 기울기들끼리의 곱이 -1이 되는 경우이다(그 이유는 직각삼각형들의 닮음 관계를 통해 확인 가능). 그렇다면 두 점 (a,b)와 (c,d)를 지나는 유일한 직선을 표현하는 함수의 식은? 먼저 그 직선의 식에서 기울기 m에 해당하는 것은 $\frac{d-b}{c-a}$라는 것을 알아야 한다. 그다음 직선의 식에서 x=a, y=b를 대입하여 y절편에 해당하는 상수항까지 구하면 되는데, 이를 정리하여 공식화하면 y-b=m(x-a) 형태이고 여기서 기울기 m=$\frac{d-b}{c-a}$를 대입한다. 그렇다면 원을 대변하는 대수적 관계식은 어떻게 표현될까? 이를테면 원의 중심이 원점이고 반지름이 2인 원의 방정식은 $x^2+y^2=2^2$으로 표현이 된다. 왜냐하면, 원주 위 점에서의 x좌표의 제곱과 y좌표의 제곱은 언제나 원의 반지름의 제곱이 되기 때문이다. 그렇다면 원의 중심 좌표가 (a,b)이고 반지름이 r인 일반적 원의 방정식은? 이 역시 피타고라스 정리의 적용을 통해 알 수 있으며 $(x-a)^2+(y-b)^2=r^2$이 된다. 이렇듯 좌표를 이용한 기하학 즉 해석기하학은 고전 기하학의 도형들을 대수 방정식을 통해 표현하고 문제 해결도 한다.

 직선과 점 사이의 거리 공식에 대해서도 알아보자. 한 점 $P(x_1, y_1)$에서 이와는 떨어진 직선의 방정식 ax+by+c=0까지의 거리를 구하려면 어떻게 해야 할까? 우선 P에서 이 직선에 내린 수선의 발 좌표를 $Q(x_2,y_2)$라고 해보자. 그러면 Q는 이 직선 위에 놓여있으므로 $ax_2+by_2+c=0$이 성립할 것이다. 그리고 직선의 기울기가 $-\frac{a}{b}$이므로 P,Q를 지나는 직선의 기울기 $\frac{y_2-y_1}{x_2-x_1}=\frac{b}{a}$가 되어야 할 것이다(수직으로 교차하는 경우 기울기끼리 곱하면 -1이기 때문). 이 두 식을 x_2, y_2에 대한 연립방정식으로 보고 이 방정식

을 풀어서 P, Q 간의 거리를 구해보면, $\frac{|ax_1+by_1+c|}{\sqrt{a^2+b^2}}$ 의 공식으로 깔끔히 정리가 된다. 예를 하나 들어보자. 직선 y=2x-1과 점(-1,2)사이의 거리는 어떻게 될까? 우선 이 직선의 식을 ax+by+c=0형식으로 바꾸면 2x-y-1=0 이 된다. 그 다음 앞의 공식에 넣어보면, $\frac{|2(-1)-(2)-1|}{\sqrt{2^2+(-1)^2}}$ 으로 결국 그 거리는 '$\sqrt{5}$'라는 것을 알 수 있다. 또 하나의 흔한 문제로, 원 $x^2+y^2=4$에 접하는 기울기가 2인 직선의 식을 구하려면 어떻게 해야 할까? 접선의 식을 y=2x+b라고 놓고 이를 원의 방정식과 연립으로 풀면 교차점의 좌표를 얻을 수 있다. y=2x+b를 원의 방정식에 대입하면 x에 관한 이차방정식이 되는데, 단 하나의 점에서 접하므로 그 근은 중근이어야 하고 따라서 그 판별식 D=0이 되는 조건을 찾는 방식으로 b=±2$\sqrt{5}$를 얻을 수 있다. 하지만 아까의 거리 공식을 쓰면 조금 더 쉽게 구할 수 있다. 접선의 식 2x-y+b=0 과 원점(0,0) 사이의 거리는 반지름 2와 같다는 것을 이용하면 $\frac{|b|}{\sqrt{5}}$=2 이므로 b=±2$\sqrt{5}$의 답을 곧바로 얻을 수 있다. 결국, 기울기 2인 원의 접선은 원의 왼편, 오른편의 총 두 개로 y=2x±2$\sqrt{5}$가 그 접선의 식이 되는 것이다.

두 점 사이의 내분점, 외분점 좌표를 구하는 공식도 알아두면 쓸모가 많다. 두 점 $A(x_1,y_1)$와 $B(x_2,y_2)$를 연결하는 선분 AB를 m:n으로 내분하는 A,B사이의 점 P의 좌표 공식은 어떻게 구해지는지 살펴보자. 이는 m:n의 닮음을 통해 계산이 되는데, A와 P의 x좌표 사이의 거리는 $(x_2-x_1)\times\frac{m}{m+n}$ 가 되며 P의 x 좌표는 x_1에 이 값을 더한 값의 정리로 $\frac{mx_2+nx_1}{m+n}$ 가 된다. y 좌표도 마찬가지여서 결국 P의 좌표는 ($\frac{mx_2+nx_1}{m+n}$, $\frac{my_2+ny_1}{m+n}$)가 된다. 한편, 두 점 A,B의 m:n 외분점이란 선분 AB의 연장선에 P가 존재하여 선분 AP:PB=m:n이 되는 경우이다. 이 경우의 P 좌표는 내분점과 유사한 방식으로 계산해보면, 그 외분점 좌표는 ($\frac{mx_2 - nx_1}{m - n}$, $\frac{my_2 - ny_1}{m - n}$)이 된다는 것을 알 수 있다. 그럼 실제 예를 통해 내분점과 외분점의 좌표들을 구해보자. A(1,2), B(5,4)일 때 그 중점의 좌표는? 중점이란 1:1 내분점이므로 ($\frac{1+5}{2}$, $\frac{2+4}{2}$)=(3,3)이 바로 중점의 좌표이다. 그럼 A,B의 1:2 외분점 좌표는? 이 경우 외분점은 A쪽 연장선에 위에 놓이게 될 것이다. 외분점 공식에 의해 구해보면 그 좌표는 ($\frac{5-2}{1-2}$, $\frac{4-4}{1-2}$)=(-3,0)이라는 것을 알 수 있다.

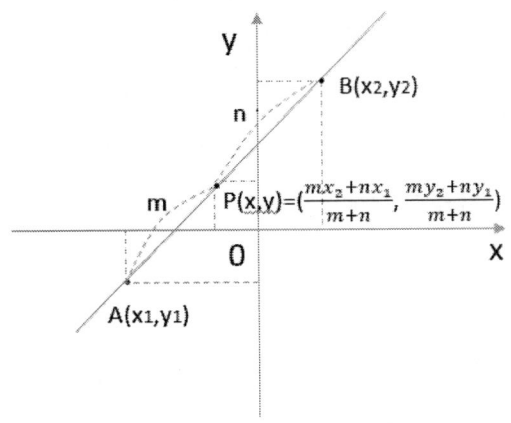

◎ 평면좌표 상의 m:n 내분점

함수와 그래프

사실 집합 개념을 배운 이후에야 일반 함수의 수학적 정의를 제대로 말할 수가 있다. 먼저 '정의역(domain)'과 '공역(codomain)'이라는 두 가지 집합을 통해 함수를 정의하는데, 함수란 정의역에 있는 각 원소에 대해 공역에 있는 원소를 하나씩 대응시키는 기능을 일컫기 때문이다. 이때 정의역에 있는 모든 원소들은 빠짐없이 대응 관계가 존재해야 하며, 정의역의 서로 다른 원소들에 대해 공역의 같은 원소 하나로 대응이 되더라도 상관없고, 공역에서 이 함수에 의해 대응이 되지 않는 원소가 남아 있더라도 괜찮다. 그런데, 만일 하나의 원소에 대해 두 개의 원소가 대응이 된다면 이는 함수로 보지 않는다. 이를테면, 실수들 x, y 간의 대응 관계식이 $y^2=x$의 경우 x가 4일 때, 이 식을 만족하는 y는 2와 -2가 대응이 되므로 이는 함수의 관계식이라고 볼 수 없다. 우리가 중학교 과정에서 배우는 일차함수나 이차함수의 경우에는 정의역과 공역을 각각 실수의 집합으로 잡고 x는 어떤 값이 하나 주어지더라도 y의 값도 하나가 대응이 되므로 이들을 함수로 부를 수 있다. 이를테면 $y=x^2$의 경우에, x=1과 x=-1 등 두 가지 다른 x 값에 대해서 y=1 하나만 대응이 되지만 이것은 함수의 요건에 위배되는 것이 아니다.

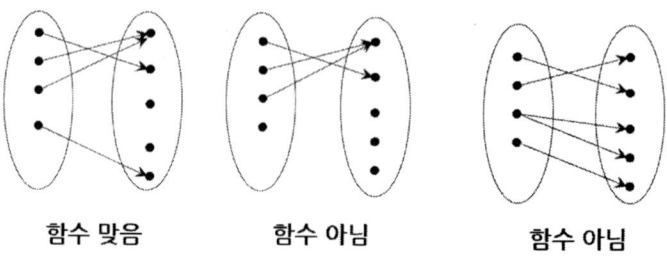

함수 맞음　　　　함수 아님　　　　함수 아님

◎ 함수 여부의 판단

어느 함수가 임의의 서로 다른 정의역 원소들에 대해 각각 서로 다른 값들을 대응시킨다면 이를 함수 중에서도 '일대일 함수(one-to-one function)' 또는 '단사함수(injection)'라고 말한다. 일차함수는 전형적인 단사함수의 예에 해당하는 반면, 이차함수는 단사함수가 아니다. 일대일 함수를 좀 더 수학적으로 설명하자면, f:A→B (정의역 A, 공역 B인 함수 f)인 경우 임의의 a,b∈A에 대해 a≠b이면 f(a)≠f(b)인 경우(또는 f(a)=f(b)→a=b가 성립)를 의미한다. 그다음 공역 B 중에서 f에 의해 대응이 되는 모든 원소를 모은 집합을 함수 f의 '치역(range)'이라고 말하는데, 이를 f(A)로 표현하며 f(A)={y∈B| y=f(x) for some x∈A}로 정의가 된다. f(A)⊂B가 항상 성립할 것이지만 만일 f(A)=B라면 이는 치역과 공역이 같으며 공역 B에서 대응이 되지 않고 놀고 있는 원소는 하나도 없다는 의미이다. 이런 함수를 가리켜 우리는 '전사함수(surjection)'라고 말한다.

만일 어떤 함수가 단사함수이면서 또 전사함수도 된다면 우리는 이를 '전단사함수(bijection)' 또는 '일대일대응(one-to-one correspondence)'이라는 표현을 쓴다. 일대일 함수와 일대일대응 함수는 서로 혼동하기 쉬우니 조심해야 한다. '대응'이라는 표현이 들어가야 '치역과 공역이 같은 일대일 함수' 즉 전단사함수에 해당하며 그냥 일대일 함수라고 말하면 전사함수일 필요는 없으며, 따라서 치역과 공역이 일치하지 않아도 된다. 만일 정의역과 공역이 유한집합이고 이들에 대한 단사함수(일대일 함수)가 존재한다고 하면 n(A)≤n(B)일 것이며, 만일 전사함수가 존재한다면 n(A)≥n(B)이 성립할 것이다. 따라서 정의역과 공역 사이의 전단사함수(일대일대응 함수)의 존재는 n(A)=n(B) 즉, 정의역과 공역 두 집합의 개수가 같다는 것을 의미한다. 이는 유한집합에 관한 성질이지만 현대집합론의 창시자 칸토어는 이를 확장하여 무한집합들 사이의 크기 비교에 대해서도 이런 함수들의 존재성을 기준으로 정의를 했다.

일대일대응 함수 f가 A→B에서 정의가 된다면 정의역을 B, 공역을 A로 바꾸고 대응 관계의 방향을 정반대로 잡는 f의 역함수 f^{-1}: B→A의 정의가 가능하다. y=f(x)이면 x=f^{-1}(y)가 성립하는 셈이다. 어떤 함수에 대해 그 역함수의 정의가 가능하려면 처음 함수는 반드시 일대일대응 함수여야 한다. 일반적으로 y=f(x)의 역함수 식을 얻기 위해서는 x와 y를 뒤바꾼 식 x=f(y)를 y에 관한 식으로 재정리하면 된다. 합성함수의 개념도 중요하다. 만일 함수 f:A→B이고 또다른 함수 g:B→C라고 하자. 여기서 집합 B는 f에 대해서는 공역이지만 g에 대해서는 정의역이 되는 셈이다. 이때 합성함수 h=g∘f:A→C를 정의할 수도 있는데, 여기서 함수 h는 임의의 x∈A에 대하여 h(x)=g(f(x))∈C와 같은 방식으로 대응을 시키는 경우이다. 만일 여기서 f와 g가 모두 일대일대응 함수들이라면 그 합성함수 h=g∘f도 일대일대응 함수가 될 것이다. 그렇다면, 그 역함수 h^{-1}=$(g∘f)^{-1}$:C→A도 정의가 가능할 것이다. 이 경우에 합성함수의 역함수 $(g∘f)^{-1}$는 역함수들의 합성함수 $f^{-1}∘g^{-1}$와 동일하다는 것을 알아둘 필요가 있다.

예를 들어, f(x)=2x-1이고 g(x)=5x+3이라고 하자. 이 일차함수들은 정의역과 공역이 모두 실수 집합인 일대일대응 함수들이다. 그런데 그 역함수의 식들은 $f^{-1}(x)=\frac{1}{2}x+\frac{1}{2}$, $g^{-1}(x)=\frac{1}{5}x-\frac{3}{5}$이 된다. 또 이 두 함수의 합성함수의 식은 h(x)=g∘f(x)=g(f(x))=g(2x-1)=5(2x-1)+3=10x-2가 될 것이다. 그리고 이 합성함수의 역함수 식은 $(g∘f)^{-1}(x)=\frac{1}{10}x-\frac{1}{5}$이 되는데, $f^{-1}∘g^{-1}(x)$의 경우도 $f^{-1}(\frac{1}{5}x-\frac{3}{5})=\frac{1}{10}x-\frac{1}{5}$로 계산이 되므로 결국 두 식은 서로 일치한다는 것을 확인할 수 있다.

이제 평면 좌표상에서 나타낸 함수의 그래프에 대해 생각해보자. 거듭 이야기했지만, 주어진 $y=f(x)$ 함수 관계를 만족하는 (x,y)의 순서쌍들을 xy-평면좌표 상의 점들의 자취로 표현한 것이 곧 함수의 그래프이다. 이를테면 중학교 과정에서 일차함수의 그래프는 직선으로 나타나고, 이차함수의 그래프는 포물선으로 나타난다. 그런데 만일 이런 함수의 그래프를 대칭 이동 또는 평행이동을 시킨다면 그 그래프의 식은 어떻게 변환이 되는지를 공식을 통해 알아두면 유용할 때가 있다. 우선 $y=f(x)$의 그래프를 x축을 기준으로 선대칭시킨 그래프의 함수식은? $y=-f(x)$가 된다는 것은 직관적으로 알 수 있지만 이 경우 'y' 대신 '-y'를 넣은 $-y=f(x)$로 기억을 해두면 좋다. 만일 y축을 기준으로 선대칭을 시켰다면 'x' 대신 '-x'를 넣은 $y=f(-x)$가 이동 후의 함수식이 된다. 만일 원점을 기준으로 점대칭을 시킨다면? 이는 앞의 두 선대칭을 차례로 시행한 것과 같아서 결과적으로 $-y=f(-x)$ 식이 된다. 그다음 $y=f(x)$를 y축 양의 방향으로 +b만큼 평행이동을 시킨다면? 직관적으로 $y=f(x)+b$가 되겠지만 'y'대신 'y-b'를 넣은 $y-b=f(x)$로 기억을 하면 된다. 그리고 $y=f(x)$를 x축 양의 방향으로 +a만큼 평행이동을 시킨다면 그 식은 'x'대신 'x-a'를 넣은 $y=f(x-a)$로 기억해 두면 편리하다. 그런데 여기서 x+a가 아닌 x-a로 대체하는 이유를 궁금해하는 경우가 많다. 그 수학적 원리를 잠깐 살펴본다면, +a만큼 평행이동된 새로운 함수의 그래프 위의 한 점 좌표를 일단 (x',y')라고 할 때 $y=y'$, $x=x'-a$로 바꾸면 $(x,y)=(x'-a, y')$좌표는 원래 함수 $y=f(x)$ 그래프 위에 놓이게 된다. 따라서 $y'=f(x'-a)$를 만족시킬 텐데 이 식이 바로 새로운 그래프 위의 점(x',y')에서의 x좌표와 y좌표 간의 관계식이 되는 것이다.

지수와 로그

지수의 법칙은 문자식 계산과 정리에 있어서 매우 중요한 법칙이다. 어떤 실수 a에 대하여 a의 n제곱 즉 a^n은 n이 자연수일 때 a를 n개 서로 곱한다는 의미이다. m도 자연수라고 할 때, $a^m \times a^n$는 a를 m+n개 서로 곱한 a^{m+n}와 같으므로 $a^m \times a^n = a^{m+n}$이 성립한다는 것은 매우 기본적인 지수의 법칙이다. $(a^m)^n$의 경우에는 a^m을 n제곱한 것으로 a을 m×n제곱한 수와 동일하다. 따라서 $(a^m)^n = (a^n)^m = a^{mn}$이 성립한다. 또 지수의 분배법칙 $(ab)^n = a^n b^n$도 성립한다. 그다음은 $\dfrac{a^m}{a^n}$의 경우를 살펴보자. 만일 m>n이라면, a^n을 분자와 분모에 나누어 약분을 하면 a^{m-n}이 될 것이다. 그런데 m<n이라면? 분자의 a^m으로 분자/분모를 나누어 약분하면 $\dfrac{1}{a^{n-m}}$이 될 것이다. 또 m=n이라면 분자와 분모가 같아서 1이 된다. 그런데 $\dfrac{a^m}{a^n}$의 세 가지 케이스를 간략히 하나의 공식으로 통일할 수는 없을까? 만일 $a^0=1$, $a^{-k}=\dfrac{1}{a^k}$로 약속(정의)을 한다면, $\dfrac{a^m}{a^n} = a^{m-n}$으로 공식의 통일이 가능하다. 이 공식을 적용하는 한 예를 들어보면, $\dfrac{2^5}{2^8} = 2^{5-8} = 2^{-3} = \dfrac{1}{2^3}$이 된다는 것이다. 그다음 양수 a, b가 자연수 n에 대해 $a^n=b$이 성립한다면, a는 b의 'n제곱근'(또는 '거듭제곱근')이라고 말하며 b에 대해 n이 작게 붙은 루트 기호를 사용하여 $\sqrt[n]{b}$으로 표기를 한다. 또한, 이 경우에는 $a=b^{\frac{1}{n}}$으로도 표기한다. 그리고 $a^{\frac{m}{n}}$를 $(a^m)^{\frac{1}{n}}$로 정의하면서 앞의 지수 법칙들을 유리수 범위의 지수들까지 확장한다. 예를 들어, $8^{\frac{2}{3}}$는 $8^2=64$의 세 제곱근에 해당하며 $\sqrt[3]{64}=64^{\frac{1}{3}}$ =4가 된다. 지수는 더 나아가 유리수들의 극한 개념을 통해 실수 범위의 x

까지 a^x을 정의할 수 있다. 1이 아닌 어떤 양수 a에 대해 $f(x)=a^x$를 우리는 '지수함수'라고 말한다. 그런데 만일 a>1일 때 이 함수는 $x_1<x_2$이면 $f(x_1)<f(x_2)$가 되는 증가함수이고, 0<a<1일 때는 $x_1<x_2$이면 $f(x_1)>f(x_2)$가 되는 감소함수임에 유의해야 한다. 이를테면 $y=2^x$은 증가함수이고 $y=0.5^x$은 감소함수이다.

 그다음 로그의 정의와 성질들에 대해서도 알아보기로 하자. 우선 $\log_2 8$은 2를 몇 제곱해야 8이 되는지를 묻는 개념이다. 따라서 $\log_2 8=3$이 될 것이다. 또 $\log_2 3$이라면 이는 $2^x=3$이 되는 x값에 해당하는 것이며 이 수는 1과 2 사이의 실수(사실상 무리수)일 것이다. 이제 $y=\log_a x$라고 해보자. 이 식은 그 정의상 a를 y제곱하면 x가 된다는 의미로 $x=a^y$이다. 그런데 여기서 x와 y의 자리를 서로 바꾼 식 $y=a^x$은 $y=\log_a x$의 역함수 식에 해당한다는 것을 알 수 있다. 알고 보면, 로그함수는 지수함수의 역함수 개념인 것이다. 로그함수 $y=\log_a x$를 정의할 때, a는 '밑수'로 불리며 a>0, a≠1의 조건을 만족해야 한다. 그리고 x는 '진수'라고 하며, x>0인 경우를 정의역으로 삼는다. 밑수가 10일 때 흔히 $\log_{10} x$의 경우 밑수 10을 생략한 log x로 쓰기도 하는데, 이를 '상용로그'라고 한다. 로그함수는 지수함수처럼 밑수 a>1일 때 증가함수이며, 0<a<1일 때는 감소함수가 된다는 것도 알아두자.

 이제 로그 식의 연산을 위한 로그의 성질들을 살펴보기로 한다. 우선 $\log_a 1=0$, $\log_a a=1$이 성립한다. 또한, $\log_a x + \log_a y = \log_a xy$, $\log_a x - \log_a y = \log_a \frac{x}{y}$는 로그의 대표적 성질이다. 로그의 덧셈 경우를 증명해 보려면 우선 $\log_a x=t$, $\log_a y=s$라고 치환해보자. 그럼 $x=a^t$, $y=a^s$가 성립하므로 $xy=a^t a^s = a^{t+s}$가 된다. 따라서 $\log_a xy = \log_a a^{t+s} = t+s = \log_a x + \log_a y$가 성립함을 보일 수 있다. 로그의 성질들은 이런 식으로 대부분 치환 및 지수의 법칙

을 이용하여 증명한다. 로그에는 그 밖에도 임의의 실수 n이나 c에 대하여 다음과 같은 중요한 성질들이 있다는 것도 기억해두자. $\log_a x^n = n\log_a x$, $\log_a b = \dfrac{\log_c b}{\log_c a}$, 그리고 a의 $\log_a b$제곱인 $a^{\log_a b}$은 b와 같다.

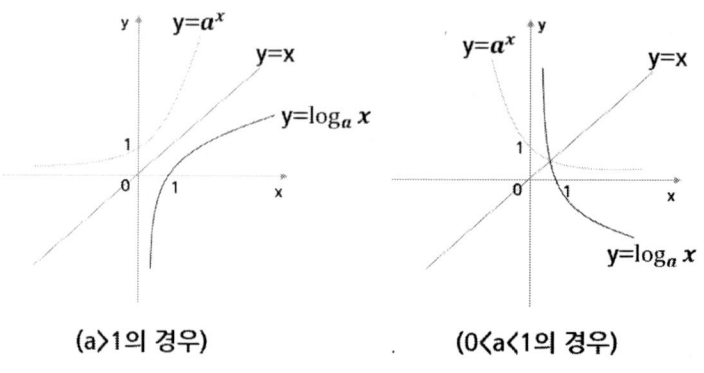

◎ 지수함수와 로그함수의 그래프

여기에서는 상용로그의 활용 예를 한 가지 살펴보자. 박테리아 한 마리가 30회 분열을 한 결과의 수인 2^{30}은 몇 자리 수일까? 이것을 직접 끝까지 계산하여 확인하는 것은 무척 어려운 일이며, 이 경우 상용로그를 이용하여 복잡한 계산 없이 그 자릿수를 쉽게 알아낼 수 있다. 우선 $x=2^{30}$으로 놓고 양변에 로그를 취한다. $\log 2=0.3010$이라는 알려진 근사치를 적용하면 $\log x = 30\log 2 = 30 \times 0.3010 = 9.03$이 된다. 따라서 $x=10^{9.03}=10^{0.03} \times 10^9$로 볼 수 있는데, $10^{0.03}$은 1보다 크고 10보다 작은 수(유효숫자)이고, 10^9은 여기에 0을 9개 붙인다는 뜻이다. 따라서 이 수는 9+1=10자리(십 억대)의 매우 큰 수임을 알 수 있다. 이처럼 상용로그를 취해서 정수 부분과 0 이상의 소수 부분으로 구분을 하면, 정수 부분은 이 상용로그의 '지표'라고 말하며 원래 수의 십진법 자릿수를 나타내는 값이며, 0 이상 1 미만의 소수 부분은 '가수'라고 하며 첫째 자리부터 나타나는 유효숫자의 크기를 가늠할 수 있게 해 준다. 이를테면 앞의 0.03이 $\log 2^{30}$의 가수인데, $10^{0.03}$의 경우 $1=10^0$ $<10^{0.03}<10^{\log 2}=2$의 관계를 이용하여 그 유효숫자가 1로 시작한다는 것을 명백히 알아낼 수 있다. 따라서 2^{30}은 약 10억 정도의 숫자라는 것을 가늠할 수 있다. 그렇다면 만일 $1/2^{30}$은 소수점 몇째 자리부터 0이 아닌 수가 처음 나타날까? 이 수는 2^{-30}과 동일한 수로 이를 x로 놓고 상용로그를 취해보기로 한다. 그럼 $\log x = -30 \times \log 2$로 -9.03이라는 근사치를 얻는다. 이 경우에는 -9.03=-10+0.97로 분리를 하여, 지표는 -10, 가수는 0.97(가수는 반드시 1보다 작은 '양수'여야 한다)이라고 한다는 점에 유의하자. 이제 $x=10^{0.97} \times 10^{-10}$으로 표현이 가능한데, 여기서 소수점 아래 열째 자리부터 유효숫자가 시작된다는 것을 알 수 있다. 그리고 유효숫자는 $9=10^{\log 9}$ $=10^{2\log 3}<10^{0.97}<10$ 관계를 통해 9로 시작한다는 것도 알아낼 수 있다. (log3의 근사치는 0.4771)

삼각함수

중학교 때에는 직각삼각형에서의 닮음 기반으로 삼각비 개념을 배우며 각도의 범위가 0도와 90도 사이에 있는 각들에 대한 사인(sine), 코사인(cosine), 탄젠트(tangent)의 값들을 다루는 정도여서 직관적으로도 이런 것들이 무슨 의미의 값인지 납득하기 그다지 어렵지는 않다. 그런데 고등학교에 들어와서는 각도도 라디안이라는 새로운 단위를 사용하며 90도를 넘거나 음수인 각에 대해서도 삼각비의 정의가 확장이 되고 삼각함수 개념이 등장한다. 삼각함수는 그 정의부터가 좀 어렵게 추상화된 느낌이어서 그 이해에 어려움을 겪는 경우가 제법 된다. 더구나 삼각비 관련한 공식들은 외울 것이 꽤 많아져서 이들을 탄탄하게 익혀서 관련 문제를 푸는 데까지 능숙해지려면 시간 투자가 제법 필요한 편이다. 그럼 먼저 '라디안(호도, radian)'이라는 각 단위부터 알아보기로 하자. 1 라디안이란 원에서 반지름과 호의 길이가 정확히 같아지는 각도로 정의가 된다. 원에서는 반지름 길이가 같은 두 부채꼴끼리 두 호의 길이의 비와 그 중심각끼리의 비는 같으므로 $2\pi r:r=360:x$의 식에서 호의 길이가 반지름 r과 같아지는 1 rad (라디안)은 x=$\frac{180}{\pi}$°(약 57°)가 되며 이 값은 반지름 r의 크기와는 관계없이 항상 일정하다. 1 rad=$\frac{180}{\pi}$°이므로 양변에 π를 곱하면 π rad=180°이 되는 셈이다. 일단 이것만 잘 기억해 두더라도, 비례 관계를 통해 90°=$\frac{\pi}{2}$, 60°=$\frac{\pi}{3}$, 45°=$\frac{\pi}{4}$, 30°=$\frac{\pi}{6}$, 360°=2π 등의 라디안 값들은 곧바로 떠올릴 수가 있을 것이다.

이제 삼각비의 확장적 정의에 대해서 알아보자. 평면좌표 상에서 중심이 원점 O이고 반지름이 1인 원이 있다고 해 보자. 이 원의 방정식은 $x^2+y^2=1$이 될 것이며, 이 원 위의 한 점 P(x', y')가 (1,0)에서 출발하여 반시계 방향으로 원주를 따라 제1 사분면을 이동한다고 생각해보자. 선분 OP가 x축의 양의 방향과 이루는 각을 θ라고 할 때, 빗변이 1인 직각삼각형의 삼각비 관점에서 보면, $\sin\theta$=y', $\cos\theta$=x'가 될 것이며 따라서 P점의 좌표를 ($\cos\theta$, $\sin\theta$)로 표현할 수도 있을 것이다. 만일 P점이 제1 사분면을 벗어나 제2 사분면, 제3 사분면으로 원주를 따라 돈다면, θ는 90°를 넘어서게 될 것이다. 그렇다면 P가 어느 사분면에 있든 P점의 y좌표를 $\sin\theta$,

P점의 x좌표를 $\cos\theta$로 정의를 내릴 수 있을 것이다. 또 탄젠트의 경우에는 x좌표가 0이 아니라면 $\tan\theta = \frac{y좌표}{x좌표}$로 정의한다. 그러면 이러한 정의는 $0<\theta<90°$에서의 삼각비 원래 정의를 품으면서, 그 밖의 모든 각 θ에 대해서도 삼각비의 확장적 정의가 만들어지는 셈이 된다. 이를테면, $\sin 150°$는 $150°$에 대한 P점의 y좌표는 $\frac{1}{2}$이 되므로 $\sin 150° = \frac{1}{2}$이 된다. $\cos 120°$는 어떨까? 그 때의 x좌표는 $-\frac{1}{2}$이 되므로 $\cos 120° = -\frac{1}{2}$가 되는 것이다. 이렇듯 제2 사분면에서는 코사인은 음수, 사인은 양수가 되고, 제3 사분면에서는 코사인은 음수, 사인도 음수가 되며, 제4 사분면에서는 코사인은 양수, 사인은 음수가 된다. 이를테면, $\theta=-45°$(음수 각) 경우라면 P점은 제4 사분면에 놓일 것이며 따라서 $\sin(-45°) = -\frac{1}{\sqrt{2}}$가 될 것이다.

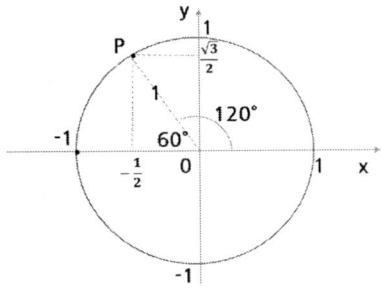

◎ $\cos 120° = -1/2$인 이유

이제 모든 각에 대한 삼각비 정의가 되었으므로, x 라디안에 대한 $y=\sin x$, $y=\cos x$, $y=\tan x$ 같은 삼각함수의 정의도 가능할 것이다. 삼각함수에서는 주로 라디안 단위를 사용하는데, 그 이유는 각에 대한 변수를 라디안 단위로 표현해야 나중 미적분 공식이 보다 단순해지기 때문이다. 이 삼각함수들을 그래프로 표현하면 사인과 코사인 함수는 그 반복주기가 $2\pi(=360°)$이고,

탄젠트함수의 반복주기는 그 절반인 π(=180°)가 된다. 삼각비의 그래프를 살펴보면 cos(-x)=cosx, sin(-x)=-sinx가 된다는 것을 알 수 있다. 즉, y=cosx의 그래프는 y축 기준으로 선대칭이 되며, y=sinx는 y=-sin(-x)와 같은 식으로 그 그래프는 원점에 대하여 점대칭이 된다.

또 cos(x-π)=-cosx, sin(x-π)=sinx, 그리고 사인함수와 코사인함수의 그래프를 살펴보면 코사인함수를 x축 양의 방향으로 $\frac{\pi}{2}$ 만큼 평행이동하면 사인함수 그래프와 겹치는 것을 확인할 수 있다. 따라서 cos(x-$\frac{\pi}{2}$)=sinx가 성립한다. 한편 사인함수를 우측으로 $\frac{\pi}{2}$ 만큼 평행이동하면 코사인함수와 x축 기준으로 선대칭이 된다. 이는 sin(x-$\frac{\pi}{2}$)=-cosx가 성립한다는 것을 말해준다. 이를 여각 관계에 관한 식으로 바꾸어 표현하자면, cos($\frac{\pi}{2}$-x)=cos(x-$\frac{\pi}{2}$)=sinx, sin($\frac{\pi}{2}$-x)=-sin(x-$\frac{\pi}{2}$)=-(-cosx) =cosx가 되는데 이것이 외워두기가 조금 더 편하다. 애초에 이런 공식들에 대한 이해를 놓치거나 포기하면 그 암기는 더욱 고통스러우며 그 기억도 단기에 머무르는 경향이 있다.

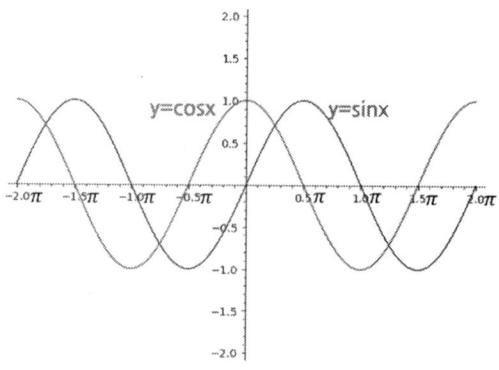

◎ 사인함수와 코사인함수의 그래프

이제 미적분에 많이 활용되는 삼각비의 덧셈 정리에 대해 알아보자. 두 각의 합에 대한 사인, 코사인 공식으로 sin(A+B)=sinAcosB+cosAsinB 와 cos(A+B)=cosAcosB-sinAsinB이 성립한다. 그 증명 과정은 아래 그림의 좌표 기하를 통해 간략히 설명하기로 한다.

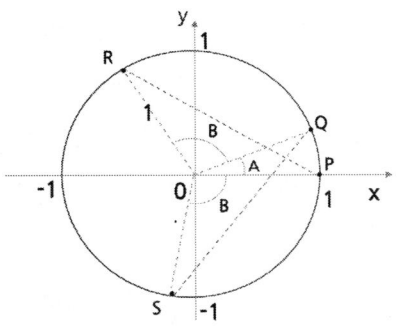

◎ 코사인의 덧셈 정리 증명

이 단위 원의 원주 위에서 (1,0) 좌표점을 P라고 하고, P가 각 A만큼 반시계방향으로 이동한 점은 Q, 그리고 Q가 각 B만큼 반시계방향으로 이동한 점은 R, 그리고 처음 P점에서 시계 방향으로 각 B만큼 이동한 점은 S라고 하자. 이 경우 선분 PR과 선분 QS는 길이가 같다는 점(두 삼각형의 SAS합동)을 이용하여 cos(A+B)=cosAcosB-sinAsinB이 성립함을 보일 수 있다. 즉, 선분 PR의 길이의 제곱은 점 R의 좌표를 삼각비로 표시한 후 피타고라스 정리를 쓰면 $\{1-\cos(A+B)\}^2+\sin^2(A+B)=2-2\cos(A+B)$가 된다. 그다음 선분 QS 길이의 제곱은 $(\sin A+\sin B)^2+(\cos A-\cos B)^2=2-2(\cos A\cos B-\sin A\sin B)$로 정리가 된다. 그런데 이 두 길이는 같으므로 cos(A+B)=cosAcosB-sinAsinB가 도출이 되는 것이다. 한편, sin(A+B)=

$\cos(\frac{\pi}{2}-(A+B))=\cos((\frac{\pi}{2}-A)+(-B))$이므로 방금 증명한 코사인의 덧셈 공식을 적용하면, sin(A+B)=sinAcosB+cosAsinB가 되는 것을 알 수 있다.

이를 알고 나면, 사인과 코사인의 뺄셈 정리 sin(A-B)=sin(A+(-B))= sinAcosB-cosAsinB와 cos(A-B)=cos(A+(-B))=cosAcosB+sinAsinB 가 성립한다는 것도 알 수 있다. 그렇다면, 한 예로 sin(75°)는 sin(30°+45°) =sin30°cos45°+cos30°sin45°방식으로 계산을 할 수 있다. 사인과 코사인의 덧셈 공식들만 잘 외우고 나면 그다음 여러 관련 공식들은 빠르게 유도가 가능하므로 이 두 공식만은 "싸코코싸, 코코싸싸" 같은 방식으로라도 꼭 외워둘 필요가 있다.

그렇다면, 탄젠트의 덧셈 공식은 어떻게 될까? $\tan(A+B)=\dfrac{\sin(A+B)}{\cos(A+B)}$ 로부터 $\tan(A+B)=\dfrac{\tan A+\tan B}{1-\tan A \tan B}$ 의 공식도 어렵지 않게 유도가 된다. 또 사인과 코사인의 배각 공식도 유용하다. 사인과 코사인의 덧셈공식으로부터, sin(2A)=sin(A+A)=sinAcosA+cosAsinA =2sinAcosA, cos(2A)= cosAcosA-sinAsinA=cos²A-sin²A가 도출이 된다. 또 코사인이나 사인의 반각공식도 코사인의 배각 공식을 통해 유도된다. cos(2A)=cos²A -(1-cos²A)=2cos²A-1이므로 cos²A=$\dfrac{1+\cos(2A)}{2}$ 이고, 여기서 A를 $\dfrac{A}{2}$ 로 바꾸면 $\cos\dfrac{A}{2}$ 는 $\sqrt{\dfrac{1+\cos A}{2}}$ 에 해당한다는 것이 코사인의 반각공식이다. 이를테면 cos15°는 이 반각공식을 사용하여 $\sqrt{\dfrac{1+\cos 30°}{2}}$ 로 계산이 가능하다. 한편 cos2A=(1-sin²A)-sin²A =1-2sin²A로부터, sinA 중심으로 정리하면 sin²A=$\dfrac{1-\cos(2A)}{2}$ 이 성립하므로, 이 식에서 A를 $\dfrac{A}{2}$ 로 교체하면 $\sin\dfrac{A}{2}$ 는 $\sqrt{\dfrac{1-\cos A}{2}}$ 와 같다는 것이 사인의 반각공식이다. 또

덧셈/뺄셈 정리를 잘 결합하면 sinAcosB=$\frac{1}{2}${sin(A+B)+sin(A-B)}, sinAsinB=$\frac{1}{2}${cos(A-B)-cos(A+B)} 공식도 얻어진다. 삼각함수에 대해서는 이처럼 공식들이 좀 많기는 하지만 잘 익혀두면 나중 미적분 계산에 유용하게 활용이 될 수 있다.

수열

1에서 100까지 수들의 합, 1+2+3+⋯+100은 얼마일까? 이런 질문에 대해 하나씩 계산에 들어간다면 아직 수열을 제대로 공부하지 않았다는 증거가 될 것이다. 가우스가 초등 3학년 때 금방 5050이라고 답했다는 이 문제에 대해, 어떻게 그렇게 빨리 풀었느냐는 선생님의 질문에 가우스는 (1+100)+(2+99)+(3+98)+⋯+(50+51)=101×50=5050과 같이 풀었다고 답한 것으로 전해진다. 가우스가 당시에 등차수열의 합 같은 수열 이론들을 알았을 리는 없었을 터인데 참으로 기발한 아이디어가 아닐 수 없다. 수열이란 어떤 규칙성을 가진 수들의 배열이다. 이를테면 1,3,5,7,9,⋯은 1부터 홀수들을 차례로 나열한 수열인데, 그 수들의 각각을 '항'이라고 부르며 여기서는 순서대로 1은 제1항(초항), 3은 제2항, 5는 제3항에 해당한다. 그렇다면 제 n번째 항은 어떤 값일까? 이를 n에 관한 식으로 나타내면 2n-1이 되는데, 이를 '일반항'이라고 하고 a_n=2n-1이라고 표현한다. 이를테면 제5항은 a_5=2×5-1=9로도 계산이 가능한 셈이다.

수열의 대표적인 두 종류로는 등차수열과 등비수열을 들 수 있다. 등차수열은 수열의 각 이웃 항끼리 일정한 차이를 보이는 경우로 이를테면 앞의 홀수들의 수열 케이스에는 공통된 차이(이를 '공차'라고 부른다)가 $a_{n+1} - a_n = 2$인 등차수열이라는 것을 알 수 있다. 그다음 등비수열은 각 이웃 항들끼리 일정한 비(이를 '공비'라고 한다)를 나타내는 수열이다. 1,2,4,8,16,…는 등비수열의 한 예이며, 어느 항이든 그다음 항의 비는 항상 1:2가 되며, 이때 등비수열의 공비는 $\frac{a_{n+1}}{a_n} = 2$가 된다. 자, 그럼 이제 이런 수열들에 대한 n번째 항 즉 일반항의 식 만드는 법을 알아보자. 등차수열의 경우 첫째 항이 a이고 공차가 d라고 하면 n번째 항은 $a_n = a + d \times (n-1)$으로 구해질 것이다. 따라서 등차수열의 일반항 공식은 $a_n = a_1 + (n-1)d$로 정리가 된다. 예를 들어, 2,5,8,11,14,… 의 경우라면, 이 수열은 그 초항은 2이고 공차가 3인 등차수열이므로, 그 일반항은 $a_n = 2 + (n-1)(3) = 3n-1$이 된다. 여기에 이를테면 n=5를 넣어보면 3×5-1=14가 되고 이는 실제 a_5 값과 동일하다는 것이 확인된다. 그다음 등비수열의 경우라면 초항이 a이고 공비가 r이라면 n번째 항은 $a \times r^{n-1}$이 될 것이다. 즉, 등비수열의 일반항 공식은 $a_n = ar^{n-1}$이다. 앞의 1,2,4,8,16,… 경우라면 초항이 1, 공비가 2인 등비수열이므로, 그 일반항은 $a_n = 1 \times 2^{n-1} = 2^{n-1}$이 될 것이다. 만일 여기서 제10항을 구하라면 $a_{10} = 2^9 = 512$로 계산이 된다.

이제 등차수열의 합 공식을 유도해보자. 등차수열에서 초항부터 n항까지 그 합을 S_n이라고 할 때 그 값을 n에 관한 식으로 표현해보자는 것이다. 이는 가우스가 1에서 100까지는 더했던 기법과 유사한 과정을 거치면 된다.

$S_n = a_1 + a_2 + a_3 + \cdots + a_n$ 인데, 이를 거꾸로 배열해보아도,

$S_n = a_n + a_{n-1} + a_{n-2} + \cdots + a_2 + a_1$이 될 것이다. 이 둘을 좌변, 우변끼리 각각 더하면, $2S_n = (a_1 + a_n) + (a_2 + a_{n-1}) + (a_3 + a_{n-2}) + \cdots + (a_n + a_1)$이 되는데 각 괄호 안의 값들 n개는 모두 일정하므로 $2S_n = n(a_1 + a_n) = n(a_1 + (a_1$

+(n-1)d))=n(2a₁+(n-1)d)이 될 것이다. 따라서 $S_n = \frac{n(a_1 + a_n)}{2}$ 또는 $S_n = \frac{n(2a_1 + (n-1)d)}{2}$ 의 공식을 얻는다. 앞의 등차수열의 예 2,5,8,11,14,⋯ 의 경우, 첫 항부터 제10항까지의 합을 구하려면, 등차수열의 합 공식에 초항 2, 공차 3, 항수 10을 넣어보면, S_{10}=10(2×2+(10-1)×3)÷2=155가 된다.

그다음 등비수열의 합 공식도 유도를 해보자. 초항이 a이고 공비가 r인 등비수열의 경우, 초항부터 n항까지의 합을 S_n이라고 할 때 S_n=a+ar+ar² +⋯+ar^{n-1}으로 표현이 가능하다. 만일 r=1이라면, S_n=nr이 될 것이다. 그런데 r≠1인 경우에는 어떻게 계산을 할까? 양변에 공비 r을 곱해보면 rS_n= ar+ar²+⋯+ar^{n-1}+ar^n이 될 것이다. 이제 이 둘을 좌변, 우변끼리 각각 빼기를 해보면, (1-r)S_n=a-ar^n=a(1-r^n)이 되므로, $S_n = \frac{a(1-r^n)}{1-r}$ 또는 $S_n = \frac{a(r^n - 1)}{r - 1}$ 의 공식을 얻는다. 이를테면, 앞의 등비수열 예 1,2,4, 8,16,⋯에서 첫 항부터 제10항까지의 합을 구해보면, 등비수열의 합 공식에 초항 1, 공비 2, 항수 10을 대입하면, $S_{10} = \frac{1(2^{10} - 1)}{2 - 1}$ =2^{10}-1 =1023 이 얻어진다.

이제 활용성이 높은 시그마 기호 ∑에 대해서도 알아보자. 초항부터 n항까지의 합 S_n=a₁+a₂+a₃+⋯+a_n를 시그마 기호를 써서 $S_n = \sum_{k=1}^{n} a_k$로 축약된 표현이 가능하다. 여기 시그마 기호는 a_k에 대해 k=1부터 k=n까지 대입한 값들을 모두 더한다는 의미이다. 여기서 만일 a_k=1(상수)이라면 그 값은 n개의 1+1+⋯형태가 되어 결국 S_n=n이 될 것이다. 그럼 a_k=k라면 어떻게 될까? $\sum_{k=1}^{n} k$=1+2+⋯+n=$\frac{n(n+1)}{2}$ 가 된다. 이 수열은 초항이 1 이고 공차가 1인 등차수열로 등차수열의 합 공식을 적용한 것이다. 그렇다면

$\sum_{k=1}^{n} k^2 = 1^2 + 2^2 + \cdots + n^2$ 은? 그 공식은 $\frac{n(n+1)(2n+1)}{6}$ 이다. 이는 $\sum_{k=1}^{n}(k+1)^3 - k^3$ 의 계산을 통해 유도 가능한 공식이지만 그 결과를 수학적 귀납법을 써서 쉽게 증명을 해볼 수도 있다. 그리고 $\sum_{k=1}^{n} k^3 = 1^3 + 2^3 + \cdots + n^3 = \{\frac{n(n+1)}{2}\}^2$ 의 공식도 암기를 해두는 것이 좋다.

또 다음과 같은 시그마 기호의 성질도 잘 숙지해두어야 한다. $\sum_{k=1}^{n} ca_k = c\sum_{k=1}^{n} a_k$, $\sum_{k=1}^{n}(a_k \pm b_k) = (\sum_{k=1}^{n} a_k) \pm (\sum_{k=1}^{n} b_k)$. 이런 시그마 기호의 공식과 성질들을 잘 이용하면, 다양한 유형의 수열의 합 문제를 해결할 수 있다. 이를테면 $\sum_{k=1}^{10}(k+1)^2 = (1+1)^2 + (2+1)^2 + (3+1)^2 + \cdots (10+1)^2$ 은 어떻게 구하는 것이 좋을까? 이 경우에는 식의 전개 및 Σ기호의 분배를 하고 앞의 공식들을 적용하면,

$$S_n = \sum_{k=1}^{n}(k+1)^2 = \sum_{k=1}^{n}(k^2+2k+1) = \sum_{k=1}^{n} k^2 + 2\sum_{k=1}^{n} k + n$$
$$= \frac{n(n+1)(2n+1)}{6} + n(n+1) + n$$

이 된다. 따라서 여기에 n=10을 넣으면, $S_{10}=505$ 이라는 답을 얻게 된다.

1-6 미적분

극한과 연속

근대 수학에 있어서 뉴턴, 라이프니츠 등에 의한 미적분법의 발견 및 체계화는 물리학과 수학의 역사에 있어서 커다란 기념비적 사건이 아닐 수 없다. 그리고 현대 수학에서는 극한 개념과 미적분 이론을 수학적으로 명료히 하기 위한 시도에서 출발했던 해석학의 발전도 큰 의미를 지닌다. 우리가 고등학교 때 배우는 미적분법이 현대 해석학의 정밀한 ε-δ 해석법에 이르지는 못하지만, 이때 만나는 미적분 이론의 오묘함과 활용성에 대해서 우리는 실로 감탄스러움을 느끼지 않을 수 없다. 이제 본격적 미적분 공부에 앞서 먼저 그 토대가 되는 극한의 개념부터 알아보기로 하자. 한 예로 x가 2에 무한히 가까워질 때, $3x^2-5$는 어느 값으로 가까워질까? 이런 경우 x=2를 $3x^2-5$ 식에 직접 대입함으로써 7이라는 답을 쉽게 얻을 수 있다. 이 경우를 극한(limit) 기호로 표현하면, $\lim_{x \to 2}(3x^2-5)=7$이다. 그렇다면

$\lim_{x \to 2} \frac{x^2-4}{x-2}$ 는 어떨까? 만일 $\frac{x^2-4}{x-2}$ 라는 식에 x=2를 그냥 대입만 한다면 $\frac{0}{0}$ 으로 유효하지 않은 수 형태가 되어버린다. 하지만 주어진 식의 분자는 인수분해가 되어 $\frac{(x+2)(x-2)}{x-2}$ 모양이 된다는 점에 주목하자. 여기서 분자, 분모의 x-2는 약분이 가능한데, x가 2로 접근한다는 것은 완전히 x=2 그 자체는 아니며 x-2를 0보다는 큰 수로 봐야 하기 때문이다.

따라서, $\lim_{x \to 2} \frac{x^2-4}{x-2} = \lim_{x \to 2}(x+2) = 4$가 된다. 이처럼 해당 함수가 하나의 특정한 값으로 무한히 가까워지면 이 값(극한값)으로 '수렴'한다고 표현한다. 반면, $\lim_{x \to 0} \frac{1}{x^2}$ 의 경우에는 x가 0에 접근할 때 $\frac{1}{x^2}$ 의 값은 무한히(무한대; ∞) 커지며 이 경우는 수렴이 아니라 '발산'한다고 말한다.

그러면 x가 무한으로 커지는 상황에서의 극한 계산법에 대해서도 알아보자. x가 무한히 커질 때, $\frac{1}{x}$ 의 값은 어떻게 될까? 이 경우 당연히 0으로 수렴하게 되며, 따라서 그 극한값은 0이 될 것이다. 이는 $\lim_{x \to \infty} \frac{1}{x} = 0$으로 표현을 한다. 그렇다면 $\lim_{x \to \infty} \frac{2x-1}{x+2}$ 는 수렴일까 발산일까?

이 극한은 $\frac{\infty}{\infty}$ 꼴이어서 얼핏 발산처럼 느껴질 수도 있지만 실은 2로 수렴을 한다. 왜냐하면, 그 함수식에서 분자, 분모를 x로 나누어보면

$$\lim_{x \to \infty} \frac{2 - \frac{1}{x}}{1 + \frac{2}{x}}$$

인데 여기서 $\frac{1}{x}$ 형태는 x가 무한대로 커지면 0으로 접근하기 때문이다.

$\lim_{x \to \infty} \frac{3x^2 + 2x + 1}{2x^2 + 5}$ 의 경우라면 어떨까?

이 식은 분자, 분모를 최고차항의 x²으로 나누면

$$\lim_{x \to \infty} \frac{3 + \frac{2}{x} + \frac{1}{x^2}}{2 + \frac{5}{x^2}}$$

형태가 되므로 $\frac{1}{x}$이나 $\frac{1}{x^2}$가 0으로 접근하면서 그 극한값은 $\frac{3}{2}$이 된다는 것을 알 수 있다. 또 하나의 아리송한 유형은 $\lim_{x \to \infty} (\sqrt{x+1} - \sqrt{x})$인데, 이 극한은 ∞-∞ 꼴이어서 이것이 수렴하는지 발산하는지조차 판단이 어렵기 때문이다. 이 경우는 분자, 분모에 $\sqrt{x+1} + \sqrt{x}$를 곱하여 원래의 분자의 식을 유리화하는 기발한 과정을 통해 해결이 가능하다.

그러면 $\lim_{x \to \infty} (\sqrt{x+1} - \sqrt{x}) = \lim_{x \to \infty} \frac{x+1-x}{\sqrt{x+1} + \sqrt{x}}$이 되므로 이 극한은 다시 $\frac{1}{\infty}$ 꼴이 되어서 0으로 수렴한다는 것을 알 수 있다.

그리고 두 함수 f(x), g(x)에 대하여 $\lim_{x \to a} f(x)$가 수렴하고 $\lim_{x \to a} g(x)$도 수렴할 때, c가 상수이면 $\lim_{x \to a} cf(x) = c \cdot \lim_{x \to a} f(x)$가 성립한다. 그리고 두 함수의 합이나 차에 대한 $\lim_{x \to a} \{f(x) \pm g(x)\} = (\lim_{x \to a} f(x)) \pm (\lim_{x \to a} g(x))$도 성립하며, 두 함수식의 곱과 나눗셈에 대해서도 $\lim_{x \to a} \{f(x)g(x)\} = (\lim_{x \to a} f(x))(\lim_{x \to a} g(x))$, $\lim_{x \to a} \frac{f(x)}{g(x)} = \frac{\lim_{x \to a} f(x)}{\lim_{x \to a} g(x)}$ (단, 분모가 0이 되는 경우는 배제) 등이 성립한다.

이제 이러한 극한이 함수 그래프의 연속성을 확인하는데 오묘하게 활용이 되는 장면을 감상해보기로 하자. 우선 한 함수에 대한 어떤 극한이 존재한다는 것은 그 극한이 수렴한다는 의미인데, 극한의 존재성을 보다 엄밀히 하기 위해서는 좌극한과 우극한을 따로 생각할 필요성이 있다. 이를테면 $\lim_{x \to 0} \frac{|x|}{x}$의 경우, x가 0에 접근을 하되 0보다 큰 쪽(0의 오른편 양수

영역)에서만 접근하는 경우, 이를 '우극한'이라고 하며 $\lim_{x \to 0+} \frac{|x|}{x}$으로 표현하는데 이 경우 절댓값이 그냥 벗겨지면서 그 수렴값은 1이 된다는 것을 알 수 있다. 그 다음 x가 0보다 작은 쪽(0의 왼편 음수 영역)에서만 접근하는 경우를 '좌극한'이라고 하며 $\lim_{x \to 0-} \frac{|x|}{x}$으로 표현하는데 이 경우 |x|=-x가 되면서 그 수렴값은 -1이 된다는 것을 알 수 있다. 이 경우에는 좌극한의 값 -1과 우극한의 값 1은 동일하지 않으므로 $\lim_{x \to 0} \frac{|x|}{x}$의 극한값은 존재하지 않는다고 말한다. 즉, 우리가 '극한값이 존재'한다고 말하는 것은 좌극한과 우극한의 값이 각각 존재하면서 그 두 값이 서로 일치해야 한다. 이제 함수의 연속 정의에 대해 알아보자. 우리는 어떤 함수 y=f(x)를 그래프로 나타냈을 때 이 함수가 어떤 점 x=a에서 연속성을 보인다는 것은 대수적으로는 극한 $\lim_{x \to a} f(x) = f(a)$가 성립하는 경우로 정의를 내린다, 이를테면 y=2x+1이나 y=x², $y=2^x$, y=sinx 등 함수들의 경우 정의역인 실수 전체 집합에서 연속인데, 이들은 어떤 실수 a에 대해서도 $\lim_{x \to a} f(x) = f(a)$가 성립한다.

결국, 정의역의 한 원소 a에 대해 $\lim_{x \to a} f(x)$와 f(a)가 각각 존재하면서 서로 일치할 때 함수 f(x)는 x=a에서 연속이라고 하고, 그렇지 않으면 함수 f(x)는 x=a에서 '불연속'이라고 정의한다. 그렇다면 함수의 불연속점 예를 들어보자. f(x)는 모든 실수에 대해 f(0)=1이고 x≠0이면 f(x)=x으로 정의가 내려진 함수라고 해보자. 그렇다면 이 함수는 x=0에서 불연속이다. 왜냐하면, $\lim_{x \to 0} f(x)$의 경우 x가 0이 아닌 값 상태에서 0으로 접근하기만 하므로 그 좌극한과 우극한은 $\lim_{x \to 0-} x = \lim_{x \to 0+} x = 0$이 되어 $\lim_{x \to 0} x = 0$이 되지만, x=0에서의 함수 값 f(0)=1이므로 이 두 값이 서로 일치하지 않기 때문에 연속점은 아니다. 또 다른 불연속점의 예를 하나 더

들어보자. f(x)가 x<0일 때는 0, x≥0일 때는 1인 함수라고 해보자. 이 경우 x=0에서 이 함수는 연속일까? 그 그래프를 시각적으로 살펴본다면 x=0에서 y값은 0에서 1로 점프가 일어나므로 불연속이 되어야 할 것으로 보인다. 수학적 정의로 확인을 해보자면, 우선 f(0)=1이다. 그 다음 $\lim_{x \to 0} f(x)$을 알아보기 위해 좌극한 $\lim_{x \to 0-} f(x)=0$과 우극한 $\lim_{x \to 0+} f(x)=1$을 비교해보면 이 둘은 불일치한다. 그렇다면 $\lim_{x \to 0} f(x)$의 극한값 자체가 존재하지 않아 $\lim_{x \to 0} f(x)=f(0)$는 성립한다고 볼 수 없다. 따라서 이 함수는 수학적 정의상으로도 x=0에서 불연속임을 확인할 수 있다. 그리고 아까 예로 든 함수 $f(x)=\frac{|x|}{x}$ (x≠0)의 경우에도, x=0에서는 따로 f(0)=1의 정의를 내린다 해도 x=0에서는 '좌극한≠우극한'으로 불연속이다.

미분이란?

고등학교 수학의 백미는 미적분인데, 막상 명문대학을 졸업한 일반인이라도 미분이 무엇이고 적분이 무엇인지를 물어보면 그 의미를 제대로 떠올리거나 설명하는 분이 의외로 드물다는 것이 참으로 놀랍다.

사실 미분만 놓고 보더라도 중학교 수학만 어느 정도 공부되어 있으면 그 개념 설명을 듣고 이를 이해하는 데에는 별 문제가 없다.

미분이란 y=f(x)라는 함수에서 $x=x_1$ 일 때의 그래프 상의 점 $P(x_1, f(x_1))$에서의 접선의 기울기를 찾기 위한 작업으로 이해할 수도 있는데, 사실 f(x)를 미분한 식을 f′(x)로 표기하면, 이 식에 $x=x_1$을 대입한 $f′(x_1)$은 바로 그 점에서의 접선의 기울기에 해당하는 값이다. 미분법이란 결국 그래프 위를 따라 어느 점에서 이동을 시작할 때 $\frac{y의\ 변화}{x의\ 변화}$에서 순간변화율을 찾는 것으로 $\lim_{\triangle x \to 0} \frac{\triangle y}{\triangle x}$의 계산 결과인 도함수를 f'(x) 또는 $\frac{dy}{dx}$라고 표현한다. 그렇다면 그 접선의 식은 y-f(x_1)=f'(x_1)(x-x_1)이 될 것이다(일차함수에서 기울기가 m이고 점 (x_1,y_1)을 지나는 직선의 식은 y-y_1=m(x-x_1)이 된다는 공식을 상기 바란다).

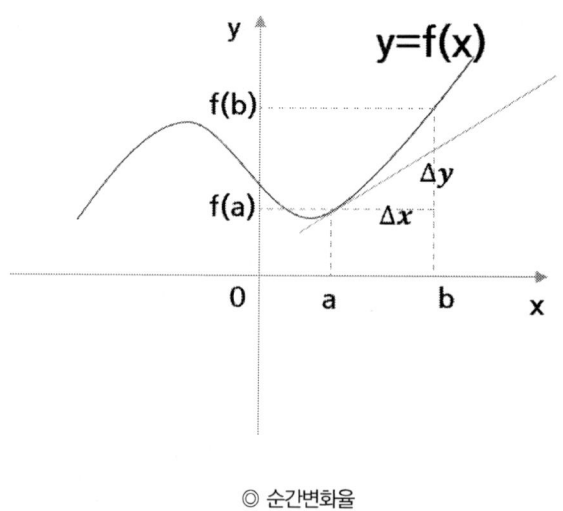

◎ 순간변화율

그럼 우선 f(x)=x^2라는 이차함수에서 x=1 일 때의 이 함수의 그래프 위 점 P(1,1)에서의 접선의 식을 구하는 과정을 생각해보자. 먼저 P점과 가까운(x좌표들 사이 간격이 h) 곡선 위의 점 Q(1+h,f(1+h))을 연결하는 직선의 기울기(변화율)는 $\frac{f(1+h)-f(1)}{(1+h)-1}$이 될 것이다. 이 식은 $\frac{(1+h)^2-1^2}{(1+h)-1}$=2+h로 정리가 된다. 그런데 P점에서의 접선의 기울기는 Q가 P에 무한히 가까워질 때(h가 0에 무한히 가까워질 때)의 P,Q간 연결 직선의 기울기(순간변화율)로 볼 수 있을 것이다. 따라서 $\lim_{h \to 0}(2+h)=2$가 되어 그 접선의 기울기는 2이고, 그 접선의 식은 y-1=2(x-1)가 되어 이를 정리하면 'y=2x-1'임을 알 수 있다.

그럼 이를 일반화하기 위해 x=a일 때의 접선의 기울기는 a에 관해 어떠한 식으로 나타나는지 알아보자. 이를 식으로 표현하면, $\lim_{h \to 0} \dfrac{f(a+h)-f(a)}{h} = \lim_{h \to 0} \dfrac{(a+h)^2-a^2}{h} = \lim_{h \to 0}(2a+h)=2a$ 가 될 것이다. 그렇다면 임의 실수 a에 대하여, 함수 y=x²의 그래프는 x=a에서의 접선의 기울기가 '2a'가 된다는 것을 알 수 있다(접선의 식은 y-a²=2a(x-a)이다). 그런데 a대신 x를 사용하면 x 좌푯값에 대응되는 그 함수에서의 접선 기울기 값은 2x일 것이다. 이 식을 y=f(x)=x²을 x에 대해 미분한 도함수 f'(x) (또는 y', $\dfrac{dy}{dx}$)라고 말하는데 여기서는 f'(x)=(x²)'=2x가 되는 셈이다. 결국, x에 대해 접선의 기울기를 대응시키는 도함수 f'(x)는 $\lim_{h \to 0} \dfrac{f(x+h)-f(x)}{h}$ 로 대수적 정의가 된다. 이 극한값이 수렴하는(좌극한=우극한) 경우 그 점에서 '미분가능'하다고 말한다.

이제 도함수의 정의에 따라 미분의 기본 법칙들을 알아보기로 하자. f(x)=c (c: 상수)이면 f'(x)=$\lim_{h \to 0} \dfrac{f(x+h)-f(x)}{h}$ =$\lim_{h \to 0} \dfrac{0}{h}$ =0이 되며 f(x)=x이면 f'(x)=$\lim_{h \to 0} \dfrac{(x+h)-x}{h}$=$\lim_{h \to 0} 1$=1이 될 것이다. 그리고 f(x)=x^n 의 경우에는 그 도함수가 f'(x)=$\lim_{h \to 0} \dfrac{(x+h)^n-x^n}{h}$ =$\lim_{h \to 0} \{_nC_1 x^{n-1}+h(\cdots)\}$=$nx^{n-1}$이 된다는 공식을 숙지할 필요가 있다. 여기서 n이 자연수인 경우의 성립을 보였지만 n이 유리수나 실수라고 하더라도 f'(x)=nx^{n-1} 공식은 성립한다. 아까 f(x)=x²일 때 f'(x)=2x가

되는 것도 이 공식을 적용하면(n=2 케이스) 도출이 되며, x^3을 미분하면 $3x^2$이 된다. 그리고 미분법의 기본 성질로 $\{cf(x)\}'=cf'(x)$, $\{f(x)±g(x)\}'=f'(x)±g'(x)$가 항상 성립한다. 이런 성질들을 잘 이용하면 임의의 다항식에 대한 미분법은 매우 쉬워진다. 이를테면, $f(x)=3x^5-2x^3+4x-2$라는 5차 함수의 도함수를 구하려면, 각항들끼리 미분하고 그 결과들을 다시 합치는 방식으로 $3(x^5)'-2(x^3)'+4(x)'-(2)'=3(5x^4)-2(3x^2)+4+0 = 15x^4-6x^2+4$로 계산을 하면 편리하다. 그리고 그 증명은 생략하겠지만 두 함수의 곱셈이나 나눗셈의 미분법 공식은 다음과 같다. $\{f(x)g(x)\}'=f'(x)g(x)+f(x)g'(x)$, $\{\frac{f(x)}{g(x)}\}'=\frac{f'(x)g(x)-f(x)g'(x)}{(g(x))^2}$. 이를테면 유리식 $\frac{2x+1}{x^2}$을 미분하려면 $f(x)=2x+1$, $g(x)=x^2$으로 볼 때, $\{\frac{f(x)}{g(x)}\}'=\frac{(2)x^2-(2x+1)(2x)}{x^4}$ $=-\frac{2(x+1)}{x^3}$으로 계산이 가능하다.

또 합성함수 $h(x)=g(f(x))$를 미분하면 $g'(f(x))f'(x)$가 되는데, 이것을 미분의 연쇄법칙(Chain rule)이라고 한다. 이 법칙은 매우 중요하므로 그 증명까지 소개를 해본다. $h'(x)=\lim_{h\to 0}\frac{g(f(x+h))-g(f(x))}{h}=\lim_{h\to 0}\frac{g(f(x+h))-g(f(x))}{f(x+h)-f(x)}\cdot\frac{f(x+h)-f(x)}{h}$ 인데, 여기서 $f(x+h)-f(x)=t$라고 놓는다면, 곱셈의 왼편 식의 $f(x+h)$ 대신 $f(x)+t$를 넣으면 h가 0으로 갈때 t도 0으로 접근하므로, 결국 $h'(x)=\lim_{t\to 0}\frac{g(f(x)+t)-g(f(x))}{t}$ $\times f'(x) = g'(f(x))f'(x)$가 된다. 예를 들어 $(x^2+x+3)^5$을 미분하려면 이 식을 다 전개 후에 계산하는 것보다는 $f(x)=x^2+x+3$, $g(x)=x^5$으로 보고 연쇄법칙을 사용하면, $g'(f(x))f'(x) =5(x^2+x+3)^4(2x+1)$이 된다. 우리가 이런 미분법을 배우는 목적에는 여러 가지가 있을 수 있겠지만, 우선 미분 값의 부호에 따라 그 위치에서의 함수의 증감 상태를 알아내어 그래프 개형

을 쉽게 파악할 수 있다는 점은 큰 혜택 중 하나이다. 이를테면 f′(x)>0이 되는 x구간에서는 접선의 기울기가 양이므로 y=f(x)의 그래프는 우상향의 증가상태이며, f′(x)<0이 되는 x구간에서는 y=f(x)의 그래프는 우하향의 감소상태라는 것을 알 수 있다. 이를테면 y=x³의 경우에는 y′=3x²≥0이므로 x의 모든 실수 영역에서 감소 구간은 없다(이런 함수를 '단조증가함수'라고 한다).

이제 전체적으로 연속인 함수의 그래프에서의 극대점, 극소점에 대해 알아보자.

극대점/극소점이란 그 점에서 가까운 이웃 영역에서는 y가 부분적으로 최대/최소가 되는 점을 각각 일컫는데, 함수가 증가상태이다가 감소상태로 전환되는 점은 극대점이며, 감소상태에서 증가상태로 전환되는 점은 극소점에 해당한다. 이를테면, y=|x|의 경우 x=0에서 극소점이 된다. 왜냐하면 x<0에서는 기울기 -1로 감소하는 구간이고, x>0에서는 기울기 1로 증가하는 구간이기 때문이다.

이제 3차함수 y=f(x)=x³-3x의 극점을 조사해보자. 그 도함수는 f′(x)=3x²-3=3(x+1)(x-1)이므로, f′(-1)=f′(1)=0이면서 -1<x<1에서 f′(x)<0이므로 감소 구간이고, x<-1 또는 x>1인 경우 f′(x)>0이므로 증가 구간이다. 그렇다면 (-1,2)의 경우 y가 증가에서 감소로 전환되는 극대점이 되고, (1,-2)의 경우 y가 감소에서 증가로 전환되는 극소점이라는 것을 알 수 있다. 이런 극대점이나 극소점을 통칭하여 그냥 '극점'이라고 부른다. 이런 극점에서 미분가능일 때 그 미분값은 반드시 0이 되어야 한다는 점은 주목해야 한다(y=|x|에서 x=0의 경우처럼 좌극한과 우극한이 달라 미분 불가능한 점이지만 극점인 경우도 있다). 한편, 만일 미분 값이 0이 아

니라면 증가나 감소 구간에 속하므로 이는 극점이 될 수 없다. 하지만 한 가지 주의해야 할 사항은 미분값이 0이라고 해서 반드시 극점은 아니라는 것이다. 이를테면 y=x³의 경우 y′=3x²으로 x=0일 때 y′=0이 되지만 이 3차 함수는 전체적으로 감소 구간이 없는 단조증가 함수로 (0,0)은 극대점도 극소점도 아니다.

적분이란?

미분이 함수 그래프에서의 순간적 변화율을 구하는 개념이라면 적분은 또 어떤 의미를 지닌 개념일까? 여기에서도 y=f(x)=x²이라는 단순한 포물선 그래프로부터 출발하고자 한다. 만일 x=0(y축)과 x=1 직선 사이에서 이 직선들과 더불어 x축과 이 포물선 그래프를 경계로 하는 도형의 넓이를 구하려면 과연 어떻게 계산을 해야 할까? 이것을 수학적 기호로는 $\int_0^1 x^2 dx$로 표현하며 그 값을 계산하는 것을 '정적분'을 한다고 말한다. 이것을 계산하는 방법은 의외로 간단하다. 우선 F′(x)=f(x)=x²이 되게 하는 F(x)의 예를 찾는다. 다시 말해, 미분했을 때 f(x)가 되는 함수를 찾는 것으로 그런 함수 F(x)를 f(x)의 '원시함수'라고 말한다. 만일 F(x)=$\frac{x^3}{3}$이라면 이를 미분했을 때 x²이 되므로 이는 원시함수의 좋은 예이다. 그런데 만일 다른 원시함수 G(x)가 있어서 G′(x)=f(x)가 된다면 (F(x)-G(x))′=F′(x)-G′(x)=0에서 F(x)-G(x)는 상수일 것이다. 따라서 임의의 두 원시함수의 차이는 상수일 뿐이다. 결국, x²의 원시함수는 $\frac{x^3}{3}$+C (C는 상수) 형태가 될 수밖에 없다. 이 경우 기호로는 $\int x^2 dx = \frac{x^3}{3} + C$로 표현하며 이는 f(x)의 '부정적분'을 한 것이라고 말한다. 이제 $\int_0^1 x^2 dx$은 공식적으로 F(1)-F(0)=$\frac{1}{3}$-0=$\frac{1}{3}$로 계산이 되며 우리가 구하려는 넓이는 $\frac{1}{3}$이라는 결론에 도달한다. 하지만 넓이를 구하는 정적분은 왜 이렇게 $\int_a^b f(x)dx$=F(b)-F(a) (여기서 F′(x)=f(x))방식으로 계산을 하면 되는지에 대한 이유는 곧 설명할 것이다. 다만 어떤 함수의 곡선 그래프와 관련한 넓이를 구하는데 이처럼 미분법이 관련된다는 참으로 오묘한 이치를 먼저 소개만 한 것이다.

그럼 y=x²의 예를 상상하되 이를 조금 더 일반화하여 y=f(x)와 x축, y축(x=0), 그리고 x=t 직선으로 둘러싸인 도형의 면적을 t를 변수로 하는 S(t)라고 해보자. 이 경우 x=a와 x=b 사이(0<a<b)의 넓이는 정적분 $\int_a^b f(x)dx$이고 이 값은 S(b)-S(a)에 해당할 것이다. 그렇다면 이제 면적함수를 미분한 S′(t)가 어떤 값을 의미하는지 살펴보도록 하자. 미분의 정의에 따르면 S′(t)=$\lim_{h \to 0} \frac{S(t+h)-S(t)}{h}$이다. 그런데 여기서 S(t+h)-S(t)는 x=t와 x=t+h사이의 도형 넓이를 의미한다. 그런데 이 도형은 h가 충분히 작으면 밑변의 길이가 h이고 그 높이는 f(t)인 긴 막대의 넓이 hf(t)에 근사할 것이다. 따라서 S′(t)=$\lim_{h \to 0} \frac{hf(t)}{h}$=f(t)가 된다는 것을 확인할 수 있다(이는 엄밀한 증명은 아니지만, 그 맥락은 기하학적으로 이해할 수 있을 것이다). 그렇다면 면적함수 S(x)는 f(x)의 원시함수의 하나인 셈이다. 만일 f(x)의 다른 원시함수 F(x)가 있다고 한다면, 앞서 설명했듯이 이 둘 사이에는 상수(C) 차이만 있으며, 따라서 S(x)=F(x)+C로 놓을 수 있다. 그렇다면 S(b)=F(b)+C, S(a)=F(a)+C를 양변끼리 빼면 S(b)-S(a)=

F(b)-F(a)가 될 것이다. 이 말은 무슨 의미인가 하면, x=a와 x=b 사이의 넓이는 $\int_a^b f(x)dx$=S(b)-S(a) =F(b)-F(a)가 성립한다는 것이다.

아까 예에서 f(x)=x²일 때는 하나의 원시함수 F(x)=$\frac{x^3}{3}$만 찾아내어도 F(1)-F(0)=$\frac{1}{3}$-0=$\frac{1}{3}$ 계산으로 x=0과 x=1 사이 도형 넓이를 구할 수 있는 이유가 여기에 있다. 뉴턴이 발견한 $\int_a^b f(x)dx$=[F(x)]$_a^b$=F(b)-F(a)이라는 이 신비로운 정적분 공식을 우리는 '미적분의 기본정리'라고 말한다.

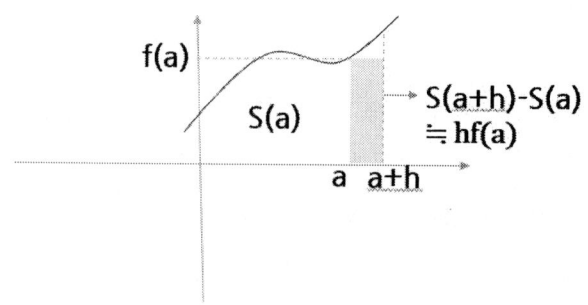

◎ 면적함수의 미분

이제 적분의 기본적인 공식이나 성질들을 살펴보기로 하자. 정적분에 앞서 먼저 원시함수를 구하는 부정적분의 테크닉을 소개한다. ∫0dx=C, ∫1dx=x+C, ∫xdx=$\frac{x^2}{2}$+C등은 어려움 없이 알아낼 수 있을 것이다. 그런데 이들을 일반화한 공식 ∫x^ndx=$\frac{x^{n+1}}{n+1}$+C는 많이 쓰이므로 잘 숙지해두어야 한다. 이를테면 ∫x^5dx=$\frac{x^6}{2}$+C이다. 그리고 n이 음수, 더 나아가 유리수, 실수인 경우에도 이 공식은 그대로 적용이 된다. n이 음수의 경우 예를 들면, $\int \dfrac{1}{x^2}dx= \int x^{-2}dx= \dfrac{x^{-2+1}}{-2+1}+C=$ -x^{-1} +C=-$\dfrac{1}{x}$+C이 된다. 또한, 미분의 경우처럼 함수의 상수배나 함수들의 합과 차의 경우, $\int kf(x)dx=k\cdot \int f(x)dx$, $\int f(x)\pm g(x)dx = \int f(x)dx\pm \int g(x)dx$의 성질이 항상 성립한다. 따라서 이런 성질들을 이용하면 일반 다항식들은 어렵지 않게 부정적분을 할 수 있다.

이를테면, 부정정분

$\int (x^3-3x^2+3x-4)dx= \dfrac{x^4}{4}-3(\dfrac{x^3}{3})+3(\dfrac{x^2}{2})-4x+C= \dfrac{x^4}{4}-x^3+\dfrac{3x^2}{2}-4x+C$

가 된다. 한편, 정적분의 경우에는, 이러한 부정적분의 성질들을 그대로 가지면서도 $\int_a^b f(x)dx=-\int_b^a f(x)dx$, $\int_a^b f(x)dx+\int_b^c f(x)dx = \int_a^c f(x)dx$ 와 같은 성질들이 성립한다. 그렇다면 이런 적분법을 활용하여 뉴턴 역학의 물리 문제들을 해결하는 간단한 예를 하나 들어보기로 하자. 중력가속도의 근사치를 10m/sec²이라고 한다면, 만일 60m 절벽 위에서 돌을 위 방향으로 20m/sec 속력으로 던지면 몇 초 후에 절벽 아래 바닥에 떨어질 것이며 그 때의 속력은 어떻게 될 것인가? 우선 절벽 아래 바닥의 위치를 0이라고 잡는다. 그러면 돌을 떨어뜨리는 절벽 위의 위치는 60(m)이다. t초 후의 돌의 위치를 나타내는 함수를 s(t)라고 한다면 처음 위치 s(0)=60이 될 것이다. 그다음 t초 후의 속도를 나타내는 함수를 v(t)라고 한다면 처음 속도 v(0)=20 (m/sec)이다. 그리고 t초 후의 중력가속도 a(t)=-10(m/sec²)으로 방향은 반대 방향이지만 크기는 항상 일정하다. 그런데 속도함수를 시간 t에 대해 미분하면 속도의 순간변화율 즉 가속도가 되므로, 속도함수 v(t)는 가속도의 원시함수가 된다. 따라서 v(t)=-10t+C 일 것이고 C=v(0)=20 이므로 v(t)=-10t+20가 되어야 할 것이다. 이제 위치함수 s(t)의 식을 알아보자. 위치를 시간에 대해 미분한 것이 속도이므로 속도함수의 원시함수는 위치 함수 s(t)=-5t²+20t+C 형태일 텐데, 여기서 상수 C=s(0)=60이므로 결국 위치 함수는 s(t)=-5t²+20t+60와 같은 이차함수일 것이다. 따라서 돌이 바닥(위치가 0)에 떨어지는 시간은 s(t)=0의 방정식을 푸는 것으로 이차방정식 t²-4t-12=(t-6)(t+2)=0에서 6초라는 답이 나온다. 그리고 이때의 속도는 v(6)=-40이므로 그 절댓값으로서의 속력은 40m/sec이 되는 것이다.

    정적분은 보통 함수가 만들어내는 그래프 관련 면적 계산에 주로 활용이 되지만, 이 원리를 입체 도형에 적용하면 그 부피 계산에도 절묘하게 활용이 된다. 입체 도형의 경우는 3차원 공간 좌표계에서 x 위치에서 yz평면과 평행하도록 절단했을 때의 단면적 함수 s(x)를 알 수 있으면 이 함수를 평면상에서 넓이를 구할 때의 함수 f(x)로 간주한 정적분 계산을 통해 그 입체도형의 부피를 얻을 수 있다. 즉 x=a와 x=b 사이에서의 이 입체도형의 부피는 V=$\int_a^b s(x)dx$로 구할 수 있다는 것이다. 이를테면 우리는 중학교 때 반지름 r인 구의 부피 공식이 V=$\frac{4}{3}\pi r^3$이라는 것을 알게 되지만 그 공식이 왜 이렇게 되는지는 배우지 못했다. 이제 입체도형의 정적분을 위해 구의 중심을 xyz좌표계의 원점에 둔다고 상상해보자. 그 다음 x위치에서의 단면적 s(x)을 x에 관한 식으로 나타내면 이 단면은 원이 되며 그 반지름의 제곱은 원의 방정식으로부터 r²-x²가 되므로 x위치에서의 단면적 함수는 s(x)=π(r²-x²)이 될 것이다. 이제 반구의 부피는 V/2=$\int_0^r \pi(r^2-x^2)dx$= π[r²x-$\frac{x^3}{3}$]$_0^r$=$\frac{2}{3}\pi r^3$이므로, 결국 반지름이 r인 구의 부피는 V=$\frac{4}{3}\pi r^3$이 된다는 것을 확인할 수 있다.

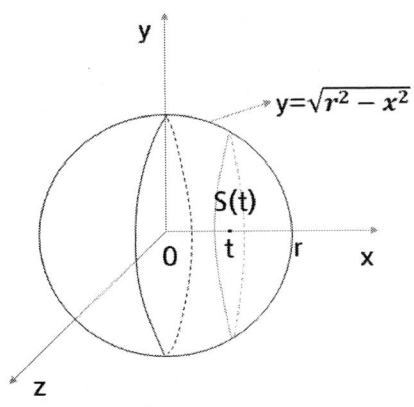

◎ 구의 부피 적분

삼각함수의 미적분

일반 다항식의 미적분은 공식도 기억하기 좋고 쉽게 계산이 되는 편이다. 그런데 삼각함수의 경우 미분과 적분 계산을 위해 익혀야 할 공식이나 배워야 할 계산 기법의 양이 만만치가 않아서 고등학생의 경우 주로 이공계 진학을 앞 둔 학생들만 이와 관련된 공부를 하는 편이다. 삼각함수의 미분법에 들어가기 앞서 다음과 같은 극한 계산을 미리 알아둘 필요가 있다. $\lim_{\theta \to 0} \frac{\sin\theta}{\theta}$ 의 경우, $\frac{\sin\theta}{\theta}$ 는 $\theta=0$ 을 그냥 대입해보면 $\frac{0}{0}$ 형태여서 이는 유효한 값이 되지 못한다. 그런데 θ 가 0은 아니지만 0으로 무한히 가까워질 때는 1로 수렴한다. 그 이유는 아래 그림처럼 단위 원에서의 부채꼴과 두 직각삼각형의 넓이를 상호 비교하면서 확인할 수 있다. $\frac{1}{2}\cos\theta\sin\theta$

$<\frac{1}{2}\theta<\frac{1}{2}\tan\theta$에서 $\frac{1}{2}\sin\theta$으로 부등식 각 변을 나누면 $\cos\theta<\frac{\theta}{\sin\theta}$ $<\frac{1}{\cos\theta}$가 성립한다. 여기서 θ가 0으로 무한 접근하면, $\cos\theta$가 들어있는 양 끝 식은 모두 1로 무한 접근하기 때문이다. 그다음 $\lim_{\theta\to 0}\frac{1-\cos\theta}{\theta}$의 경우는 어떨까?

이 경우도 $\frac{1-\cos\theta}{\theta}$ 식에 $\theta=0$을 그냥 대입해보면 $\frac{0}{0}$이어서 유효한 값이 아니다. 하지만 1+$\cos\theta$를 분자, 분모에 곱해주어 식의 변형을 해보면, $\frac{1-\cos^2\theta}{\theta(1+\cos\theta)}=\frac{\sin^2\theta}{\theta(1+\cos\theta)}$이 되므로 그 극한값은 $\lim_{\theta\to 0}(\frac{\sin\theta}{\theta})^2\times\lim_{\theta\to 0}\frac{\theta}{1+\cos\theta}=1\times\frac{0}{2}=0$이 된다는 것을 알 수 있다. 따라서 $\lim_{\theta\to 0}\frac{\sin\theta}{\theta}=1$이고, $\lim_{\theta\to 0}\frac{1-\cos\theta}{\theta}=0$이 성립한다는 것을 기억해두자.

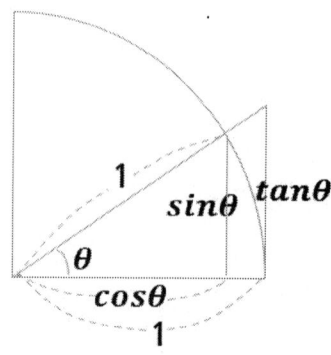

◎ (1/2)cosθ sinθ 〈 (1/2)θ 〈 (1/2)tanθ 비교

이제 y=sinx를 미분한 도함수를 구해보기로 하자.

$y'=\lim_{h\to 0}\dfrac{\sin(x+h)-\sin x}{h}$ 인데, 여기서 sin(x+h)은 사인의 덧셈 공식에 의하면 sinx·cosh+cosx·sinh와 같다.

따라서, $y'=\lim_{h\to 0}\dfrac{\sin x(\cosh-1)}{h}+\lim_{h\to 0}\cos x(\dfrac{\sinh}{h})$=cosx가 된다. 이제 (sinx)'=cosx라는 공식이 도출이 되었다. 같은 방식으로 (cosx)'=-sinx 공식도 얻을 수 있다. 그렇다면 tanx를 미분하면? tanx=$\dfrac{\sin x}{\cos x}$가 성립하므로 유리식의 미분법 공식에 의해

(tanx)'=$\dfrac{\cos^2 x+\sin^2 x}{\cos^2 x}=\dfrac{1}{\cos^2 x}$이 되는데 여기서 $\dfrac{1}{\cos x}$= sec x (한편, $\dfrac{1}{\sin x}$= cosec x)라는 정의를 사용하면 (tanx)'=sec²x로 정리가 된다. 여기서 미적분에서 활용성이 큰 오일러수와 자연로그에 대해서도 잠시 언급해두자. $\lim_{h\to 0}(1+h)^{\frac{1}{h}}$은 2.718…로 수렴하는데 이 값을 오일러수라고 하고 'e'로 표기한다(증명은 꽤 복잡하여 생략하겠지만, $\sum_{k=0}^{\infty}\dfrac{1}{k!}$도 같은 e 값으로 수렴한다). e를 밑수로 하는 $\log_e x$는 '자연로그'라고 말하며 보통 ln(x)로 표기한다. 그러면 극한 $\lim_{h\to 0}\dfrac{e^h-1}{h}$=1이 된다는 것을 알아두자. 이것이 성립하는 이유는 t=e^h-1로 놓으면 h=ln(1+t)이 되어서 그 극한값은 $\lim_{t\to 0}\dfrac{1}{\ln(1+t)^{\frac{1}{t}}}=\dfrac{1}{\ln(e)}=\dfrac{1}{1}$=1로 계산이 되기 때문이다. 그런데 지수함수 y=e^x일 때, 그 도함수도 y'=e^x로 원래 함수식과 같아진다. 왜냐하면, $y'=\lim_{h\to 0}\dfrac{e^{x+h}-e^x}{h}=\lim_{h\to 0}\dfrac{e^x(e^h-1)}{h}=e^x$이기 때문이다. 그리고 유사한 방식으로 $(a^x)'=a^x(\ln a)$가 성립하는 것도 보일 수 있다. 또한, 로그함수의 경우 (ln|x|)'=$\dfrac{1}{x}$가 되며, $(\log_a x)'=(\dfrac{\ln x}{\ln a})'=\dfrac{1}{(\ln a)x}$이 성립하는 것도 기억해 두는 것이 좋다.

방금 알아본 지수/로그/삼각함수의 기본적 미분법들을 잘 기억하면 거꾸로 이런 함수들의 부정적분도 곧 알아낼 수 있을 것이다. 이를테면, $\int \sin x dx = -\cos x + C$, $\int \cos x dx = \sin x + C$, $\int e^x dx = e^x + C$, $\int a^x dx = \dfrac{a^x}{\ln a} + C$, $\int \dfrac{1}{x} dx = \ln|x| + C$ 등이 성립한다. 그럼 $\int \tan x dx$는 어떻게 구할까? 이 문제를 해결하기 위해서는 $\int f(g(x))g'(x)dx = F(g(x)) + C$ (여기서 $F(x)$는 $f(x)$의 원시함수)이 성립한다는 것을 알고 있으면 편리하다. 합성함수의 미분은 연쇄법칙 $(F(g(x))' = F'(g(x))g'(x) = f(g(x))g'(x)$이 성립하기 때문이다.

예를 들면, $\int (x^3+1)^5 x^2 dx$의 경우, 이 식을 분리하여 $f(x)=x^5$, $g(x)=x^3+1$, $g'(x)=3x^2$, $F(x)=\dfrac{x^6}{6}$으로 세팅을 해보자. 그러면, $\int (x^3+1)^5 x^2 dx = \dfrac{1}{3} \int (x^3+1)^5 (3x^2) dx$은 $\dfrac{1}{3} \int f(g(x))g'(x)dx$로 볼 수 있으므로 이는 $\dfrac{1}{3} F(g(x)) + C = \dfrac{1}{18}(x^3+1)^6 + C$으로 간편히 부정적분을 할 수 있다.

이제 $\int \tan x dx = \int \dfrac{\sin x}{\cos x} dx$ 도 이런 방식으로 접근해보자. $f(x)=\dfrac{1}{x}$, $g(x)=\cos x$로 분리하면, $g'(x)=-\sin x$이 되고 $f(x)$의 원시함수 $F(x)=\ln|x|$로 놓기로 하자. 그러면, $\dfrac{\sin x}{\cos x} = -f(g(x))g'(x)$이므로, $\int \dfrac{\sin x}{\cos x} dx = -F(g(x)) + C = -\ln|\cos x| + C (= \ln|\sec x| + C)$가 얻어진다. 이는 $t=\cos x$로 치환하는 치환법을 사용하여 얻을 수도 있다. $dt = \dfrac{dt}{dx} dx = -\sin x dx$로 놓을 수 있으며, $\int \dfrac{\sin x}{\cos x} dx = \int \dfrac{1}{\cos x}(\sin x dx) = \int (\dfrac{1}{t})(-dt) = -\ln|t| + C = -\ln|\cos x| + C$ 방식으로 접근 가능한데, 이 방식이 조금 더 편리할 수도 있다.

만일 $\int \sin^2 x dx$의 경우라면, 코사인의 배각공식 $\cos 2A = 1 - 2\sin^2 A$을

활용하는 아이디어를 떠올리면 된다. 즉, $\int \sin^2 x dx = \frac{1}{2} \int 1-\cos 2x dx = \frac{1}{2}(x - \frac{1}{2}\sin 2x) + C = \frac{1}{2}x - \frac{1}{4}\sin 2x + C$로 계산이 가능한 것이다.

이제 부분적분법이라는 조금 더 어려운 테크닉도 다루어보도록 하자. 우리는 미분법에서 $(f(x)g(x))' = f'(x)g(x) + f(x)g'(x)$가 성립한다는 것을 배웠다.

이 양변을 부정적분하면, $f(x)g(x) = \int f'(x)g(x)dx + \int f(x)g'(x)dx$ 관계가 성립할 것이다. 따라서 $\int f(x)g'(x)dx = f(x)g(x) - \int f'(x)g(x)dx$의 공식이 만들어지는데, 이 공식을 이용한 적분 방법을 '부분적분법'이라고 말한다. 예를 들어, $\int \ln x dx$를 해결하기 위해 $f(x) = \ln x$, $g(x) = x$로 놓자. 그럼 $\int \ln x dx = \int f(x)g'(x)dx = f(x)g(x) - \int f'(x)g(x)dx = x\ln|x| - \int (\frac{1}{x})x dx$ = $x\ln|x| - x + C$ 방식으로 적분이 가능하다.

또 하나의 고급 적분 기법으로 '삼각치환법'이라는 것도 있다. 예를 들어, $\int \frac{1}{1+x^2} dx$라는 부정적분 해결을 위해 삼각비를 써서 $x = \tan\theta$로 치환해보자. 그럼 $\frac{dx}{d\theta} = \sec^2\theta$가 되며 이 경우 $dx = \frac{dx}{d\theta}d\theta = \sec^2\theta d\theta$ 관계가 성립하는 것으로 간주해서 적분 식 안의 dx를 $\sec^2\theta d\theta$로 대체해도 무방하다. 따라서, $\int \frac{1}{1+x^2} dx = \int \frac{1}{1+\tan^2\theta}\sec^2\theta d\theta = \int (\frac{1}{\sec^2\theta})\sec^2\theta d\theta$ = $\int 1 d\theta = \theta + C$ 방식으로 계산하여 θ에 관한 식을 얻는다. 그런데 원래 $x = \tan\theta$ ($\theta = \tan^{-1}x$)로 약속한 것이므로 이 결과를 x에 관한 식으로 다시 바꾸면 결국 $\int \frac{1}{1+x^2} dx = \tan^{-1}x + C$가 된다.

테일러급수

만일 f(x)의 도함수 f′(x)를 부정적분 한다면 $\int$ f′(x)dx=f(x)+C이 될 것이다. 그리고 정적분 $\int_a^x$ f′(t)dt=f(x)-f(a)이 성립하므로 f(x)=f(a)+$\int_a^x$ f′(t)dt로 표현이 가능하다. 그런데 여기 정적분 부분을 부분적분법 테크닉을 적용하여 더 분해하면, t에 관한 정적분 $\int_a^x$ f′(t)dt = $\int_a^x$ (t-x)′f′(t)dt =[(t-x)f′(t)]$_a^x$- $\int_a^x$ (t-x)f′′(t)dt=(x-a)f′(a) + $\int_a^x$ (x-t)f′′(t)가 된다.

따라서 원래의 함수 f(x)=f(a)+(x-a)f′(a) + $\int_a^x$ (x-t)f′′(t)로 표현이 가능한 셈이다.

그다음 $\int_a^x$ (x-t)f′′(t) 부분을 유사한 방식으로 부분적분법을 한번 더 적용하면 [(-$\frac{1}{2}$(t-x)²)′f′′(t)]$_a^x$+ $\int_a^x$ $\frac{1}{2}$(t-x)²f′′′(t)dt이 된다. 그렇다면, f(x)=f(a)+ (x-a)f′(a)+$\frac{1}{2}$(x-a)²f′′(a)+$\int_a^x$ $\frac{1}{2}$(x-t)²f′′′(t)가 된다. 이런 식으로 정적분 식을 부분적분법을 통해 계속 변형해나간다고 한다면, f(x)는 각 항이 다항식으로 이루어진 무한급수 형태로 표현이 가능해지며, 정적분 파트가 점차 0에 가까워지고 이 무한급수가 수렴한다면 f(x)에 근사하는 다항식도 얻을 수 있을 것이다. 이 경우엔, Σ기호를 써서 표현하면 f(x)= $\sum_{k=0}^{\infty} \frac{f^{(k)}(a)}{k!}$(x-a)^{k}이 될 것이며 a=0를 넣으면 f(x)= $\sum_{k=0}^{\infty} \frac{f^{(k)}(0)}{k!}$x^{k}이 된다(여기서 f$^{(k)}$은 f를 n번 미분한 n차 도함수를 의미한다). 지수함수, 삼각함수 등 다양한 함수 f(x)를 이처럼 다항식들의 급수 형태로 풀어쓴 것을 함수 f(x)의 '테일러급수(Taylor series)'라고 말한다.

그럼 이러한 무한급수가 수렴하는지 발산하는지는 어떻게 알 수 있을

까? 0이 아닌 이웃 항끼리의 비에 의한 수렴 판정법(ratio test)이 비교적 편리하다. 이 방법은 $\lim_{k \to \infty} |\frac{a_{k+1}}{a_k}|$=L이라고 할 때, L<1이면 수렴하고, L>1이면 발산이며, L=1이면 아직 불확실하다는 판정을 내린다.

예를 들어, $\sum_{k=0}^{\infty} \frac{k}{e^k}$ 는 수렴일까 발산일까?

이 경우엔, $\lim_{k \to \infty}|\frac{a_{k+1}}{a_k}|=\lim_{k \to \infty} \frac{k+1}{k} \frac{e^k}{e^{k+1}} = \frac{1}{e}$ 이며 이 값은 1보다 작으므로 이 무한급수는 수렴한다. 만일 테일러급수처럼 미지수 x가 들어있는 무한급수의 경우라면, 이 급수가 수렴할 x의 조건을 이 급수의 '수렴반경(radius of convergence)'이라고 말한다.

그렇다면 e^x 의 a=0에서의 테일러급수인 $\sum_{k=0}^{\infty} \frac{x^k}{k!}$ 의 경우에도 그 수렴반경을 조사해보자. 이웃항끼리의 비에 의해 판정을 해보면, $\lim_{k \to \infty} |\frac{a_{k+1}}{a_k}|=\lim_{k \to \infty}|\frac{x^{k+1}}{x^k} \frac{k!}{(k+1)!}|=\lim_{k \to \infty}|\frac{x}{k+1}|=0$ 으로 어떠한 x값에 대해서도 이 극한은 0으로 수렴한다는 것을 알 수 있다. 따라서 x=0 중심의 수렴반경은 ∞이며 이 말은 모든 실수 x에 대하여 $e^x = \sum_{k=0}^{\infty} \frac{x^k}{k!}$ 가 성립한다는 것이다.

자, 그러면 다양한 함수들의 테일러급수가 어떤 모양으로 나타나는지 살펴보자. 아까 언급했던 데로, 오일러수의 지수함수 f(x)=e^x 의 경우, f′(x)=e^x 이며 그 k차 미분인 $f^{(k)}(x)=e^x$ 이므로 $f^{(k)}(0)=1$ 이어서 그 테일러급수는 $e^x = \sum_{k=0}^{\infty} \frac{x^k}{k!} = 1+x+\frac{x^2}{2!}+\frac{x^3}{3!}+\cdots$ 이 된다고 했다. 그럼 sinx의 경우는 어떨까? f′(x)=cosx, f″(x)=-sinx, $f^{(3)}(x)$=-cosx, …이므로 x=0일 때, 그 미분값은 1,0,-1,0,1,0,…방식으로 순환한다.

따라서 sinx=$\sum_{k=0}^{\infty} \frac{f^{(k)}(0)}{k!}$ x^k=x-$\frac{x^3}{3!}$+$\frac{x^5}{5!}$-$\frac{x^7}{7!}$+…

($=\sum_{k=0}^{\infty}\frac{(-1)^k x^{2k+1}}{(2k+1)!}$ 로도 표현이 가능). 그리고 같은 방식으로 계산해 보면 $\cos x = 1 - \frac{x^2}{2!} + \frac{x^4}{4!} - \frac{x^6}{6!} + \cdots$ ($=\sum_{k=0}^{\infty}\frac{(-1)^k x^{2k}}{(2k)!}$ 로 표현 가능)이 된다. 그런데, 사인함수와 코사인함수의 경우 둘 다 $\lim_{k \to \infty} |\frac{a_{k+1}}{a_k}| = 0$이어서 그 수렴반경은 ∞가 됨에 유념하자.

그럼 정의역 {x| x>-1}에서 로그함수 f(x)=ln(1+x)의 경우를 살펴보자. 이 함수의 테일러급수를 계산해보면 $\ln(1+x) = x - \frac{x^2}{2} + \frac{x^3}{3} - \frac{x^4}{4} + \cdots$ ($=\sum_{k=0}^{\infty}\frac{(-1)^k x^{k+1}}{k+1}$)이며 그 수렴반경은 1이 된다 (|x|<1일 때 $\lim_{k \to \infty} |\frac{a_{k+1}}{a_k}|<1$). 그리고 ln(1+x)에서 x가 1로 무한히 접근하는 경우에 $1 - \frac{1}{2} + \frac{1}{3} - \frac{1}{4} + \cdots$는 ln2로 수렴한다는 것도 알 수 있다.

이제 $e^x = \sum_{k=0}^{\infty}\frac{x^k}{k!} = 1 + x + \frac{x^2}{2!} + \frac{x^3}{3!} + \cdots$ 라는 테일러 급수 식을 사용하여 복소수 체계에서 e의 허수 제곱꼴인 e^{ix}를 다음과 같이 정의한다고 해보자.

$e^{ix} = \sum_{k=0}^{\infty}\frac{(ix)^k}{k!} = 1 + xi - \frac{x^2}{2!} - \frac{x^3}{3!}i + \frac{x^4}{4!} + \cdots$.

그러면 $e^{ix} = (1 - \frac{x^2}{2!} + \frac{x^4}{4!} - \cdots) + i(x - \frac{x^3}{3!} + \frac{x^5}{5!} - \cdots) = \cos x + i(\sin x)$ 관계가 성립한다. 만일 x=π라고 한다면, $e^{i\pi} = \cos\pi + i\sin\pi = -1$이 될 것이다. 따라서 '$e^{i\pi} + 1 = 0$'의 등식이 성립하는데, 이것이 바로 그 아름답기로 유명한 '오일러 공식'이다. 이는 덧셈의 항등원 0과 곱셈의 항등원 1, 그리고 원주율 π와 허수 i, 오일러 수 e가 절묘하게 어우러진 실로 간명한 공식이다.

한편, 테일러급수를 이용하면 원주율의 근사치도 매우 용이하게 구할 수 있다. $\ln(1+x) = x - \frac{x^2}{2} + \frac{x^3}{3} - \frac{x^4}{4} + \cdots$의 양변을 미분해보면,

$\dfrac{1}{1+x}$=1-x+x²-x³+…가 성립하며, 여기서 x 대신 x²을 넣는다면 $\dfrac{1}{1+x^2}$=1-x²+x⁴-x⁶+…가 될 것이다. 이 양변을 다시 x=0에서 x=1까지 정적분을 해보자.

그럼 좌변은 x=tanθ로 삼각치환법을 써서 정적분을 해보면, 1+x²=sec²θ, dx=sec²θ dθ 가 되므로 $\int_0^1 \dfrac{1}{1+x^2}dx = \int_0^{\frac{\pi}{4}} 1d\theta = \dfrac{\pi}{4}$로 계산이 된다.

그리고 우변은 [x-$\dfrac{x^3}{3}$+$\dfrac{x^5}{5!}$-$\dfrac{x^7}{7!}$+…]$_0^1$ 이므로 1-$\dfrac{1}{3}$+$\dfrac{1}{5}$-$\dfrac{1}{7}$+…의 형태가 된다.

따라서 결국 원주율 π=4(1-$\dfrac{1}{3}$+$\dfrac{1}{5}$-$\dfrac{1}{7}$+…)로도 계산이 가능하다는 것을 알 수 있다. 이를 이용하면 원주율의 근사치를 보다 정밀하게 구하는데 편리한 점이 있다.

1-7 통계

확률분포

우리는 도수분포표와 그 대푯값에 대해서는 제법 익숙한 편이다. 왜냐하면, 학교 시험 성적에서 평균을 내어 보듯 이런 통계표를 보고 계산했던 경험은 누구나 가지고 있을 것이기 때문이다. 예를 들어, 우리 반 10명의 수학 시험 분포는 30점 1명, 50점 3명, 60점 3명, 80점 2명 90점 1명이라고 하자. 이 경우 변수 X는 $x_1=30, x_2=50, x_3=60, x_4=80, x_5=90$를 담고, 각 변수별 개수에 해당하는 도수들은 $f_1=1, f_2=3, f_3=3, f_4=2, f_5=1$가 될 것이다. 그렇다면 여기서 $\sum_{i=1}^{5} x_i f_i = 610$은 총점이 될 것이고, 여기에 도수들의 총합 $\sum_{i=1}^{5} f_i = 10$을 나눈 값

$$\frac{\sum_{i=1}^{5} x_i f_i}{10} = 61$$

은 바로 평균이 될 것이다. 일반적으로 n개의 변수와 도수들이 있는 도수분포표에서 그 평균 m의 정의는

$$m = \frac{\sum_{i=1}^{n} x_i f_i}{\sum_{i=1}^{n} f_i}$$

이다. 그다음 분산에 대해서도 알아보자. 우선 어떤 변수 x_i의 편차란 $x_i - m$을 말하는 것이며 모든 변수의 편차의 제곱들의 평균값을 '분산(variance)'이라고 말한다. 분산은 수학 기호로 표시하면

$$\frac{\sum_{i=1}^{n} (x_i - m)^2 f_i}{\sum_{i=1}^{n} f_i}$$

을 일컫는 것인데 이 값에 루트를 취한 값이 바로 '표준편차(standard deviation)'이다. 표준편차를 σ라고 하면 분산은 σ^2인 셈이다. 표준편차나 분산 값이 크다는 것은 그만큼 도수들의 분포가 평균으로부터 분산되어있는 정도가 크다는 의미로 보면 될 것이다. 그런데 도수분포표에서 각 도수를 전체 도수들의 합으로 나눈 값들은 해당 변수가 발생할 확률값들로 볼 수 있는데, 만일 변수 x_k에 대한 확률을

$$p_k = \frac{f_k}{\sum_{i=1}^{n} f_i}$$

로 잡으면 이 확률값들의 총합은 1이 될 것이며 변수 X에 대한 확률분포 P가 만들어질 수 있다.

확률분포의 더 좋은 대표적 예는 동전을 던져 앞면이 몇 번 나오는가에

대한 확률의 분포를 나열한 것이다. 한번 던졌을 때 앞면이 나올 확률을 1/2, 뒷면이 나올 확률도 $\frac{1}{2}$이라고 가정한다. 이제 동전을 5번 던져서 앞면이 나오는 횟수 0,1,2...,5 등을 변수 X의 여섯 가지 값들 $x_1, x_2, \cdots, x_6$로 보고 그 횟수가 나올 확률 P를 각각에 대해 $p_1, p_2, \cdots, p_6$라고 하자. 이를테면 p_1은 1이 나올 횟수가 x_1=0인 경우의 확률로, 1이 한번도 나오지 않을 확률은 $_5C_0(\frac{1}{2})^5 = \frac{1}{32}$로 계산이 될 것이다. 또 p_4의 경우는 1이 나올 횟수가 x_4=3인 경우의 확률로 $p_4 = {_5C_3}(\frac{1}{2})^3(\frac{1}{2})^2 = \frac{10}{32} = \frac{5}{16}$가 된다. 이런 식으로 각 변수들('확률변수'라고 말한다)에 대한 이런 확률 값들의 분포를 테이블로 만든 것이 바로 확률분포표이다. 여기서 확률값들의 총합은 $\sum_{i=1}^{6} p_i = 1$이 될 것이며, 평균 m=$\sum_{i=1}^{6} x_i p_i = \frac{5}{2}$이 된다. 그리고 분산 $\sum_{i=1}^{6}(x_i-m)^2 p_i = \frac{5}{4}$로 계산이 되며, 표준편차는 그 양의 제곱근인 $\frac{\sqrt{5}}{2}$가 될 것이다. 일반적으로 확률변수 n개인 확률분포에서, 평균 m=E(X)=$\sum_{i=1}^{n} x_i p_i$, 분산 σ^2=V(X)=$\sum_{i=1}^{n}(x_i-m)^2 p_i$, 그리고 표준편차 σ=S(X)=$\sqrt{V(X)}$로 표현된다. 그러면 임의의 상수 a, b를 써서 변형된 변수에 대하여,

E(aX+b)=aE(X)+b, V(aX+b)= E(aX+b-(am+b))²=a²E((X-m)²)=a²V(X)

가 성립한다는 것은 활용성이 크므로 잘 기억해두는 것이 좋다. 그리고 V(X)=$\sum_{i=1}^{n}(x_i-m)^2 p_i$ = $\sum_{i=1}^{n}(x_i^2 - 2mx_i + m^2)p_i$ =E(X²)-m²도 성립한다.

동전이든 주사위이든 어느 생산품의 불량률이든 1회 시행할 때 사건 A가 일어날 확률을 p, 일어나지 않을 확률을 q=1-p라고 하고, 이를 n회 독립시행 한다고 생각해보자. 이 경우 A가 일어나는 총횟수를 확률변수 X(0,1,2,$\cdots$,n)라고 하면, 아까 동전 예를 통해 살펴본 것처럼 그 확률분포

는 $_nC_0p^0q^n$, $_nC_1p^1q^{n-1}, \cdots, _nC_np^nq^0$로 나타날 것이다. 이러한 확률분포는 이항식의 거듭제곱 $(p+q)^n = \sum_{i=1}^{n} {_nC_i}p^iq^{n-i}$의 각 항들과 같다고 하여 특별히 '이항분포'라고 부르며 이를 B(n,p)로 표시한다. 여기에 독립시행 횟수 n과 일어날 확률 p만 들어가는 것은 이들만 결정되면 다른 모든 것들과 함께 확률분포가 결정이 되기 때문이다. 그런데 이항분포의 경우에는 평균과 분산을 계산하는 데에 기억하기도 좋은 매우 편리한 공식이 있다. 평균 m=np라는 공식과 분산 σ^2=npq라는 공식이 그것이다. 여기서 m=np가 되는 것은 이항전개식 $(px+q)^n = \sum_{i=1}^{n} {_nC_i}p^iq^{n-i}x^i$ 에서 양변을 x에 대해 미분한 후 x에 1을 넣어보면 좌변은 np이고 우변은 평균의 정의와 동일한 식이라는 것을 통해 알 수 있다. 아까 예로 들었던 동전 5회 던지기의 확률분포에서도 그 평균은 정의에 따라 하나씩 계산하는 대신 np=5×$\frac{1}{2}$=$\frac{5}{2}$, 분산은 npq=5×$\frac{1}{2}$×$\frac{1}{2}$=$\frac{5}{4}$로 간단히 계산이 가능해진다. 이항분포의 경우 n이 충분히 크면 x=m을 기준선으로 선대칭을 이루는 아름다운 종 모양 그래프를 나타낸다.

그럼 확률변수 x에 따라 확률을 나타내는 확률함수의 종류에 대해 알아보자. 먼저 '확률질량함수'는 어떤 비연속적인(이산) 확률변수에 대해 비연속적인 확률분포를 나타내는 함수를 일컫는다. 그러나 그 나머지 변수들에 대해서는 그 확률값을 모두 0으로 처리한다. 이를테면, 주사위를 던질 때 그 눈에 따르는 확률질량함수는 $P_X(x)=\frac{1}{6}$ (x=1,2,$\cdots$,6), $P_X(x)$=0 (x: 나머지 수)으로 정의가 된다. 이 경우 항상 $P_X(x) \geq 0$이고 $\Sigma xP_X(x)$=1이 될 것이다. 그다음 '확률밀도함수'는 연속적 확률분포인데, '누적분포함수'가 F(x)=P(X<x)=$\int_{-\infty}^{x} f_X(t)dt$로 정의된다면 확률밀도함수는 이를

미분한 F'(x)=f_X(x)에 해당한다. 예를 들어, 만일 누적분포함수 F(x)가 0(x<0), x(0≤x<1), 1(x≥1)로 정의된다면, 이를 미분한 확률밀도함수 f_X(x)는 0(x<0), 1(0<x<1), 0(1<x)가 될 것이다. 그렇다면 $\int_{-\infty}^{\infty} f_X(x)dx=1$이며, 확률밀도함수에서의 평균과 분산은 평균의 경우 m=$\int_{-\infty}^{\infty} xf_X(x)dx$, 그리고 분산은 $\sigma^2=\int_{-\infty}^{\infty} (x-m)^2 f_X(x)dx$로 정의가 된다. 확률밀도함수의 평균을 구하는 간단한 예를 하나 들어보자. 어느 정류장을 10분마다 한 번씩 지나가는 버스를 타기 위해 그 정류장에 나갈 때, 버스를 대기하는 시간을 확률변수 X로 잡으면 X에 대한 연속확률분포의 평균은 어떻게 될까? 확률밀도함수 f_X(x)는 시간에 대해 균등한 상수 c로 보아야 할 것이며, $\int_{-\infty}^{\infty} f_X(x)dx=\int_0^{10} c\, dx=1$에서 10c=1, 즉 c=$\frac{1}{10}$이 된다. 따라서 그 평균 m=$\int_{-\infty}^{\infty} xf_X(x)dx=\int_0^{10} \frac{1}{10}xdx=\frac{1}{10}[\frac{x^2}{2}]_0^{10}=5$ 가 된다.

정규분포

이제 매우 활용성이 높은 '정규분포'에 대해서 알아볼 시점이다. 정규분포란 어느 확률분포가 이항분포에서 n이 충분히 큰 경우에 나타나는 균형 잡힌 좌우 대칭의 종 모양 그래프 모양을 그대로 따르는 케이스를 의미하는 것이다. 수학적으로 더 정밀하게 정의하자면, 연속확률변수 X에 대해 평균이 m, 표준편차가 σ일 때, 다음과 같은 특정한 식의 확률밀도함수의 그래프 모양을 나타내면 X가 정규분포 N(m, σ^2)을 따른다고 말한다. 여기서 f(x)는 m과 σ가 상수로 들어가는 조금 복잡한 지수함수로 그 식은 다음과 같다.

$$f(x) = \frac{1}{\sqrt{2\pi}\,\sigma} e^{-\frac{(x-m)^2}{2\sigma^2}}$$

그런데 확률밀도함수 f(x)란 앞서 설명했듯이 누적분포함수 F(x)의 미분 형태이므로, x가 a, b사이 구간 안에 들어갈 확률인 구간확률은 P(a≤x≤b)=F(b)-F(a)= $\int_a^b f(x)dx$ 가 된다. 정규분포 곡선은 확률분포 그래프이므로 전체 면적은 1이 되며 직선 x=m기준으로 좌우 대칭이 되는 성질을 가지고 있다. 또 이항분포 B(m,p)의 경우 n이 충분히 클 때 정규분포 N(np, npq)가 된다. 그리고 평균이 0이고, 분산이 1이 되는 정규분포 N(0,1)의 케이스를 특별히 '표준정규분포'라고 말한다. X의 정규분포에서 Z=$\frac{x-m}{\sigma}$로 변형하면 Z의 분포는 표준정규분포를 이룬다.

왜냐하면 E(Z)=E($\frac{1}{\sigma}$X-$\frac{m}{\sigma}$)=$\frac{1}{\sigma}$E(x)-$\frac{m}{\sigma}$=0,

V(Z)= $\frac{1}{\sigma^2}$V(X)=$\frac{\sigma^2}{\sigma^2}$=1이 되기 때문이다. 그런데 구간확률에 관한 다음 수치들 정도는 굳이 암기는 하지 않더라도 눈에 익숙해지는 것이 좋을 것이다.

P(m-σ≤X≤m+σ)=P(-1≤Z≤1)=0.6826,

P(m-2σ≤X≤m+2σ)=P(-2≤Z≤2)=0.9544,

P(m-3σ≤X≤m+3σ)=P(-3≤Z≤3)=0.9974,

이제 표본조사를 통해 모집단의 평균(모평균)을 통계적으로 추정하는 방법에 대해 알아보려고 한다. 먼저 모평균이 m이고 모 표준편차가 σ인 모집단이 있다고 하자.

여기서 n개 임의추출한 표본 X의 평균(표본평균)을 $\overline{X}$라고 표기할 때, 그 증명은 생략하겠지만 표본평균들의 평균은 E($\overline{X}$)=m으로 모집단의 평균과 같아진다. 또한, 표본평균들의 분산의 경우에는 모분산 σ^2의 $\frac{1}{n}$인 $\frac{\sigma^2}{n}$이 된다. 그리고 표본의 개수 n이 충분히 크다면 표본평균 $\overline{X}$들은 정규분포 N(m, $\frac{\sigma^2}{n}$)에 따르게 되는데, 이를 '중심극한정리'라고 한다. 우리는 이를 통하여 어떤 신뢰도 수준에서 모집단의 평균을 추정할 수가 있다. 이를테면 구간확률 P(m-2×$\frac{\sigma}{\sqrt{n}}$ ≤ $\overline{X}$ ≤ m+2×$\frac{\sigma}{\sqrt{n}}$)=0.9544이다.

정규분포에서 수치를 조금 조정하면,

P(m-1.96×$\frac{\sigma}{\sqrt{n}}$ ≤ $\overline{X}$ ≤ m+1.96×$\frac{\sigma}{\sqrt{n}}$)= 0.95 (95%)가 된다.

이 식을 다시 m을 추정하기 위한 목적으로 부등식을 변형하면

P($\overline{X}$-1.96×$\frac{\sigma}{\sqrt{n}}$ ≤ m ≤ $\overline{X}$+1.96×$\frac{\sigma}{\sqrt{n}}$)= 0.95이 도출된다.

이 식의 의미는 신뢰도 95% 수준에서 모평균이

$\overline{X}$-1.96×$\frac{\sigma}{\sqrt{n}}$ 와 $\overline{X}$+1.96×$\frac{\sigma}{\sqrt{n}}$) 사이에 있다는 통계추정인 것이다. 그런데 여기에서 모표준편차 σ는 현실적으로 알기 어려우므로, 보통 표본집단의 표준편차인 이른바 '표본표준편차'를 사용한다. 단, 표본표준편차 σ'는 표본의 수 n 대신 n-1을 나눈 표본분산

$$\frac{\sum_{i=1}^{n}(x_i - \overline{X})^2 f_i}{n-1}$$

에 루트를 취해서 얻는다. 그 증명 과정은 생략하겠지만 그래야만 σ'가 평균적으로 모 표준편차에 가까운 값이 된다는 것이다.

그럼 모집단의 평균을 추정하는 예를 하나 다루어보도록 하자. 직원 수

가 10,000명인 어느 회사에서 직원들의 평균적 영어 실력을 판단하기 위해 49명을 표본으로 임의추출하여 시험을 보았다고 하자. 그런데 그 결과 표본의 평균점수는 60점이었고 표본표준편차를 계산해보니 7이 나왔다고 하자. 그러면 이 회사 전체적 영어 점수 평균을 신뢰도 95.44% 수준으로 추정을 한다면? 표본의 평균 $\overline{X}$=60, 그리고 모집단 표준편차 대신 표본표준편차 7을 사용하면, 구간확률

$$P(60-2\times \frac{7}{\sqrt{49}} \leq m \leq 60+2\times \frac{7}{\sqrt{49}})=P(-2\leq Z\leq 2)=95.44$$

이므로 모평균은 58이상 62이하 (신뢰도 95.44%)라는 것을 추정할 수 있다. 따라서 이 회사 직원들이 전체적으로 영어시험을 본다면 그 평균점수는 58점 이상 62점 이하에 들어올 가능성이 95%가 조금 넘는다는 표현이 가능해진다. 이처럼 임의의 표본 추출로 중심극한정리를 사용한 정규분포의 구간확률을 통해 모집단의 평균을 합리적으로 통계 추정할 수 있다.

또한, 이런 통계추정 기법을 활용하여 '가설검정(hypothesis test)'을 하기도 한다. 조금은 어려운 개념이긴 하나, 가설검정이란 보통 어떤 가설(귀무가설, null hypothesis)을 세우고 이를 가정했을 때 만일 표본조사에서 확률적으로 가정과 동떨어진 희귀한 사건이 발생한다면 그 가설은 부정되고 그 반대가설(대립가설)을 채택하는 과정을 일컫는다. 여기서 희귀함의 수준을 어떻게 볼 것인가가 관건인데 이를 '유의수준(significance level)'이라는 확률적 수치로 정의하게 된다. 유의수준은 0.05(이 값을 p-value라고 한다)로 잡는 것이 보통이다. 그리고 귀무가설을 기각할 영역(기각역)을 $\overline{X}$>c라고 할 때, n개 표본의 평균 $\overline{X}$, 표본표준편차 σ'를 계산하고 귀무가설을 모집단 평균 m으로 채택한 후 0.05=P(Z>1.645)와

$$P(X'>c) = P(\frac{X'-m}{\frac{\sigma'}{\sqrt{n}}}) > \frac{c-m}{\frac{\sigma'}{\sqrt{n}}}$$

의 비교에서

$$\frac{c-m}{\frac{\sigma'}{\sqrt{n}}} = 1.\dot{6}45$$

가 되는 c값을 찾는다. 그런데 실제 표본평균이 c값을 넘어선다면 이는 귀무가설을 기각할 만한 희귀한(확률적으로 5% 미만) 상황으로 간주하는 것이다.

용어 개념들이 조금 어려울 수 있으므로 하나의 예를 통해 계산을 진행해보자. 어느 자동차 회사에서 신차를 개발했는데 기존 자동차의 연비가 10이고 신형차의 연비는 기존 자동차를 능가하는지에 대한 가설검정을 하고자 한다. 그들은 귀무가설은 '연비=10', 대립가설은 '연비>10'으로 잡았다. 그 다음 이 회사는 신형차 표본 50개를 뽑아서 연비의 표본평균을 조사했는데 10.5km/l가 나왔고 표본표준편차는 2였다고 한다. 그렇다면 유의수준을 0.05로 잡을 때 이 귀무가설은 과연 기각이 될까? 이 경우

$$\frac{c-10}{\frac{2}{\sqrt{50}}} = 1.645$$

에서 c=10.465가 산출된다. 그런데 $\overline{X}$=10.5>c이 되므로 귀무가설은 기각되고 대립가설이 채택될 것이다. 즉, 이 경우는 신형차의 연비 개선이 분명히 있을 것으로 추정이 된다는 것이다.

1-8 벡터

벡터란?

　벡터는 하나의 단순한 숫자로 나타내는 스칼라와 구분이 되는 개념으로, 스칼라가 크기라는 양만 가진 실수라면 벡터는 크기 및 방향까지 함께 가진 양으로 볼 수 있다. 보통 벡터는 좌표상의 위치 벡터로 나타내는데, 위치벡터란 x, y축을 가진 평면좌표의 경우, 점 A의 좌표를 (3,4)라고 할 때, 위치벡터로서의 (3,4)는 원점 O에서 출발(시발점)하여 A(3,4)에서 멈추는(종점) 화살표로서의 벡터OA($\overrightarrow{OA}$로 표기)를 의미하기로 약속한 것이다. $\overrightarrow{OA}$의 크기는 $\|\overrightarrow{OA}\|$로 표기하며 이는 원점 O에서 점 A까지의 거리를 뜻한다. 이 경우 피타고라스정리를 이용하여 계산하면 $\sqrt{3^2+4^2}$=5이 될 것이다. 만일 그 크기가 1인 경우 이를 '단위벡터'라고 부른다. 그런데 좌표로 표현하는 위치벡터는 항상 좌표의 원점을 시발점으로 잡는다는데에 유의해야 한다. 이를테면 시발점을 B(1,1)로 하고 종점을 C(4,5)로

잡은 벡터 $\overrightarrow{BC}$를 떠올릴 수도 있겠지만 이 벡터는 아까의 벡터 $\overrightarrow{OA}$와는 동일한 벡터로 간주한다. 왜냐하면 그 크기와 방향이 서로 같기 때문에 같은 양을 나타낸다고 보기 때문이다. 물리학에서는 힘의 3요소를 '작용점, 크기, 방향'으로 말하기도 하지만 수학적 벡터라는 개념은 그 중 작용점에 의미를 두지는 않고 그저 크기와 방향이라는 두 요소를 가진 양으로 간주하는 셈이다.

두 벡터끼리의 합과 차는 두 위치벡터의 좌표의 각 성분끼리의 합과 차로 정의된다. 이를테면 A(1,2), B(5,-3)일때 $\overrightarrow{OA}$와 $\overrightarrow{OB}$의 합 $\overrightarrow{OA}+\overrightarrow{OB}$는 (1+5, 2-3)=(6,-1)인 점을 C라고 할 때 벡터 $\overrightarrow{OC}$에 해당한다는 것이다. 이 $\overrightarrow{OC}$는 기하학적으로는 평행사변형 AOBC에서의 대각선의 크기와 방향에 해당한다. 따라서 두 벡터의 합은 물리학에서는 두 힘의 합성에서 적용되는 평행사변형의 법칙과 상응하는 것으로 볼 수 있다. 또 $\overrightarrow{OA}$에서 $\overrightarrow{OB}$를 빼면, D(1-5, 2-(-3)) 즉 D(-4,5)가 그 연산 결과로서의 위치벡터가 된다. 이는 출발점을 B로 본 $\overrightarrow{BA}$와는 크기와 방향이 같은 동일 벡터에 해당한다. 또 벡터에 스칼라를 곱한 벡터의 상수배 k$\overrightarrow{OA}$는 A의 각 성분을 k배한 벡터로 정의한다. 즉, A(1,2)일 때 3$\overrightarrow{OA}$는 그 위치벡터가 (3×1,3×2)=(3,6)이라는 것이다. 각 성분이 모두 0인 벡터를 '영벡터'라고 하고 그냥 '0'으로 표기하는데, 0이라는 상수배를 한 벡터 A는 0A=0으로 영벡터가 될 것이다.

이제 아주 중요한 벡터의 '내적' 연산에 대해 알아보자. 각 두 방향 간의 사잇각이 θ 인 두 벡터의 내적은 $\vec{a}\cdot\vec{b}=\|\vec{a}\|\cdot\|\vec{b}\|\cos\theta$인 스칼라 값으로 정의가 된다. 여기서 벡터 내적의 기하학적 의미는 벡터 $\vec{b}$를 벡터 $\vec{a}$방향으로 정사영을 시킨 부분의 크기와 $\vec{a}$의 크기를 곱한 값에 해당한다($\vec{a}$를 $\vec{b}$방향

으로 정사영 한 방식으로 계산해도 그 값은 마찬가지이다). 따라서 만일 영벡터가 아닌 두 벡터가 서로 수직이 될 필요충분조건은 $\cos\theta=0$이며 이는 곧 그 내적이 0이 되는 경우라는 점에 주목해야 한다. 그런데 두 위치벡터 사이의 내적을 구하는 방법은 두 벡터의 각 성분끼리의 곱들을 더하면 된다(이 원리는 삼각형의 코사인법칙을 통해 도출이 가능하다). 예를 들면, 내적 연산 $(4,3)\cdot(2,-1)=4\times2+3\times(-1)=5$가 된다. 3차원 공간벡터들의 내적도 마찬가지로 이를테면 $(1,2,3)\cdot(-1,0,2)=-1+0+6=5$로 계산하면 된다. 한편, 두 벡터 사이의 각을 θ라고 할 때 θ값을 알아내려면 내적의 정의로부터 $\cos\theta=\dfrac{\vec{a}\cdot\vec{b}}{\|\vec{a}\|\|\vec{b}\|}$ 공식을 이용하면 된다. 두 벡터 간의 내적은 교환법칙이 성립하며, 벡터의 덧셈/뺄셈과의 분배법칙이 성립함을 기억해 두자. 다시 말해, $\vec{a}\cdot\vec{b}=\vec{b}\cdot\vec{a}$, 그리고 $\vec{a}\cdot(\vec{b}+\vec{c})=\vec{a}\cdot\vec{b}+\vec{a}\cdot\vec{c}$가 성립한다는 것이다.

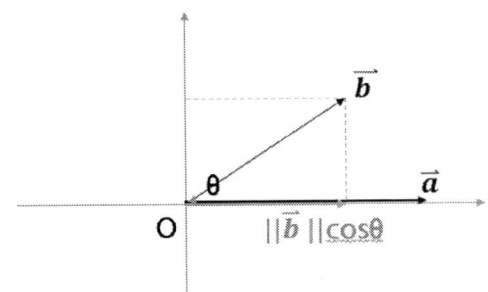

◎ 내적의 기하학적 의미

이제 공간벡터의 외적 연산에 대한 정의도 알아보자. 두 공간벡터 a, b에 대해 두 벡터 방향간 각을 θ라고 할 때, 두 벡터의 외적이란 $\vec{a}\times\vec{b}$로 표기

하며 그 크기는 $\|\vec{a}\|\cdot\|\vec{b}\|\sin\theta$ 이면서(이는 두 벡터가 공간상에서 이루는 평행사변형의 넓이와 같다), 그 방향은 공간적으로 두 벡터가 이루는 평면과 수직이 되는(검지 a와 중지 b에 대해 엄지의 방향) 벡터를 일컫는다. 외적의 계산 방법은 다음과 같다. 벡터 $\vec{a}$를 (a_1, a_2, a_3), 벡터 $\vec{b}$를 (b_1, b_2, b_3)라고 할 때, $\vec{a} \times \vec{b} = (a_2 b_3 - a_3 b_2,\ a_3 b_1 - a_1 b_3,\ a_1 b_2 - a_2 b_1)$이 된다(이 벡터는 다음 절에 나오는, 행렬

$$\begin{pmatrix} \vec{i} & \vec{j} & \vec{k} \\ a_1 & a_2 & a_3 \\ b_1 & b_2 & b_3 \end{pmatrix}$$

의 행렬식 계산 결과에 해당한다). 이를테면, (1,0,0)과 (0,1,0)을 외적하면 (0,0,1)이 되는데, 이는 계산을 해보지 않아도 외적의 정의 개념대로 생각해도 곧바로 얻어질 것이다. 하나의 예를 더 들어 (1,-2,3)과 (-2,0,4) 두 벡터의 외적을 구해보자. 외적 계산법을 따르면, (-2×4-3×0, 3×(-2)-1×4, 1×0-(-2)(-2))=(-8, -10, -4)가 두 벡터의 외적이 된다.

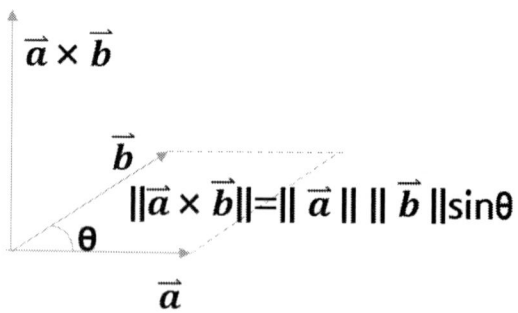

◎ 두 벡터의 외적

이제 3차원 공간상에서의 직선의 방정식(x,y,z의 관계식)을 벡터 형식을 통해 구해보자. 점 $P_0(x_0,y_0,z_0)$를 지나고 벡터 $\vec{v}$=(a,b,c)에 평행하는 직선(이는 유일하게 결정이 된다) 위의 점 (x,y,z)에 관한 벡터방정식은 위치벡터 (x,y,z)=$\overrightarrow{OP_0}$+t$\vec{v}$ 형태일 것이다. 따라서 a,b,c가 0이 아닐 때

$$\frac{x-x_0}{a}=\frac{y-y_0}{b}=\frac{z-z_0}{c}(=t)$$

의 관계식이 성립하는데, 이것이 바로 3차원 공간상 직선의 일반방정식이다.

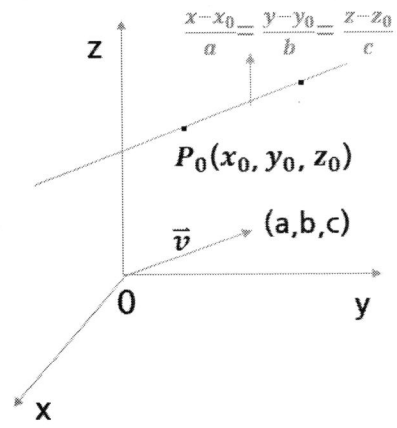

◎ 공간상의 직선 방정식

예를 들어, 만일 직선 방정식이 $\frac{x-2}{3}$=y+1=$\frac{z}{2}$ 라고 하면, 이는 기하학적으로 점(2,-1,0)을 지나고 벡터(3,1,2)에 평행하는 직선을 나타내는 것임을 곧바로 알 수 있다.

그다음 평면 방정식은 어떤 식으로 표현이 될까?

이제는 점 $P_0(x_0,y_0,z_0)$를 지나고 $\vec{v}$=(a,b,c)에 수직인 평면(유일하게 결정) 위의 점 (x,y,z)에 관한 관계식을 생각해보자. 그 벡터방정식은 벡터 간의 내적 계산을 이용하면 $((x,y,z)-\overrightarrow{OP_0})\cdot\vec{v}=0$이 될 것이다.

따라서 $a(x-x_0)+b(y-y_0)+c(z-z_0)=0$의 관계식이 나오며, 이를 정리한 일반방정식은 ax+by+cz+d=0 형태로 단순화가 된다. 이때 이 평면에 수직인 벡터 $\vec{v}$=(a,b,c)를 그 평면의 법선(normal) 벡터라고 말한다. 2차원 평면상에서의 직선의 방정식은 ax+by+c=0 형태로 표현이 가능하지만 3차원 공간상에서는 평면 방정식이 이와 유사한 ax+by+cz+d=0 형태가 된다는 점이 흥미롭다. 예를 들어, 3차원 공간에서의 방정식이 x+2y-3x+4=0 이라면 이는 벡터(1,2,-3)과 수직인 평면을 나타내는 것임을 알 수 있다.

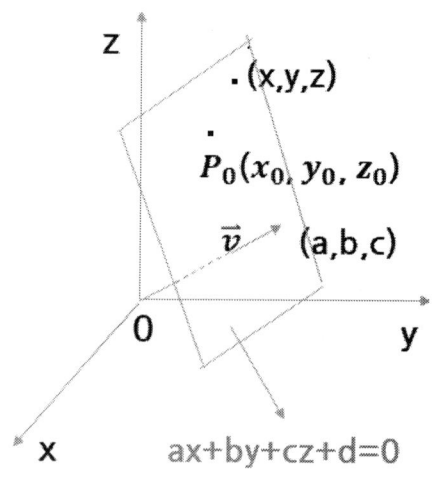

◎ 공간상의 평면 방정식

행렬이란?

벡터는 좌표를 가리키는 수들의 순서쌍을 의미하는 값으로 크기와 방향의 두 요소를 가지는 양이라고 했다. 그렇다면 이런 n차원 벡터들을 차례로 m행을 나열한 m×n개의 수 묶음을 생각해보자. 이런 m행 ×n열의 직사각형 모양수 묶음을 괄호로 묶어서 표기한 것을 m×n 행렬이라고 말한다. 이를테면 (1,2,3)은 하나의 벡터로 볼 수도 있지만 1×3 행렬로 간주할 수도 있다. 만일 여기에 (4,5,6)이라는 벡터를 그 아래 위치시켜 행이 2개이고 열이 세 개인 규격의 2×3 행렬을 $\begin{pmatrix} 1 & 2 & 3 \\ 4 & 5 & 6 \end{pmatrix}$처럼 만들었다고 하자. 이 행렬을 $A=(a_{ij})$ 방식으로 표기하기도 하는데, 이때 a_{23}은 A행렬의 2행3열의 성분 값을 의미하는 것으로 여기서는 6이 될 것이다. 만일 $B=(b_{ij})$는 $\begin{pmatrix} -1 & 0 & 2 \\ 2 & -3 & 1 \end{pmatrix}$인 같은 규격의 2×3행렬이라고 해보자. 그럼 두 행렬의 합 A+B는 같은 위치의 성분들끼리 더한 행렬 $(a_{ij}+b_{ij})$로 정의가 된다. 즉, 여기서 A+B=$\begin{pmatrix} 0 & 2 & 5 \\ 6 & 2 & 7 \end{pmatrix}$이 될 것이다. 행렬의 뺄셈도 같은 방식으로 정의되어 A-B=$(a_{ij}-b_{ij})$가 된다. 그리고 행렬A의 k 상수배인 kA행렬은 각 성분들을 모두 k배한 행렬로 정의가 된다. 따라서 여기서 2A=$\begin{pmatrix} 2 & 4 & 6 \\ 8 & 10 & 12 \end{pmatrix}$이 될 것이다. 그리고 어떤 행렬의 각 성분들 모두가 0인 행렬을 '영행렬'이라고 하는데, 0A=0(영행렬 $\begin{pmatrix} 0 & 0 & 0 \\ 0 & 0 & 0 \end{pmatrix}$)이 된다.

그런데 행렬의 곱에 대한 정의는 이런 방식처럼 단순하지는 않다. m×n 행렬 $A=(a_{ij})$와 n×s행렬 $B=(b_{ij})$의 곱 AB는 m×s 행렬이며 $C=(c_{ij})=AB$라고 할 때 $c_{ij}=\sum_{k=1}^{n} a_{ik}b_{kj}$로 좀 복잡하게 정의된다. 이를테면 c_{23}이라면 A의 2행과 B의 3열의 성분들을 벡터의 내적 계산을 하듯 같은 순서의 수끼리 곱한 후 전체를 서로 더한 값이다. 예를 들어, A는 $\begin{pmatrix} 1 & 2 & 3 \\ 4 & 5 & 6 \end{pmatrix}$인 2×3행렬이고 B는 $\begin{pmatrix} -1 & 0 \\ 1 & 3 \\ 2 & -2 \end{pmatrix}$인 3×2 행렬이라고 해보자.

그럼 A와 B의 곱 AB=C=(c_{ij})는 2×2행렬로서, c_{11}은 A의 1행과 B의 1열끼리 내적처럼 계산한 1×(-1)+2×1+3×2=7이 되고, c_{12}는 A의 1행과 B의 2열끼리 계산한 1×0+2×3+3×(-2)=0, c_{21}는 A의 2행과 B의 1열끼리 계산한 4×(-1)+5×1+6×2=13, c_{22}는 A의 2행과 B의 2열끼리 계산한 4×0+5×3+6×(-2)=3이 된다. 따라서 A와 B를 곱한 행렬 AB=$\begin{pmatrix} 7 & 0 \\ 13 & 3 \end{pmatrix}$으로 2×2 행렬이 되는 것이다. 그리고 임의의 n×n(n차 정사각행렬) 행렬 A에 대해 AE=EA=A를 만족시키는 행렬 E를 '단위행렬'이라고 말한다. 단위행렬은 E=(a_{ij})라고 할 때 i=j일때는 a_{ij}=1이고 i≠j일 때는 a_{ij}=0인 행렬이다. 이를테면 3×3 단위행렬은 $\begin{pmatrix} 1 & 0 & 0 \\ 0 & 1 & 0 \\ 0 & 0 & 1 \end{pmatrix}$이다.

행렬의 상수배, 덧셈, 곱셈 등의 연산은 대부분의 대수 연산의 기본 성질들(교환법칙, 결합법칙, 분배법칙)이 성립하지만 단 두 행렬의 곱셈에서의 교환법칙만은 항상 성립하는 것이 아니라는 점에 주의해야 한다. 이를테면 A는 $\begin{pmatrix} 1 & 2 \\ 3 & -1 \end{pmatrix}$인 2×2행렬이고, B는 $\begin{pmatrix} 2 & -1 \\ 0 & 3 \end{pmatrix}$인 2×2 행렬일 때, AB=$\begin{pmatrix} 2 & 5 \\ 6 & -6 \end{pmatrix}$이 되고, BA=$\begin{pmatrix} -1 & 5 \\ 9 & -3 \end{pmatrix}$이 되어 그 결과는 서로 다르다는 것을 확인할 수 있다. 또 하나 주의해야 할 점은 AB=0이라고 해서 A가 0 행렬 또는 B가 0행렬이라고 말할 수는 없다는 것이다. 이를테면 A=$\begin{pmatrix} 0 & 1 \\ 0 & 0 \end{pmatrix}$라고 하면 A가 영행렬이 아님에도 불구하고 A^2=0이 된다.

이제 행렬식에 대한 정의를 소개한다. 우선 2×2 행렬 케이스에서 A=$\begin{pmatrix} a & b \\ c & d \end{pmatrix}$의 행렬식은 |A| 또는 det(A)로 표기하며 |A|=ad-bc로 정의가 된다. 그다음 3×3 행렬 케이스에서 A=(a_{ij})라고 한다면 |A|=$a_{11}|A_{11}|$ -$a_{12}|A_{12}|$ +$a_{13}|A_{13}|$ (여기서 A_{ij}란 A에서 i행과 j열의 성분들을 모두 뺀 2×2 행렬을

표기한 것) 으로 정의가 된다. 즉, $A=\begin{pmatrix} a & b & c \\ d & e & f \\ g & h & i \end{pmatrix}$인 경우, A의 행렬식은 |A|=a$\begin{vmatrix} e & f \\ h & i \end{vmatrix}$-b$\begin{vmatrix} d & f \\ g & i \end{vmatrix}$+c$\begin{vmatrix} d & e \\ g & h \end{vmatrix}$=a(ei-fh)-b(di-fg)+c(dh-eg)으로 계산이 된다. $A=\begin{pmatrix} a & b \\ c & d \end{pmatrix}$인 경우 A의 행렬식의 절대값 |det(A)|은 기하적으로는 평면좌표상에서 원점, (a,b),(c,d),(a+c,b+d) 등 네 꼭지점이 이루는 평행사변형의 면적에 해당한다(3차원의 경우는 평행육면체의 부피). 그리고 n×n 행렬 A, B에 대한 행렬식의 다음과 같은 성질들은 잘 기억해 두는 것이 좋다. det(0)=0이며 A가 중복된 행을 가질 때 det(A)=0이 된다. 또 B가 A의 행교환(두 행끼리 서로 뒤바뀐) 행렬일 때 det(B)=-det(A), det(E)=1(E:단위행렬), det(kA)=k^ndet(A), B가 A의 특정한 행에만 k배를 한 행렬일 때는 det(B)=kdet(A), 그리고 임의의 행렬 A,B에 대해

$$det(AB)=det(A)det(B)$$

가 성립한다는 것도 행렬식의 중요한 성질이다.

이제 역행렬에 대해서도 알아보자. 어떤 정사각행렬 A에 대하여 AX=XA=E를 만족하는 행렬 X를 A의 역행렬이라고 하며 A^{-1}로 표시한다. A의 역행렬 값이 존재할 필요충분조건은 |A|≠0의 경우이다. 그림 2×2행렬의 역행렬을 구하는 방법을 알아보자. $A=\begin{pmatrix} a & b \\ c & d \end{pmatrix}$일 때, 그 역행렬 A^{-1}은 $\begin{pmatrix} d & -b \\ -c & a \end{pmatrix}$인 행렬을 $\frac{1}{|A|}$ 만큼 상수배한 행렬에 해당한다. 한 예로, $A=\begin{pmatrix} 1 & 2 \\ 3 & 4 \end{pmatrix}$라면 A의 역행렬은 어떻게 될까? 먼저 그 행렬식 |A|=1×4-2×3=-2이다. 따라서 $\begin{pmatrix} 4 & -2 \\ -3 & 1 \end{pmatrix}$인 행렬에서 전체 성분들을 -$\frac{1}{2}$만큼 상수배한 행렬 -$\frac{1}{2}\begin{pmatrix} 4 & -2 \\ -3 & 1 \end{pmatrix}$이 그 A의 역행렬이 되는 것이다. 그럼 3×3행렬 A=(a_{ij})의 역행렬 A^{-1}=(b_{ij})은 어떻게 구할까? 계산이 좀 복잡한 편인데,

그 역행렬의 각 성분들 $b_{ij}=(-1)^{i+j}\frac{1}{\det A}\det(A_{ji})$로 구한다. 여기서 A_{ji}란 A에서 j행과 i열의 성분들을 모두 뺀 2×2 행렬을 의미한다(이 행렬은 역행렬에서 행과 열이 뒤바뀐 i행과 j열의 성분 값을 얻기 위한 것임에 주의해야 한다). 이러한 역행렬은 일차다원연립방정식의 해를 구하는데에도 활용이 된다. 예를 들어보자. 3x-2y=6, -5x+4y=8인 연립방정식은 행렬을 이용한 표현으로 변환이 가능하다. 즉, 그 계수들로 이루어진(이를 '계수행렬'이라고 한다) $\begin{pmatrix} 3 & -2 \\ -5 & 4 \end{pmatrix}$을 A라고 하자. 그러면 이 연립방정식은 AX=B 형태로 표현이 가능한데, 여기서 X는 (x,y)의 행과 열을 서로 바꾼 2×1행렬 $\begin{pmatrix} x \\ y \end{pmatrix}$로 이를 (x,y)의 전치행렬 $(x,y)^T$라고 한다. B는 (6,8)$^T=\begin{pmatrix} 6 \\ 8 \end{pmatrix}$로 역시 2×1행렬이다. 그러면 이 연립방정식의 해는 A의 역행렬 A^{-1}을 구한 후 (계산을 해보면 $A^{-1}=\begin{pmatrix} 2 & 1 \\ 2.5 & 1.5 \end{pmatrix}$이다), X=$\begin{pmatrix} x \\ y \end{pmatrix}$=$A^{-1}$B=$\begin{pmatrix} 2 & 1 \\ 2.5 & 1.5 \end{pmatrix}\begin{pmatrix} 6 \\ 8 \end{pmatrix}=\begin{pmatrix} 20 \\ 27 \end{pmatrix}$ 계산을 통해 곧바로 얻을 수 있다(x=20, y=27).

선형사상

벡터함수 T: P→Q (P,Q는 벡터들로 이루어진 벡터 공간)가 다음 두 가지 성질을 만족할 때 이를 '선형사상(linear mapping)'이라고 말한다. 그것은 임의의 벡터 u, v와 스칼라 k에 대하여 T(u+v)=T(u)+T(v), 그리고 T(ku)=kT(u)이 성립한다는 것이다. 어떤 행렬 A를 써서 P안의 모든 벡터 v에 대해 Av로 대응시키는 변환은 선형사상의 조건을 만족한다. 왜냐하면, 임의의 벡터 u, v, 스칼라 상수 k에 대해 A(u+v)=Au+Av이고 A(ku)=kAu이 성립하기 때문이다. 또 T가 어떤 벡터이든 크기가 2배인 벡터를 대응시킨다면(T(v)=2v), 이는 선형사상이라고 말할 수 있을 것이다. 왜냐하면 T(u+v)=2(u+v)=2u+2v =T(u)+T(v)이며, T(ku)=2(ku)=k(2u)=kT(u)가 성립하는 때문이다. 이제 $T:R^n \rightarrow R^m$가 선형사상이라고 해보자. 그러면 임의의 열(세로로 정렬된) 벡터 $x \in R^n$에 대해 T(x)=Ax로 선형사상 T와 행렬 A가 동일한 작용을 하게 되는 행렬 A가 유일하게 존재하는데 이를 '선형사상의 유일성'이라고 말한다. 왜 그럴까? n×n의 단위벡터의 각 열벡터들은 R^n을 조성하는 n개의 기저벡터들로 이들을 $e_1, e_2, \cdots, e_n$라고 해보자. 그러면 벡터 x는 $x_1 e_1 + x_2 e_2 + \cdots + x_n e_n$ 형태로 표현이 가능하다.

그런데 선형사상의 성질에 의하여
$T(x)=T(x_1 e_1)+T(x_2 e_2)+\cdots+T(x_n e_n)= x_1 T(e_1)+x_2 T(e_2)+\cdots+x_n T(e_n)$
이며 $(T(e_1), T(e_2), \cdots T(e_n))$를 m×n행렬 A라고 하면 T(x)는 곧 Ax와 동일한 벡터이다. 결국, 만일 선형사상 T가 있다면 이로부터 유일하게 결정되는 행렬 $A=(T(e_1), T(e_2), \cdots T(e_n))$은 모든 벡터 x에 대해서도 T(x)=Ax 기능을 하는 셈이다.

그럼 일차 변환에 해당하는 선형사상들의 예를 통해 이에 대응하는 행렬이 각각 어떤 형태가 되는지 살펴보도록 하자. 우선 앞에서 벡터의 2배를 대응시키는 예를 통해 설명을 했 듯, 벡터의 k상수배(확대 또는 축소)는 대표적인 선형사상이다.

즉 이런 선형사상 T는 T(kv)=kT(v) 방식으로 대응하는 경우로 행렬 $A=(T(e_1), T(e_2), \cdots T(e_n))=[ke_1, ke_2, \cdots, ke_n]=kI_n$으로 잡으면 T(x)=Ax이 된다 (여기서 I_n은 n×n 단위벡터). 이를테면 3차원 벡터들을 2배 확대를 하는 선형사상 $T:R^3 \rightarrow R^3$에 해당하는 행렬은 $\begin{pmatrix} 2 & 0 & 0 \\ 0 & 2 & 0 \\ 0 & 0 & 2 \end{pmatrix}$이 되는 것이다. 그렇다면 평면 벡터의 위치를 원점을 기준으로 점대칭을 시키는 경우는 어떨

까? 이 경우도 기하학적으로 생각해보면 선형사상의 조건에 부합하며 $T(e_1)$=-e_1이고 $T(e_2)$=-e_2에서 그 행렬이 $\begin{pmatrix} -1 & 0 \\ 0 & -1 \end{pmatrix}$이 된다는 것을 알 수 있다. 이 경우 실제 $\begin{pmatrix} x \\ y \end{pmatrix}$에 적용해보면 이를 점대칭한 벡터는 $\begin{pmatrix} x' \\ y' \end{pmatrix}$= $\begin{pmatrix} -1 & 0 \\ 0 & -1 \end{pmatrix}\begin{pmatrix} x \\ y \end{pmatrix}=\begin{pmatrix} -x \\ -y \end{pmatrix}$처럼 행렬의 곱 계산으로 대칭 변환이 가능하다. y=x 직선 기준의 선대칭의 경우도 선형사상이며 해당 행렬은 $\begin{pmatrix} 0 & 1 \\ 1 & 0 \end{pmatrix}$이 된다. 따라서 이 변환은 이 행렬을 써서 $\begin{pmatrix} 0 & 1 \\ 1 & 0 \end{pmatrix}\begin{pmatrix} x \\ y \end{pmatrix}=\begin{pmatrix} y \\ x \end{pmatrix}$처럼 계산이 가능하다.

평면 벡터의 회전 이동의 경우에도 선형사상에 해당하며, 반시계방향으로 각 θ만큼 이동하려면, e_1, e_2가 이동하는 방식은

$$T(e_1)=\begin{pmatrix} \cos\theta \\ \sin\theta \end{pmatrix}, T(e_2)=\begin{pmatrix} \cos(\theta+\frac{\pi}{2}) \\ \sin(\theta+\frac{\pi}{2}) \end{pmatrix}=\begin{pmatrix} -\sin\theta \\ \cos\theta \end{pmatrix}$$

이므로 해당 행렬은 $\begin{pmatrix} \cos\theta & -\sin\theta \\ \sin\theta & \cos\theta \end{pmatrix}$이 된다. 만일 어떤 벡터를 시계방향으로 90° 회전하려면 어떤 행렬을 곱하면 될까? 그냥 앞 행렬에서 θ =-90°를 대입한 $\begin{pmatrix} 0 & 1 \\ -1 & 0 \end{pmatrix}$이 여기에 해당한다.

그렇다면 평행이동의 경우에도 선형사상에 해당하는지에 대해 알아보자. 결론적으로 말하면 평행이동은 선형사상이 아니다.

이를테면, 어느 벡터 좌표 $\begin{pmatrix} 2 \\ 2 \end{pmatrix}$를 y축 방향으로 +1 평행 이동시킨다고 해보자. 그러면 선형사상의 상수배 성질에 의하면

$$T\begin{pmatrix} 2 \\ 2 \end{pmatrix}=T(2\begin{pmatrix} 1 \\ 1 \end{pmatrix})=2T\begin{pmatrix} 1 \\ 1 \end{pmatrix}=2\begin{pmatrix} 1 \\ 1+1 \end{pmatrix}=\begin{pmatrix} 2 \\ 4 \end{pmatrix}$$가 되어야 할텐데,

실제 평행이동의 결과는 $\begin{pmatrix} 2 \\ 2+1 \end{pmatrix}=\begin{pmatrix} 2 \\ 3 \end{pmatrix}$이므로 선형사상의 계산 결과와 서로 다르다. 사실 T가 선형사상이 되려면 T(0)=0은 반드시 성립해야 하는 필요조건이라는 점을 기억해 둘 필요가 있다. 왜냐하면 만일 T가 선형사상

이라면 T(0)=T(v-v)=T(v)-T(v)=0가 성립해야 하기 때문이다. 그런데 평행이동의 경우 원점을 원점으로 대응시키지 않으므로 이 사실만으로도 선형사상이 될 수 없다는 것을 곧바로 알 수 있다.

 T와 S라는 선형사상들을 결합한 합성함수 S∘T 역시 선형사상이다. 벡터 u,v와 상수 k에 대해 S(T(ku))=S(kT(u))=kS(T(u)), S(T(u+v))=S(T(u)+T(v))=S(T(u))+S(T(v))가 성립하기 때문이다. 이 경우 그 결합된 S∘T 선형사상에 해당하는 행렬은 S의 행렬 B와 T의 행렬 A를 곱한 BA가 될 것이다 (B(Ax)=(BA)x).

편미분

 다변수함수란 입력 변수가 여러 개이고 출력 변수도 여러 개일 수 있는 함수를 일컫는다. 이를테면 z=f(x,y)=2x-3y+1은 입력 변수가 x,y 두 개이며, 출력 변수는 z 하나인 다변수함수에 해당한다. 이 함수가 $f:R^2 \to R$으로 정의된 함수라면 정의역은 평면좌표상의 위치벡터를 나타내는 좌표들의 모든 집합 R^2이고, 공역은 그냥 스칼라인 실수들 집합 R라고 말할 수 있다. 사실 이 함수는 3차원 공간상에서의 2x-3y-z+1=0인 평면방정식에 해당한다(이 평면의 법선 벡터는 (2,-3,-1)일 것이다). 또 곡면을 나타내는 다변수함수 예를 들자면 z=$\sqrt{9-x^2-y^2}$ 라면 이는 원점을 중심으로 반지름이 3인 구의 윗부분 반구를 나타내는 곡면이 된다. 또 이 식에서 루트가 빠진 z=f(x,y)=9-x²-y²의 경우라면 가장 높은 극대점이 (0,0,9)인 포물선 형태의 곡면을 나타낸다. 이런 류의 함수들은 바닥 평면좌표 (x,y)가 결정되면 이에 대해 z의 값이 대응되는 관계를 식으로 나타내는 것으로 공간상에서 (x,y,z)좌표들의 자취는 어떤 연속적 면의 모습을 나타낼 수 있다.

그렇다면 여기에서는 특별히 3차원 공간상에서의 곡면들의 개형을 파악해보자는 취지에서의 다변수함수에서의 미분법, 즉 편미분에 대해서 알아보기로 하자. 그럼 먼저 '편도함수'의 수학적 정의부터 알아보자. $f:R^n \to R$, $X=(x_1, x_2, \cdots, x_n)$라고 할 때, x_i에 대한 f의 편도함수는

$$\frac{\partial f(X)}{\partial x_i} = \lim_{h \to 0} \frac{f(x_1, \cdots, x_i+h, \cdots x_n) - f(X)}{h}$$

와 같이 정의가 된다. 이는 i번째 변수에만 주목하며 이 변수만 미지수로 보고 나머지 변수들은 고정된 값의 상수 취급을 하는 방식으로 미분을 하는 것이다. 이를 '편미분'한다고 말하며, 기하학적으로 바라보면 어떤 곡면 위의 한 점에서 다른 변수들은 고정된 상태에서 하나의 변수만을 이동시킬 때 그 방향으로의 곡면의 순간변화율(기울기) 값을 얻기 위한 계산이다.

예를 들어, 평면방정식 z=f(x,y)=2x-3y+1이라면, 편미분 $\frac{\partial z}{\partial x} = \frac{\partial f}{\partial x} = 2$이고, $\frac{\partial z}{\partial y} = \frac{\partial f}{\partial y} = -3$이 될 것이다. 또 f(x,y)= $3xy^2+5x+1$의 경우에는 $\frac{\partial f}{\partial x} = 3y^2+5$이고 $\frac{\partial f}{\partial y}$ =6xy로 나타나는데, 이 경우는 현재의 곡면 위 좌푯값에 따라 그 값들을 대입한 편미분 값도 달라진다. 이 함수의 (1,2,18) 위치에서의 x에 대한 f의 편미분 값은 17이고 y에 대한 편미분 값은 12가 되는 것이다. 평면상에서는 미분값을 통해 곡선의 변화를 파악할 수 있듯 공간상에서는 이런 편미분 값들을 통해 어느 점에서의 곡면의 변화를 파악하는 데에 도움이 된다.

n차원 공간벡터에 대해서 스칼라값을 대응시키는

$f:R^n \to R$, $X=(x_1, x_2, \cdots, x_n)$인 경우, $\nabla f=(\frac{\partial f}{\partial x_1}, \frac{\partial f}{\partial x_2}, \cdots, \frac{\partial f}{\partial x_n})$를 f의

기울기 벡터(gradient of f)라고 말한다. 그리고 n차원 벡터를 m차원 벡터로 대응시키는 벡터함수 $F:R^n \to R^m$, $X=(x_1,x_2,\cdots,x_n)$인 경우를 생각해 보자. 벡터함수 $F(X)=(f_1,f_2,\cdots,f_m)$이라고 할 때, $\frac{\partial F}{\partial x_i} = (\frac{\partial f_1}{\partial x_i}, \frac{\partial f_2}{\partial x_i}, \cdots, \frac{\partial f_m}{\partial x_i})$로 정의가 된다. 또한 $\nabla f_1, \nabla f_2, \cdots, \nabla f_m$들을 각각 1,2,...,m행으로 줄세운 m×n 행렬을 벡터함수 F의 '편미분행렬'이라고 말하며 DF(X)로 표기한다. 즉,

$$DF(X) = \begin{pmatrix} \frac{\partial f_1}{\partial x_1} & \cdots & \frac{\partial f_1}{\partial x_n} \\ \cdots & \cdots & \cdots \\ \frac{\partial f_m}{\partial x_1} & \cdots & \frac{\partial f_m}{\partial x_n} \end{pmatrix}$$

의 형태인 것이다.

이제 편미분법을 활용하여 공간상의 곡면 방정식 z=f(x,y)의 (a,b,f(a,b)) 상에서 접평면 방정식을 구하는 방법을 알아보기로 하자. 우선 $T:R^2 \to R^3$는 평면상의 2차원 벡터 X(x,y)를 공간 상의 3차원 벡터 (x,y,f(x,y))에 대응시키는 벡터함수라고 해보자. 그러면 $\frac{\partial T}{\partial x}=(1,0,\frac{\partial f}{\partial x})=$ 그리고 $\frac{\partial T}{\partial y}=(0,1,\frac{\partial f}{\partial y})$가 된다. 이들은 각각 곡면의 x축 방향의 접선 방향, y축 방향의 접선 방향에 해당하는 벡터들에 해당한다. 그렇다면 두 벡터의 외적 $\frac{\partial T}{\partial x} \times \frac{\partial T}{\partial y}$는 접평면과 수직을 이루는 법선 벡터가 된다. 왜냐하면, 두 공간벡터의 외적이란 두 벡터가 이루는 평면의 수직 방향을 가리키는 벡터이기 때문이다. 이제 이 두 벡터의 외적 계산을 해보면, 법선 벡터 $\vec{N}$은 $(-\frac{\partial f}{\partial x}, -\frac{\partial f}{\partial y}, 1)$이 된다. 그리고 그 접평면 방정식은 법선벡터 $\vec{N}$에 수직이 되므로 $(x-a, y-b, z-f(a,b)) \cdot (-\frac{\partial f}{\partial x}, -\frac{\partial f}{\partial y}, 1) = 0$을 만족할 것이다. 이 내적 계산을 한

후 하나의 공식으로 정리를 하면, z-f(a,b)=▽f(a,b)·(x-a,y-b)라는 깔끔한 식이 나온다. 그런데 이는 놀랍게도 xy평면에서 함수 y=f(x)의 접선방정식인 y-f(a)=f′(a)(x-a)와 그 구조가 유사하다.

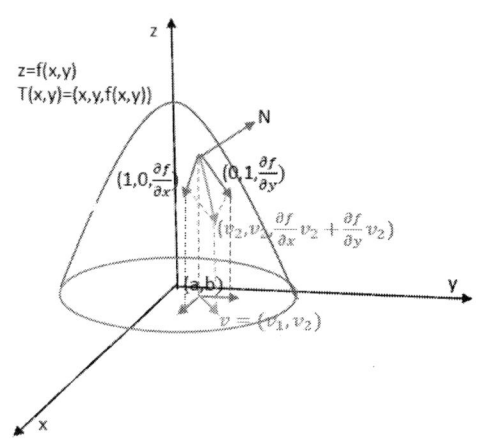

◎ 접평면 방정식 구하기

그럼 하나의 예로 z=f(x,y)=9-x²-y²식으로 표현되는 곡면의 경우에 (1,2,f(1,2))=(1,2,4)에서의 법선벡터와 접평면 방정식을 구해보기로 하자. 편미분 계산에서 $\frac{\partial f}{\partial x}$=-2x, $\frac{\partial f}{\partial y}$=-2y이므로 (1,2,4)에서의 법선벡터는 (-$\frac{\partial f}{\partial x}$,-$\frac{\partial f}{\partial y}$,1)=(2,4,1)이 될 것이다. 그다음, 접평면 방정식은 앞에서 설명했던 공식 z-f(a,b)=▽f(a,b)·(x-a,y-b)에 대입하는 방식으로 구해보면, z-4=(-2,-4)·(x-1,y-2)=-2x+2-4y+8=-2x-4y+10이 된다.
따라서 2x+4y+z-14=0이 바로 그 점에서의 접평면방정식이 될 것이다. 이런 원리를 확장하여, 일반적으로 벡터함수 F: R^n→R^m에 대해 그 편미분 행렬을 DF(X)라고 할 때, X=A에서의 접평면 방정식(tangent plane)은

F(X)-F(A)=DF(A)·(X-A)로 정의가 된다. 이처럼 공간 차원이 높아지는 경우 3차원 공간에 사는 우리에게 비록 시각적 인식의 한계가 있긴 하지만, 낮은 차원의 공식 패턴을 확장해나가는 방식으로 더 높은 차원의 공간에 대한 추상적 수학 이론도 연구가 가능한 것이다.

전미분

다변수함수 z=f(x,y)에서 '전미분'이라는 개념에 대해서도 알아보자. 함수 z의 전미분이란 당장은 좀 추상적인 느낌으로 다가오지만 $dz=\frac{\partial z}{\partial x}dx+\frac{\partial z}{\partial y}dy$로 표현한 식을 일컫는다. 만일 z=f(x,y)에서 변수 x,y는 다시 t라는 단일 변수에 의해 종속되어 x=x(t), y=y(t)로 표기를 한다면, z=f(x(t),y(t))로 나타낼 수 있을 것이며 이는 다시 t에 관한 일변수함수로 볼 수 있다. 그렇다면 그 전미분 표현인 $dz=\frac{\partial z}{\partial x}dx+\frac{\partial z}{\partial y}dy$ 식을 dt로 나눈 형태인 $\frac{dz}{dt}=\frac{\partial z}{\partial x}\frac{dx}{dt}+\frac{\partial z}{\partial y}\frac{dy}{dt}=(\frac{\partial z}{\partial x},\frac{\partial z}{\partial y})\cdot(\frac{dx}{dt},\frac{dy}{dt})=\nabla f\cdot(x'(t),y'(t))$가 된다. 이 형태는 일변수함수들의 결합인 y=f(g(x))의 경우 미분의 연쇄법칙(chain rule)으로 인해 y'=f'(g(x))g'(x)이 성립하는 것과 유사한 구조이다. 만일 벡터(x,y)를 대문자 X로 표기하고 X(t)=(x(t),y(t))라고 한다면, z=f(X(t))로 볼 수 있고 미분법 정의로부터 $\frac{dz}{dt}=\nabla f(X(t))\cdot X'(t)$가 성립하는 셈이다. 전미분이란 사실 이런 용도를 의식한 개념으로 보아도 무방할 것이다.

그렇다면 이러한 전미분의 표현법 $dz=\frac{\partial z}{\partial x}dx+\frac{\partial z}{\partial y}dy$가 기하학적으로는 어떤 의미를 지니는 식인지에 대해서도 생각해보자. 이는 곡면 z=f(x,y)상의 한 점 P(a,b,f(a,b))에서 이 점을 x축방향으로 dx, y축방향으로 dy만큼 미세하게 이동시킬 때 이 곡면을 따라 점Q로 이동을 한다고 해보자. 이 때 P,Q 사이에서 z값의 변화 dz는 어떻게 표현될 수 있을까에 대해 생각해보자. dx에 대해 P의 순간적 곡면 이동 방향을 벡터로 표현한다면, (dx,0, $\frac{\partial z}{\partial x}$dx)가 될 것이며, dy에 대해 P의 곡면 이동 방향을 벡터로 표현하면 (0,dy, $\frac{\partial z}{\partial y}$dy)가 될 것이다.

따라서 이 두 벡터를 합한 벡터는 (dx,dy, $\frac{\partial z}{\partial x}$dx+ $\frac{\partial z}{\partial y}$dy)이 되는데, 이 벡터는 P점이 xy평면상에서는 (dx,dy)방향으로 나아갈 때, 이 곡면상에서 이동하는 방향은 (dx,dy, $\frac{\partial z}{\partial x}$dx+ $\frac{\partial z}{\partial y}$dy)가 된다는 의미이다. 여기서 z좌표값인 $\frac{\partial z}{\partial x}$dx+ $\frac{\partial z}{\partial y}$dy는 바로 전미분 dz에 해당하며, 이는 dx, dy에 따른 z값의 미세한 변화에 해당하는 값이다. 이는 내적을 써서 ▽f·(dx,dy)로도 표현이 가능하다.

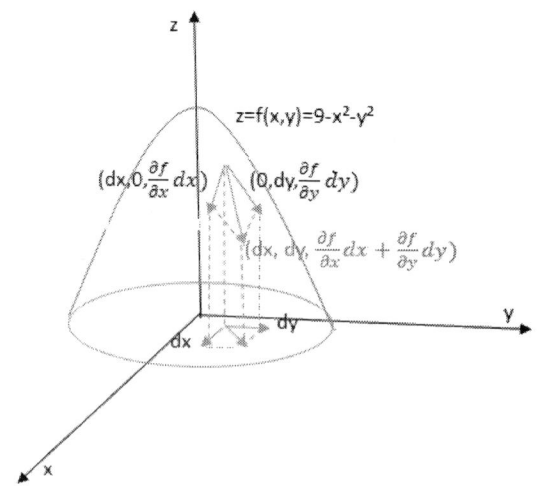

◎ 전미분의 기하학적 의미

그럼 전미분의 개념과 다변수함수의 연쇄법칙 활용 예를 연습해보기로 한다. z=f(x,y)=9-x²-y²의 경우 f의 전미분은 어떤 식이 될까? 먼저 $\frac{\partial z}{\partial x}$ =-2x, $\frac{\partial z}{\partial y}$=-2y이므로, 전미분 dz=$\frac{\partial z}{\partial x}$dx+$\frac{\partial z}{\partial y}$dy=-2xdx-2ydy이 될 것이다. 만일 t라는 매개 변수에 의해 x=3t, y=t²의 관계가 있다고 한다면, z를 t로 나타낸 식은 z(t)=f(x(t),y(t))=9-9t²-t⁴ 이 될 것이다. 이 식을 t에 관해 미분하면 z′(t)=-18t-4t³이 된다. 그럼 이제 연쇄법칙 형식의 구조 $\frac{dz}{dt}$=▽f·(x′(t),y′(t)) 식을 이용하여 계산해보기로 하자. ▽f=(-2x, -2y)=(-6t, -2t²)이고 (x′(t), y′(t))=(3, 2t)이므로 ▽f·(x′(t),y′(t)) =-18t-4t³이 된다. 따라서 양쪽 계산 방식 모두 그 결과는 같다는 것이 확인되었다.

그런데 만일 z=f(x,y), w=g(z)가 합성된 함수 w=h(x,y)=g(f(x,y))의 경우라면 그 기울기 벡터 ▽h=($\frac{\partial h}{\partial x}$, $\frac{\partial h}{\partial y}$)는 어떻게 구할까? 이 경우에는 $\frac{\partial h}{\partial x}=\frac{\partial w}{\partial z}\frac{\partial z}{\partial x}$, $\frac{\partial h}{\partial y}=\frac{\partial w}{\partial z}\frac{\partial z}{\partial y}$ 방식으로 각각에 대한 미분 연쇄법칙을 그대로 사용하면 된다. 예를 들어, w=3z+1, z=9-xy²라고 할 때 $\frac{\partial h}{\partial x}=\frac{\partial w}{\partial z}\frac{\partial z}{\partial x}$=-3y², $\frac{\partial h}{\partial y}=\frac{\partial w}{\partial z}\frac{\partial z}{\partial y}$= -6xy이 되는 것이다.

이제 전미분과 관련이 있는 다변수함수에서의 '방향도함수'에 대해 알아보자. z=f(x,y)의 경우 단위벡터v=(v₁,v₂) (‖벡터v‖=1)에 대한 f의 방향도함수는 D_vf(X)=$\lim_{h \to 0} \frac{f(X+hv)-f(X)}{h}$와 같이 정의가 된다. 이는 기하학적으로는 위에서 아래를 내려다볼 때 평면상에서 (x,y)가 벡터 v의 방향으로 미세한 이동을 할 때, 이 곡면상에서 z좌푯값의 상하 변화율(벡터v 방향의 미세한 상수배 대비)을 일컫는 개념이다.

따라서 방향도함수

$$D_v f(X) = \lim_{h \to 0} \frac{f(x+hv_1, y+hv_2) - f(x,y)}{h}$$

로 이는 $\frac{\partial f}{\partial x}v_1 + \frac{\partial f}{\partial y}v_2 = \nabla f \cdot v$ 으로 나타난다.

(자세한 증명은 생략하겠지만, $\frac{f(x+hv_1, y+hv_2) - f(x,y)}{h}$ 는

$\frac{f(x+hv_1, y+hv_2) - f(x,y+hv_2) + f(x,y+hv_2) - f(x,y)}{h}$ 로 바꾸

어서 $\frac{\partial f}{\partial x}v_1 + \frac{\partial f}{\partial y}v_2$ 이 된다는 것을 보일 수 있다) 그런데 이 식은 벡터 v방향으로 dt만큼 상수배 한다고 할 때 dx=v₁dt, dy=v₂dt가 되면서 z의 전미분 표현에서도 나타난다.

즉, 전미분 dz=$\nabla f \cdot$(dx,dy)=$\nabla f \cdot$(v₁,v₂)dt=$\nabla f \cdot$vdt에 해당할 것이다. 방향도함수를 $\frac{dz}{dt}$ 의 개념으로 바라보면 이는 $\nabla f \cdot v$와 동일하다는 것을 알 수 있다. 예를 들어, z=f(x,y)=9-x²-y²의 곡면 위 (1,2,4)에서 평면벡터 (3,4) 방향으로의 기울기 값은? 이는 방향도함수 값을 의미하는 것으로, ∇f=(-2x,-2y)이고 단위벡터 v=($\frac{3}{5}$, $\frac{4}{5}$)로 보면 $\nabla f \cdot v$=($-\frac{6}{5}$x, $-\frac{8}{5}$y) 이므로 (1,2,4)에서의 v에 대한 방향도함수 즉 기울기는 $-\frac{6}{5} - \frac{16}{5} = -\frac{22}{5}$ 로 계산이 된다.

중적분

우리는 고등학교 수학에서 평면상의 곡선에 대하여 그 방향을 알 수 있는 기울기 개념의 미분과 함께 x축과 곡선 사이 도형의 면적 개념인 정적분을 배웠다. 대학 교양과정 미적분 수학으로 넘어오면 이제 벡터의 세계를

많이 다루며 3차원 공간에서 펼쳐지는 곡선, 곡면과 관련한 길이, 넓이, 부피 등을 계산한다. 이를테면, 우리가 x=a와 x=b 사이에서 어느 곡선의 x축 기준 회전체 부피를 구할 때는 구분구적법 개념으로부터 x위치에서의 x축과 수직의 단면적 S(x)에 대해 정적분 $\int_a^b S(x)dx$의 계산을 한다.

이제 곡면 z=f(x,y)가 xy평면의 직사각형 영역 D={(x,y)|a<x<b, c<y<d} 위에서 이루는 입체 도형에 대해 그 부피를 계산하는 방법을 생각해보자. 이 도형에 대해서도 우선 특정한 y 위치에서의 y축에 수직이 되는 단면적을 구해보면 g(y)= $\int_a^b$ f(x,y)dx가 될 것이다. 이 정적분 계산에서 y는 일단 고정된 상수로 취급한다. 그 다음 이렇게 해서 나온 y에 관한 식 g(y)를 다시 y에 관해 정적분한 $\int_c^d$ g(y)dy의 값이 바로 그 도형의 부피가 된다. 이 두 차례의 적분을 하나의 식으로 표현한 것이 바로 중적분 $\iint_D$ f(x,y)dxdy 또는 $\int_c^d \int_a^b$ f(x,y)dxdy이다. 이 중적분 식은 우선 내부의 x에 관한 정적분 $\int_a^b$ f(x,y)dx을 먼저 계산하고 그 결과를 다시 y에 관해 정적분 하라는 의미이다.

그럼 다변수함수 z=f(x,y)=9-x²-y²에 의해 만들어지는 공간 도형에 대해 0<x<1,-1<y<1 영역 상의 부피를 실제 구해보기로 하자. 그 부피는 중적분 $\int_{-1}^1 \int_0^1$ f(x,y)dxdy를 계산하는 방식으로 구할 수가 있을 것이다.

먼저 내부의 x에 관한 정적분 계산을 하면
$\int_0^1$ f(x,y)dx= $\int_0^1$ (9-x²-y²)dx=[(9-y²)x- $\frac{x^3}{3}$]$_0^1$=9-y²- $\frac{1}{3}$ =-y²+ $\frac{26}{3}$ 이 되므로 이제 이 식을 다시 y에 대해 정적분하기로 한다. 그러면 결국
$\int_{-1}^1$ f(x,y)dy=[- $\frac{y^3}{3}$ + $\frac{26}{3}$ y]$_{-1}^1$= $\frac{50}{3}$ 이라는 계산이 나온다. 따라서

$\int_{-1}^{1}\int_{0}^{1} 9-x^2-y^2 dxdy = \frac{50}{3}$ 이며 그 부피는 $\frac{50}{3}$ 이라는 것을 알 수 있다. 중적분은 그 식은 조금 복잡해 보이지만 이처럼 직사각형 영역에서의 부피 계산은 두 번의 정적분 계산으로 어렵지 않게 결과를 얻을 수 있다.

그런데 중적분의 영역이 이처럼 직사각형 모양에 대한 것이 아니라 부채꼴 영역 위의 부피라면 어떻게 처리할 수 있을까? 이 경우에는 극좌표를 활용하면 편리하다. 평면상에서 어느 점의 위치를 나타내는 좌표계는 우리에게 익숙한 데카르트 방식의 직교좌표 표기법 이외에도 다음과 같은 극좌표 방식 표기법도 유용하다. 극좌표란 어느 점 P가 원점으로부터의 거리가 r이고 벡터 $\overrightarrow{OP}$가 x축과 이루는 각이 θ일 때 (r,θ)로 나타내는 방식을 극좌표라고 한다. 이 극좌표로부터 일반 직교좌표 (x,y)를 얻는 방법은 $x=r\cos\theta$, $y=r\sin\theta$를 적용하면 된다. 반대로 일반좌표 (x,y)로부터 극좌표 (r,θ) 표현

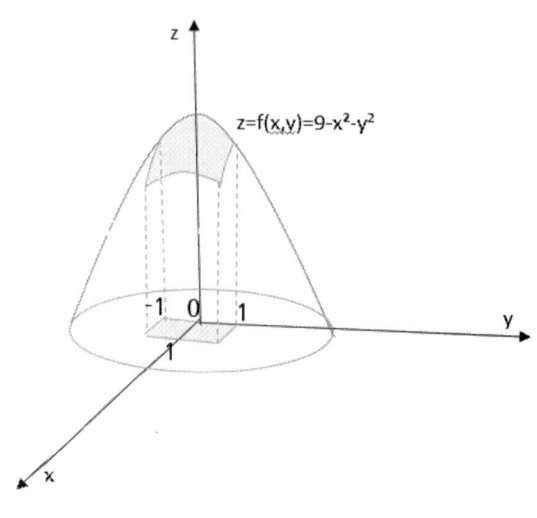

◎ 중적분의 예

을 끌어내리려면, r=$\sqrt{x^2+y^2}$, 그리고 tanθ =$\frac{y}{x}$를 적용한다(만일 이 점이 제1 사분면에 있다면 탄젠트의 역함수를 써서 θ=tan$^{-1}\frac{b}{a}$로도 표현이 가능하다). 직교좌표에서 x와 y의 관계식으로 나타나는 도형의 방정식처럼 극좌표에서도 도형 방정식은 r과 θ 간의 관계식으로 표현이 된다. 이를테면 r=1-sinθ는 각이 0도에서 360도까지 커지는 동안 r의 크기가 계속 0과 1사이에서 변화하는 하트 모양의 폐곡선이 된다. 또 직교좌표에서의 원의 방정식 x²+(y-2)²=4의 경우라면 극좌표에서는 어떤 관계식이 될 것인지에 대해서도 살펴보자. x=rcosθ, y=rsinθ을 이 식에 대입해보면 r²(cos²θ+sin²θ)-4rsinθ=0이므로 r(r-4sinθ)=0에서 r=4sinθ가 이에 해당하는 극좌표 관계식이라는 것을 알 수 있다.

이제 z=f(x,y)=9-x²-y²의 경우, D={(x,y)|1<x²+y²<4, 0<y<x}영역 위의 입체도형의 부피를 구하려면 어떻게 하는 것이 좋은지 알아보자. 이 D 영역은 직사각형 모양이 아니기 때문에 중적분 계산 방식을 그대로 적용할 수는 없다. D 영역을 좌표계를 변환하여 극좌표 방식의 영역으로 표현한다면 극좌표에서는 D*={(r,θ)|1<r<2, 0<θ<$\frac{\pi}{4}$}에 해당한다. 이는 r-θ 좌표계 관점에서는 직사각형 모양으로 볼 수 있으므로 다음과 같은 중적분 계산에 문제가 없다.

즉, $\iint_{D^*}$g(r,θ)drdθ=$\int_0^{\frac{\pi}{4}}\int_1^2$g(r,$\theta$)drd$\theta$와 같은 방식으로 중적분 계산이 가능하다. 여기서 g(r,θ)=f(rcosθ,rsinθ)를 의미하며 이 중적분이 일견 $\iint_D$f(x,y)dxdy 에 해당하는 것처럼 보이기도 한다. 하지만 이런 계산법은 정확하지가 않다. 왜냐하면, 여기에서도 정적분의 치환에 따르는 연쇄법칙을 고려해야 하기 때문이다.

우선 (x,y)=(x(r,θ),y(r,θ))=T(r,θ)라고 하자.

벡터함수 T:$R^2 \to R^2$의 '야코비안'(Jacobian)은 $\frac{\partial(x,y)}{\partial(r,\theta)}$ 로 표기하면서 그 값은

$$\det(DT(r,\theta)) = \begin{vmatrix} \frac{\partial x}{\partial r} & \frac{\partial x}{\partial \theta} \\ \frac{\partial y}{\partial r} & \frac{\partial y}{\partial \theta} \end{vmatrix} = \frac{\partial x}{\partial r}\frac{\partial y}{\partial \theta} - \frac{\partial x}{\partial \theta}\frac{\partial y}{\partial r}$$

로 정의가 된다(스칼라 값). 여기 극좌표의 경우는 x=rcosθ, y=rsinθ로부터, $\frac{\partial x}{\partial r}$=cosθ, $\frac{\partial x}{\partial \theta}$=-rsinθ , $\frac{\partial y}{\partial r}$=sinθ, $\frac{\partial y}{\partial \theta}$= rcosθ 이므로 그 야코비안을 계산하면 $\frac{\partial(x,y)}{\partial(r,\theta)}$=r이 된다. 그런데 중적분의 치환법에서 연쇄법칙을 적용하면, f(x,y)dxdy는 f(T(r,θ))$\frac{\partial(x,y)}{\partial(r,\theta)}$drdθ 로 대체가 가능하다(이는 일반 정적분의 치환법과 유사한 구조이다). 따라서 주어진 문제의 계산은 $\iint_D$f(x,y)dxdy=$\iint_{D^*}$f(T(r,θ))$\frac{\partial(x,y)}{\partial(r,\theta)}$drdθ=$\int_0^{\frac{\pi}{4}}\int_1^2$(9-$r^2$)rdrdθ 로 치환을 해서 처리하면 된다. 이제 r과 θ에 대한 중적분 계산만이 남았는데, 그 계산은 $\int_0^{\frac{\pi}{4}}[\frac{9}{2}r^2-\frac{1}{4}r^4]_1^2$ dθ= $\int_0^{\frac{\pi}{4}}\frac{39}{4}$dθ =$\frac{39\pi}{16}$ 가 된다.

선형회귀분석

오늘날 인공지능의 기계학습인 딥러닝의 수학적 원리는 통계학의 회귀분석으로부터 발전된 것이라고 해도 과언이 아니다. 우선 선형회귀분석을 이해하기 좋은 단순한 모델의 한 예로, 한 회사의 어느 제품에 대해 이에 대한 광고비를 지출하는 데 따르는 매출액의 변화 영향을 알고 싶다고 하자.

그렇다면 광고비 액수를 독립변수 x로 놓고 매출액을 종속변수 y로 놓는다면 과거 데이터에서 x와 y간에 어떤 관계식이 도출될 것인지 궁금할 수 있다. 그렇다면 일단 이를 선형 모델로 예상하고 y=wx+b라는 일차함수 관계식에서 과거 데이터와 가장 잘 맞는 기울기 w와 절편 b의 값을 찾아본다고 하자. 물론 이 일차함수 식이 향후에도 항상 딱 들어맞을 공식으로 장담할 수는 없겠지만 통상 향후 광고비를 지출하는 비용의 변화에 따른 매출액의 추이를 개략적으로 예측하는 데 어느 정도의 도움이 될 수는 있을 것이다. 여기서 w를 '가중치'라고 말하고 b를 '편향'이라고 하는데 이들 값들을 조정하면서 일차함수의 종속변수인 y값의 계산 결과와 실제 과거 데이터와의 차이(오차)를 최소화하는 과정을 '단순선형회귀분석'이라고 말한다.

또 하나의 예를 들면, 수학 퀴즈 시험 준비 과정에서 수학 공부 시간이 1시간, 2시간, 3시간이었을 때, 각각의 경우 퀴즈 성적이 3점, 5점, 7점이 나왔다고 가정해보자. 수학 공부 시간을 독립변수 x로 놓고 퀴즈 성적을 종속변수 y로 놓으면 사실 여기서 관계식은 y=2x+1이라는 것을 쉽게 알 수 있다. 하지만 이보다 많은 사례들을 조사해본다면 실제는 보다 불규칙한 예외적 케이스들도 많이 담겨있어서 가장 적합한 식을 곧바로 찾아내기는 어려울 수 있다. 그럼 선형모델 y=wx+b에서의 가중치 w와 편향 b를 통계학이나 전산학적으로 찾아가는 과정을 살펴보기로 한다. 전산적 접근법에서는 먼저 가설을 H(w,b)=wx+b라고 하고 일단 H(1,0)처럼 그 초기화 세팅이 필요하다. 그리고 계산상의 wx+b값과 현실에서의 y의 경험치 값들 사이의 격차를 알기 위한 손실함수(Loss Function)를 정의한다. n개의 데이터에 대한 손실함수는 흔히 $L(w,b) = \frac{1}{n}\sum_{i=1}^{n}(wx_i+b-y_i)^2$로 잡는데 이를 '평균제곱오차(Mean Square Error)'라고 한다. 이 함수에서 w, b의 최소

제곱해를 찾는 알고리즘을 알아보자. 손실함수 L의 최소화를 위한 w와 b 값을 알기 위해서는 각각에 대해 L을 편미분 하여 그 값(기울기)가 0이 되는 점을 찾아야 한다.

그 해를 찾기 위해 우선 통계학적으로 접근해보면, $\frac{\partial L}{\partial w} = \frac{2}{n}\sum_{i=1}^{n}x_i(x_iw+b-y_i)=0$에서 $(\Sigma x_i^2)w+(\Sigma x_i)b=\Sigma x_i y_i$의 식이 만들어진다. 또 b에 대한 편미분을 해보면 $\frac{\partial L}{\partial b} = \frac{2}{n}\sum_{i=1}^{n}(x_iw+b-y_i)=0$에서 $(\Sigma x_i)w+(n)b=\Sigma y_i$의 식이 만들어진다. 그 다음 이 둘을 w와 b에 관한 일차연립방정식으로 보고 그 해를 구한다. 결과적으로 그 해는 w=Cov(X,Y)/V(X), b=E(Y)-wE(X) 형태가 된다. 여기서 Cov(X,Y)란 두 가지 변수 X,Y의 '공분산'으로 X의 편차와 Y의 편차의 곱들의 평균 E((X-E(X))(Y-E(Y))을 일컬으며 그 값은 E(XY)-E(X)E(Y)와 동일하다. 앞의 수학 퀴즈 예의 경우 그 변수 값들을 X, Y로 이 결과에 대입해보면 실제 w=2, b=1이 나온다.

한편, 전산학에서는 흔히 '경사하강법(gradient descent)'이라는 방법으로 w와 b를 찾는다.

이는 어느 출발점에서 시작하여 $\frac{\partial L}{\partial w}$ 와 $\frac{\partial L}{\partial b}$ 계산값(기울기)이 각각 음수이면 오른쪽으로 이동하고 양수이면 왼쪽으로 이동하며 극소점(최소점)으로 점차 접근해 나가는 효율적 근사 방식이다. 즉, $w'=w-\alpha\frac{\partial L}{\partial w}$, $b'=b-\alpha\frac{\partial L}{\partial b}$ 로 업데이트하면서 일정 횟수(예: 100회)로 계산을 반복한다. 여기서 α는 '학습률'이라고 불리는데 일정한 값(예: 0.01)을 미리 초기화해야 한다. 수학 퀴즈 예를 이 알고리즘으로 실제 프로그래밍해서 실행해보면 w는 2에, b는 1에 매우 근사한 값이 얻어진다.

'다중선형회귀분석'이란 독립변수가 2개 이상 (예: $x_1, x_2, \cdots, x_n$) 이며 종속변수는 하나(예: y)인 경우에 그 함수의 관계식을 $y=w_1x_1+w_2x_2+\cdots+w_nx_n+b$ 같은 선형 모델로 추정하면서 가중치들 $w_1, w_2, \cdots, w_n$과 편향 b 값을 최적화하는 과정을 일컫는다. 단순한 예를 하나 들어보자면, 40세의 직장인들을 대상으로 과거 대입 수능의 국어 성적(x_1)과 수학 성적(x_2)의 수치들을 입력한다고 하자. 이 x_1, x_2 수치들을 독립변수로 보고 이들에 대한 종속변수 y는 그의 현재 연봉 수준 점수를 나타낸다고 해보자. 그렇다면 $y=w_1x_1+w_2x_2+b$의 선형 모델에 조사된 많은 데이터를 대입하면서 그 가중치들과 편향의 최적화를 시도할 수 있을 것이다. 그렇다면 나중 40세인 새로운 사람에 대한 수능 국어 성적과 수학 성적 정보만 들어왔을 때에도 그 사람의 현재 연봉 수준을 예측하는 데 어느 정도 도움이 될 것 같다. 이 가중치 두 개와 편향 조정 계산의 경우에도 전산학적 방법 즉 세 개의 독립변수에 대한 편미분을 이용하는 경사하강법을 사용하면 보다 효율적인 회귀분석이 가능하다.

1-9 정수론

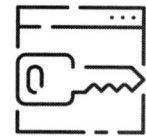

수학의 여러 가지 증명법 소개

　여러 흥미로운 공식과 증명이 많은 정수론에 들어가기에 앞서 수학적 증명법에는 어떤 방법들이 있는지에 대해 소개해 보기로 한다. 주지하듯이 확실한 지식을 구축하려는 수학의 생명은 곧 엄격한 증명에 있다. 공리, 정의 등의 약속들과 이미 증명이 된 기존 정리들로부터 어떤 새로운 유용한 명제 즉 수학적 정리를 논리적으로 도출해내는 작업이야말로 순수수학의 본질이라고 말할 수 있는 것이다. 그렇다면 어떤 과정을 통해서 이런 결과들을 만들어내는 것일까? 우선 주어진 전제로부터 순차적으로 논리적, 연역적으로 그 결과를 도출해 나가는 방식이야말로 가장 대표적인 증명법일 것이다. 이를테면 어떤 실수 a, b에 대해서라도 $a^2+b^2 \geq 2ab$는 항상 성립한다는 것은 어떻게 증명하면 좋을까? 이는 어떤 실수의 제곱은 음이 될 수 없다는 것으로부터 $(a-b)^2 \geq 0$이며, 좌변을 전개한 $a^2-2ab+b^2 \geq 0$ 식에서 양변에 2ab를 더해도 부등식은 성립하므로, 결국 a²+b²≥2ab가 성립한다는 것을 보일 수 있다. 이런 연역적 도출 방식을 '직접증명법(direct proof)'이라고도 말한다. 하지만 어떤 명제가 모든 자연수에 대해 성립한다는 것을 증명하는 '수학적 귀납법(mathematical induction)'이나, 조건 명제에서 그 결론을 거짓이라고 한다면 가정도 거짓이 된다는 것을 보이는 '대우증명법'이나 결론을 부정하면 어떤 논리적 모순이 발생한다는 점을 밝히는 '귀류법' 등은 흔히 사용하는 '간접적 증명법'이라고 말할 수 있다.

그럼 공차가 1인 등차수열의 합 공식 "1+2+⋯+n=$\frac{n(n+1)}{2}$"를 수학적 귀납법으로 증명해보자. 먼저 n=1일 때는 좌변=우변=1로 참이다. 그다음 n=k일 때 이 공식이 성립한다고 가정해보자.

그렇다면 1+2+⋯+k=$\frac{k(k+1)}{2}$이 성립할 것이다. 이제는 자연수 n=k+1일 때에도 성립한다는 것을 보이도록 하자. n=k+1일 때 이 공식의 좌변은 (1+2+⋯+k)+(k+1)인데 이 식은 n=k일 때의 가정에 의해 $\frac{k(k+1)}{2}$+(k+1)=$\frac{(k+1)(k+2)}{2}$로 변형할 수 있다. 그런데 이 변형된 식이 바로 n=k+1일 때의 이 공식의 우변에 해당하므로 이 경우도 역시 성립한다는 것을 알 수 있다. 결국, 1부터 2,3,4,5,⋯등 무한정 계속 이어지는 모든 자연수 n에 대해 이 공식이 성립한다는 결론에 도달한다. 이런 독특한 증명법이 바로 수학적 귀납법이다.

때론 편리한 증명법으로 많이 동원되는 대우증명법의 예도 하나 들어보자. "어떤 자연수 n²이 짝수이면, n도 짝수이다."라는 진술에서 먼저 그 결론 부분이 거짓이라고 가정해 보자. 그러면 n은 홀수일 것이며 따라서 n=2k+1(k:0 이상의 정수)의 형태로 표현이 가능하다. 그러면 그 제곱인 n²=(2k+1)²=4k²+4k+1=4k(k+1)+1이므로 이 수 역시 (2로 나누었을 때 나머지가 1이 되는) 홀수가 된다.

　이는 원래 명제의 대우명제가 참이 된다는 것을 연역적으로 증명한 케이스이다. 그렇다면 논리적으로 동치 관계에 있는 원래의 명제도 참이 될 수밖에 없다는 것이다(~q→~p는 p→q의 대우명제로 논리적 동치 관계).

　귀류법 경우에도 그 결론을 부정하는 것으로부터 시작한다는 것은 대우증명법과 같다. 하지만, 여기서는 꼭 가정의 거짓을 도출하기보다 어떤 전제나 이미 밝혀진 어떤 수학적 참과 충돌하는 모순이 발생한다는 것을 보인다. 그렇게 된다면 그 결론은 거짓이 될 수밖에 없으므로 결국 참이라는 논증을 한다. $\sqrt{2}$ 나 $\log_2 3$이 무리수임을 증명하는데도 이런 방법이 편리하다. 여기서는 $\log_2 3$가 무리수임을 증명해보기로 하자. 그 결론을 부정해보면 $\log_2 3$은 유리수일 것이며, 따라서 이 값을 기약분수 $\frac{a}{b}$로 나타낼 수 있어야 할 것이다. 그럼 로그의 정의에 의해 $3=2^{\frac{a}{b}}$일 것이며, 양변을 b제곱하면 $3^b=2^a$이 된다. 그런데 이 등식의 좌변은 홀수이고 우변은 짝수이므로 모순이 발생한다. 따라서 $\log_2 3$은 유리수가 될 수 없으므로 무리수이다.

　어떤 주어진 명제가 거짓이라는 것을 밝히기 위해 어떤 반례를 찾아내는 '반례증명법'도 소개해 본다. "무리수의 무리수 제곱은 항상 무리수이다"라는 명제는 참일까 거짓일까? 이 명제는 거짓인데, 이 명제의 거짓을 증명하려면 무리수의 무리수 제곱 형태이지만 유리수가 되는 반례를 하나라도 찾으면 될 것이다. 그런데 $\sqrt{2}$의 $\log_2 9$제곱이 바로 그런 수이다. 전자는 무리수이며 후자는 $2\log_2 3$으로 앞에서 증명했듯이 무리수이다. 하지만 $\sqrt{2}=2^{\frac{1}{2}}$을 $2\log_2 3$제곱 하면 지수/로그의 연산법칙에 의해 $2^{\log_2 3}$이 되고 이 수는 로그의 성질에 의해 3이 된다. 따라서 무리수의 무리수 제곱이 유리수가 되는 반례가 찾아진 것이므로, 원래의 명제가 거짓이라는 것을 증명해낸 셈이다.

이참에 '비구성적 증명법'이라는 매우 특이한 증명법도 소개를 해볼까 한다.

방금 "무리수의 무리수제곱은 항상 무리수이다"는 명제는 거짓임을 그 반례를 찾아 증명을 했지만, 그런 반례를 구체적으로 찾아내지 않고도 거짓임을 증명하는 독특한 방법이 있다. $\sqrt{2}$의 $\sqrt{2}$ 제곱을 다시 $\sqrt{2}$ 제곱한 $(\sqrt{2}^{\sqrt{2}})^{\sqrt{2}}$ 형태의 수를 한번 생각해보자. 이 수는 지수법칙에 의해 $(\sqrt{2})^2$과 같으므로 결과적으로 유리수인 2가 된다. 그런데 만일 $\sqrt{2}^{\sqrt{2}}$가 유리수라면 이 수가 바로 무리수($\sqrt{2}$)의 무리수($\sqrt{2}$) 제곱이 유리수인 케이스이므로 그 증명은 여기서 중단될 것이다. 하지만 만일 그 수 $\sqrt{2}^{\sqrt{2}}$가 무리수라면, 그 수의 $\sqrt{2}$ 제곱은 무리수의 무리수 제곱이면서 유리수인 2가 되는 케이스에 해당한다. 따라서 이 둘 중 어느 쪽이 사실인지는 밝히지 못했지만 두 케이스 중 하나는 반드시 참이므로 원래 명제가 거짓이라는 것은 확실하다. 따라서 구체적인 반례를 찾지 않고 (비구성적으로) 그 명제가 거짓임을 보인 셈이다.

수학에서는 그 밖에도 다양한 유형의 증명법들을 채택하곤 한다. 'p이면 q이다'라는 조건 명제를 증명할 때, p가 거짓임을 보이거나 (무의미한 증명법; vacuous proof), 또는 q가 참이라는 것만 보여도(자명한 증명법; trivial proof) 이 명제는 논리적으로 참이라는 증명이 되는 셈이다. 이를테면 "|x|<-1이면 sinx>2이다."의 경우를 보자. 이 조건명제는 그 전제 |x|<-1가 항상 거짓이므로 이 점만 언급해도 그 결론 부분은 따져볼 필요도 없이(사실 그 결론은 항상 거짓이다) 이 명제가 참이라는 것이 논리적으로 잘 증명이 된다는 것이다.

페르마의 소정리

일상에서 나눗셈은 보통 자연수들에 대해 이루어져서 몫과 나머지를 구하기도 한다. 자연수 a를 자연수 b로 나눌 때 몫이 q이고 나머지가 r이라고 한다면, 나머지 r은 $0 \leq r < b$ 범위에 해당하며 a=bq+r의 관계가 성립하는 경우이다. 이는 a가 정수(0과 음수 포함)인 경우에도 마찬가지이며, 이 경우 a=bq+r($0 \leq r < b$)를 만족하는 q와 r이 유일하게 존재한다는 것으로 이를 '정수의 나눗셈 정리'라고 한다. 예를 들어 a=-17, b=5라고 해보자. 그럼 -17=5×(-4)+3이며 몫은 -4, 나머지는 3이 유일하게 결정이 된다. -17=5×(-3)-2도 성립하지만 여기서는 r=-2로 이는 $0 \leq r < 5$ 범위를 벗어난다. a, b, k가 정수이면서 b=ak를 만족하는 경우에는 b는 a의 배수, a는 b의 약수(또는 인수), 또는 b가 a로 나누어떨어진다고 말하며 이런 상황을 기호로는 'a|b'로 표기한다. 이를테면 12÷3=4이며 따라서 3|12이다. 이 기호에 대해서는 "a|b, a|c이면 a|(b+c)", 그리고 "a|b, b|c이면 a|c" 등의 성질들이 있다. 0이 아닌 두 정수 a, b에 대하여 d|a, d|b를 만족하는 정수 d를 a, b의 공약수라고 하며 그 유한개의 공약수 중에 가장 큰 공약수를 최대공약수라고 한다. a,b의 최대공약수는 항상 유일하게 존재하며 이를 gcd(a,b) 또는 그냥 (a,b)로 표기하기도 한다.

이제 '유클리드의 호제법'에 대해서 알아보자. 정수의 나눗셈 정리 a=bq+r ($0 \leq x < b$)에서 a와 b의 공약수들은 b와 r의 공약수이며 그 반대도 마찬가지이다. 따라서 최대공약수 gcd(a,b)=gcd(b,r)도 성립한다.

예를 들어, 24와 94의 최대공약수는 무엇일까? 94=24×3+22이고 또 24=22×1+2, 22=2×11+0의 계산법으로 2가 그 두 수의 최대공약수임을 알아낼 수 있다. 즉, 2=gcd(22,2)=gcd(24,22)= gcd(94,24)이기 때문이다.

그다음 이와 관련하여 암호 기술에 사용이 되는 '베주의 항등식(Bezout's identity)'에 대해서도 알아보자. 그것은 gcd(a,b)=d일 때 ax+by=d를 만족하는 정수 x,y가 반드시 존재한다는 것이다. 이는 유클리드 호제법을 진행하여 마침내 최대공약수 d가 나타날 때 d에 해당하는 등식에 그 앞의 식들의 나머지에 해당하는 식을 계속 대입해 나가는 방식으로 그 값들을 찾아낼 수 있다. 이를테면 바로 앞의 유클리드 호제법 예를 통해 그 x,y를 찾아보기로 하자.

유클리드 호제법을 통해 2가 최대공약수이며, 바로 그 앞의 식에서 2=24-22×1임을 알 수 있다. 이제 이 식에서 22대신 바로 앞 식의 나머지를 표현하는 22=94-24×3 등식을 대입하면

2=24-(94-24×3)×1= 94×(-1)+24×4가 된다. 따라서 x=-1, y=4가 94x+24y=2를 만족한다는 것을 알 수 있다.

이제 정수론에서 매우 중요한 나머지 연산에 대해 알아보자. 정수 a,b, 양의 정수 m에 대해 m|(a-b)일 때, a와 b는 '모듈로-m 합동'이라고 말하며 기호로는 a≡b (mod m)으로 표기한다. 그 의미는 a를 m으로 나눈 나머지나 b를 m으로 나눈 나머지가 서로 같다는 것이다. 이를테면 7≡4(mod 3), -9≡3(mod 4)이다. 동일 모듈로 합동의 경우 기본적으로 반사성(a≡a), 대칭성(a≡b이면 b≡a), 전이성(a≡b, b≡c이면 a≡c) 등의 성질과 함께 다음과 같은 성질들도 있다.

a≡b이면 a+c≡b+c이고 ac≡bc가 성립한다. 그리고 a≡b이고 c≡d이면 a+c≡b+d, ac≡bd도 성립한다(조건식에서 a+c≡b+c≡b+d, ac≡

bc≡bd이기 때문). 따라서 a≡b이면 a^n≡b^n 도 성립할 것이다. 이런 성질들을 이용하면 지수 형태로 표현된 매우 큰 수를 어떤 수로 나눌 때 그 나머지를 쉽게 구할 수 있다. 예를 들어, 9^{2023}을 8로 나눈 나머지는? 9^{2023}는 너무 큰 수여서 실제 계산을 해서 확인하기는 어려울 것이다. 이 경우 모듈로 합동의 성질을 이용하면 9≡1(mod 8)이므로 양변을 2023제곱한 9^{2023}≡1^{2023}=1에서 그 나머지가 1임을 쉽게 알 수 있다. 예를 하나 더 들면, 3^{123}을 8로 나누면 그 나머지는? 3^{123}=$3^{2\times 61+1}$=$9^{61}\times 3$이고 9^{61}≡1이므로 $9^{61}\times 3$≡3 (mod 8)이다. 따라서 그 나머지는 3이 된다.

정수론에서는 '페르마의 소정리'가 유명하며 이는 매우 유용하기도 하다. 그것은 p가 소수이고 a가 p로 나누어떨어지지 않는 정수라면 a^{p-1}≡1 (mod p)이라는 정리이다. 이를테면 25^{10}≡1 (mod 11)이다. 그리고 이 정리를 이용하면 25^{132}을 11로 나눈 나머지도 쉽게 구할 수 있다. 즉, 25^{132}=$25^{10\times 13+2}$=$(25^{10})^{13}\times 25^2$≡625이며 625≡9 (mod 11)이므로 25^{132}을 11로 나누면 9가 된다는 것을 알 수 있다. 페르마 소정리의 따름정리로서 "모든 정수 a에 대해 a^p≡a (mod p)가 성립한다"는 것도 더불어 알아두는 것이 좋다. 이 정리는 페르마 정리의 조건과는 달리 p|a라고 하더라도 성립하는데, 왜냐하면 이 경우는 a≡0 (mod p)이 된다는 의미이므로 a^p≡0≡a가 항상 성립하기 때문이다. 페르마의 소정리가 성립하는 이유를 간략히 살펴보면 다음과 같다. S={1,2,⋯,p-1}의 각 원소에 a를 곱한 집합 aS={a,2a,⋯,(p-1)a} 안의 원소들끼리는 서로 모듈로-p 합동이 될 수 없다. 왜냐하면, ai≡aj이면 p|a(i-j)에서 i=j일 수밖에 없기 때문이다(p는 a를 나눌 수 없고 소수). 따라서 aS 안의 p-1개 원소들은 1,2,⋯,p-1과 각각 따로 합동 관계에 놓여 있다. 이제 aS 안의 각 원소들을 모두 곱하면

$a^{p-1}(p-1)! \equiv (p-1)! \pmod{p}$이 성립할 것이며, 이 경우 $p|(a^{p-1}-1)(p-1)!$이며 따라서 $p|(a^{p-1}-1)$일 수밖에 없으므로 $a^{p-1} \equiv 1 \pmod{p}$ 성립 증명이 완료되었다.

RSA공개키의 원리

RSA암호란 Rivest, Shamir, Adleman 세 사람의 이름을 따서 붙인 공개키 암호이다. 여기에는 공개적으로 등록된 공개키와 개인이 비밀리에 보관하는 비밀키(개인키)라는 두 가지가 필요하다. 이 방식에서는 어떤 사람이 자신의 비밀키로 암호화한 문서는 누구든 그 사람의 공개키로 풀어서 볼 수 있지만, 만일 그 답변을 그 사람의 공개키로 암호화한다면 이 문서는 그 비밀키를 가진 사람 개인만 해독할 수가 있다는 것이 그 특징이다. 또한, 그 사람의 비밀키가 없다면 공개키만으로는 그 사람이 쓴 문서인 양 위조하여 보낼 수도 없다. 그렇다면 공개키와 비밀키는 어떤 값으로 이루어진 것일까? 먼저 공개키 (n,e)를 생성하기 위해서는 n은 두 개의 큰 소수의 곱 pq로 표현할 수 있는 수여야 한다. 또 e는 (p-1)(q-1)과 서로 소인 값에서 하나를 선택한다. 여기서 p,q는 충분히 커서 공개키 n,e만으로는 p와 q값은 알아낼 수 없을 정도여야 하는데, 왜냐하면 만일 p,q를 알아낸다면 비밀키도 용이하게 알아낼 수 있기 때문이다. 한편 해독키(비밀키) (n,d)에서 d는 $de \equiv 1 \pmod{(p-1)(q-1)}$을 만족하는 값이다. e는 애초에 (p-1)(q-1)과 서로소(최대공약수가 1)이므로 베주의 항등식에 의해 이런 d는 반드시 존재할 것이다.

그럼 먼저 공개키로 암호화하는 과정을 수학적으로 살펴보자. 일단 메시지의 알파벳들을 두 자리 숫자로 변환한다. 즉, A=00, B=01,⋯,Z=25 등과 같이 메시지 안의 알파벳들을 이런 약속된 규칙으로 숫자 변환을 하는 것이다. 그 다음 숫자들의 블록화가 필요한데, 문자 두 개를 하나의 블록으로 잡는다면 ZZ=2525가 한 블록의 가장 큰 수가 될 것이다. 또 만일 문자 세 개를 하나의 블록으로 간주하면 ZZZ=252525가 한 블록의 가장 큰 수이다. 이렇게 보았을 때, 공개키 (n, e)의 n을 넘지 않는 최대의 수를 담는 블록 단위를 선택한다. 이를테면 n=2537이라면 이를 넘지 않는 수들 중 2525가 문자 두 개의 블록화에서 나타나는 최대 수일 것이다. 이 경우 문자 세 개를 블록화한다면 252525는 n을 초과하게 되므로 부적합하다. 이제 각 블록의 수를 암호화 할 텐데 한 블록의 수가 m이면 m^e을 n으로 나눈 나머지 c를 구한다. 여기서 나머지 거듭제곱 알고리즘(e를 이진수로 변환 후 e를 2의 k제곱들의 곱 형태로 바꾸고 모듈로 합동 성질을 활용하여 m^e를 향해 한 단계씩 나아가는 방식)을 사용하면 계산이 편리하다. 이처럼 블록 단위의 변환을 통해 이런 나머지 값 c들을 연결하면 최종적으로 암호문이 완성되는 것이며 이를 비밀키를 가진 개인에게 송신한다.

이제 공개키로 암호화된 문서를 비밀키로 해독하는 과정 및 원리를 수학적으로 살펴보자. 비밀키 (n,d)에서 d가 해독키 역할을 하는 셈인데, de≡1 (mod (p-1)(q-1)) 성립과 더불어 어떤 정수 k에 대해 de=k(p-1)(q-1)+1가 성립할 것이다. 또 암호화 과정에서 c≡m^e (mod n)이므로, 암호문의 c 값에 대해 c^d≡$(m^e)^d$=m^{de}=$m^{k(p-1)(q-1)+1}$ (mod n)이 될 것이다. 그런데 만일 p|m이 아니라면 페르마의 소정리에 의해 m^{p-1}≡1 (mod p)에서 $m^{k(p-1)(q-1)}$≡1 (mod p)도 성립할 것이다. 따라서 이 경우 c^d≡

$m \cdot m^{k(p-1)(q-1)} \equiv m \pmod{p}$이 성립할 것이다. 그런데 이 식은 p|m 경우에도 합동 정의에 따라 당연히 성립할 것이다. 따라서 $c^d \equiv m \pmod{p}$이고, q에 대해서도 마찬가지 이유로 $c^d \equiv m \pmod{q}$가 성립한다. 결국 $c^d \equiv m \pmod{pq}$이 성립한다는 것을 알 수 있다. 그러므로 암호문의 각 블록 수 c에 대한 c^d를 n으로 나눈 나머지 m (이는 mod를 나머지 계산 기호로 사용한 'cd mod n = m'로도 표기)을 문자로 변환하면 해독이 완성되는 것이다.

한 예로 이제 공개키 (n,e)=(2537, 13)이고 비밀키는 (2537, 937)인 경우에서 암호화와 복호화 과정을 살펴보기로 하자.[1] 우선 n=2537=43×59로 두 소수의 곱이다. 그리고 (43-1)×(59-1)=2516과 e=13은 서로소이므로 (2537, 13)은 공개키로서 유효하다. 그다음 d=937은 de≡1 (mod 42×58)를 만족하는 수이다. 이제 공개키로 "STOP"이라는 문자열을 암호화하는 과정을 살펴보자. n=2537이므로 2525<2537<252525 관계에서 블록 단위는 네 자릿수로 잡는다. 따라서 "STOP" 문자열을 먼저 수의 열 "18191415"로 바꾼 수 1819 / 1415 두 개의 수 블록으로 구분한다. 그다음 나머지 계산을 통해 $1819^{13} \equiv 2081$, $1415^{13} \equiv 2182 \pmod{2537}$을 얻어 "20812182" 라는 숫자 암호문을 수신자에게 보낸다. 그러면 비밀키를 가진 수신자는 이 암호문 숫자들에 대해 비밀키의 d=937을 사용하여 $2081^{937} \equiv 1819$, $2182^{937} \equiv 1415 \pmod{2537}$처럼 2537로 나눈 나머지 계산을 한다. 이제 이 수들을 문자로 변환하면 "STOP"이라는 문자열로 다시 복원이 된다.

---

[1] 손진곤, 『이산수학』, Knowpress, 2013, pp. 348-352에서 사용한 사례를 참조

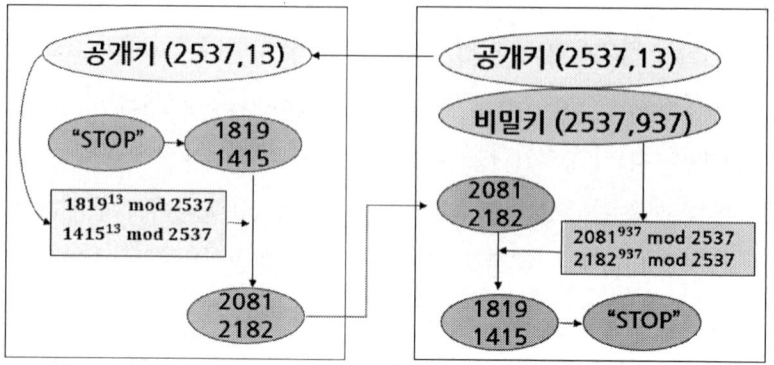

제2부

과학기술철학

2-1 수학철학

수의 존재론

영국의 수학자이자 철학자이기도 했던 화이트헤드는 서양 철학사는 플라톤 철학의 각주들에 불과한 것이라고 평가하기도 했다. 플라톤과 그 제자 아리스토텔레스 이 두 철학자가 집대성한 존재론과 인식론 등의 철학관은 그 이후 2천 년간이나 서구 사상에 있어서 핵심적 주춧돌 역할을 해왔기 때문이다. 그렇다면 그들의 수학에 대한 철학적 관점을 비교해 보는 것도 꽤 흥미로운 일일 것이다.

플라톤은 『메논』에서 노예 소년과의 문답을 통해 그의 타고난 기하학적 사고 능력을 확인한다. 그러면서 수학적 지식이란 관련 내용을 미리 배우거나 경험하지 않았더라도 우리가 타고난 선천적 능력에 의해 올바른 사고가 가능하다는 점을 부각시켰다. 다시 말해 수학적 지식이란 우리의 지각에 의존하지 않고, 그 증명 과정은 선험적인 능력에서 비롯된 것이며, 그렇다면 이러한 지식은 우리와 독립적으로 어딘가에 실재하는 것으로 보아야 한다는 수의 '실재론'을 펼쳤다. 현실에서의 구체적 사물 세계를 초월하는 추상적 세계로서의 이데아(Idea)계의 실재를 믿었던 플라톤은 우리가 수학을 할 수 있는 것은 경험을 벗어난 이데아 세계의 지식을 상기할 수 있기 때문으로 보았다.

따라서 그 이후 수학철학에서 플라톤주의라고 할 때 그 특징은 다음과 같다. 즉, 첫째로 존재론적으로 수학은 실재에 관한 것이며, 둘째로 인식론적으로 수학적 대상은 가시적(visible) 지각 대상이 아니라 가지적(intelligible) 인식 대상에 해당한다. 그리고 플라톤의 수학 방법론이란 먼저 현실의 물리적 예화들을 매개로 한 간접적 수학 탐구 후, 순수이성(nous)의 직관을 통해 변증법적(dialectic)으로 탐구를 하여, 마침내 그 고유한 형상(이데아)을 파악하는 것으로 보았다.

아리스토텔레스는 그의 『형이상학』에서 이러한 플라톤적 설명을 그대로 받아들이는 것을 거부하며, 형상이 이 세계의 질료와 떨어져서 따로 존재할 수는 없다는 '질료형상론'을 펼치며, 따라서 수학적 지식도 일반적 대상에서 분리할 수 없는 지식이라고 주장했다.

다만 수의 개념은 어느 단일 대상과 직접 연결되는 것이 아니라 오히려 몇 개의 대상들이 함께 그 개념에 포집되는 경우라고 보았다. 다만 아리스토텔레스는 수학적 대상을 현실태로서의 실재로는 보지 않았다. 일종의 가능태이며 마음속에서의 '지성적 질료'로서만 존재한다는 표현을 했다. 아리스토텔레스는 원래 형상(보편자)에 대해 설명을 할 때, 개별자를 전면에 내세우되 여러 개별자들의 공통점을 추출하여 이를 추상화하는 방식으로 그 보편적 개념을 떠올리는 것이라고 보았다.

한편, 아리스토텔레스는 수적인 무한의 문제에 대해서는 그 잠재성 또는 가능성만을 인정했다. 왜냐하면, 이 우주는 유한하고 크기가 고정된 구의 형태라는 그의 믿음 때문이었다. 따라서 선분은 무한히 연장할 수 있다는 공준이나 선분을 무한한 점들로 분할 할 수 있다는 등의 무한 개념은 받아들이지 않은 셈이다. 그렇다면 그는 자연수의 무한성은 어떻게 설명하는가? 그는 자연수의 경우에도 이 우주가 유한하므로 '실재무한'은 받아들이지 않고 '잠재무한' 방식으로서만 인정하는 듯했다. 따라서 그의 수학철학은 현실적으로 실재하는 존재들에만 기반을 둔 반플라톤적 접근법이라고 평가될 수밖에 없어 보인다.

그럼 후일에도 많은 논쟁거리를 낳았던 아리스토텔레스의 보편자 개념에 대해 좀 더 생각해보기로 하자. 그의 보편자란 플라톤 관점과는 달리 결국 구체적 개별자들의 속성, 유개념, 관계 등을 지칭하는 것이다. 보통 플라톤의 이데아론은 '형이상학적 실재론'으로 불리며, 아리스토텔레스의 질료형상론은 소박한 현실의 감각적 실재로부터 출발한다는 점에서 '소박실재론'으로 불리기도 한다. 후일 중세 초기에는 보에티우스에 의해 추상적 보편자를 과연 실재하는 존재로 보아야 하는가의 철학적 질문이 던져졌다. 이 질문에 대해 중세 지성인들 사이에 많은 격렬한 논쟁이 벌어졌는데, 중세 초기의 아우구스티누스나 안젤무스는 플라톤적 실재론 입장이었고, 중세 중기 토마스 아퀴나스는 아리스토텔레스적 실재론 입장이었다. 하지만 중세 말기에 이르면 실재론 대신 둔스 스코투스나 오컴의 유명론이 대세를 이루었다. 유명론자들은 보편자란 어떤 특성에 대해 인위적으로 이름이 붙여진 것일 뿐으로 물리적 실체는 없는 지적 활동의 부산물 정도로만 여겼다.

사실 수나 도형 등 수학적 대상들도 이러한 보편자에 속하지만 플라톤과 아리스토텔레스 이후 근대에 이르기까지의 철학자들은 수학이 무엇인지에 대해 세밀한 주의는 기울이지 않았던 것 같다. 만일 수적 보편자가 존재한다면 이에 대해서도 물체들처럼 마음 바깥에 있는 것인지, 아니면 단순한 정신적 실재로만 받아들일지에 대한 질문이 던져질 수 있다. 후일 현대의 브라우어(L.E.J. Brouwer)같은 직관주의 수학철학자는 수학을 마음에 의해서만 창조되고 구성되는 비 지각적인 것으로 보았다. 한편, 수학적 용어들을 그저 보편자에 대한 장황한 설명을 대신하는 약칭으로 간주하기도 하는데 이런 입장은 '환원적 유명론'이라고도 불린다.

그럼 중세 이후 근대 철학자들은 수학에 대해 각각 어떤 관점을 가졌을까? 우선 데카르트는 수학은 선험적인 것이며 그 지식은 자명한 출발점으로부터 연역을 통해 만들어지는 것으로 보았다. 그의 수학관은 추상적 이데아 세계를 별도의 실재로 인정하며 이를 상기해내는 우리의 이성 능력을 믿었던 플라톤의 실재론 정신을 어느 정도 이어받은 듯하다.

한편, 라이프니츠는 아리스토텔레스의 계승자로 평가받으며, 세상 현상에 대한 진리의 충족이유율과 더불어 논리적 추론 진리의 모순율로 존재 세계를 분석하려 했다. 또 근대 영국 철학자 로크의 경우는 일단 수학은 물질적이지 않으며 수학과 같은 보편적 진리란 관찰이나 실험을 통하는 것이 아니라 '관념들의 관계'에 의존하는 것으로 해석했다. 로크는 모든 보편자 용어들에 적용하기 위한 추상이론을 제의했는데, 이는 여러 개별적 사람들로부터 공통적인 관념을 추출하여 추상적인 관념을 얻는다는 것이다.

하지만 이에 관해 버클리나 흄의 경우, 관념은 정신적 이미지이며 추상 이론으로 정확히 모두의 공통적인 관념을 얻기는 불가능하다는 비판을 제기했다. 사실 플라톤도 수를 관념으로 보기는 했으나 이를 정신적 실재성에만 의존하는 것이 아니라 실제의 존재로 본 것이 이들 관념론적 입장과는 다른 점이라고 할 수 있다. 플라톤주의자들은 인간처럼 생각하는 존재와 이들이 구성해낸 관념이 생기거 전에는 피타고라스 정리나 '$3^3=27$' 같은 수학적 진리가 존재하지 않았다고 말하는 것은 이상하다는 것이다. 또 그들은 자연수도 무한히 많은 어떤 실재로 간주한다.

수의 인식론

지식이란 과연 무엇인가를 생각하고 논의하는 것은 철학의 인식론 분야에 해당한다. 근대 영국 철학자 데이비드 흄(David Hume)은 지식이 될 수 있는 것을 크게 다음과 같은 두 가지로 분류했다. 개념들의 관계(relations of ideas)에 대한 지식과 사실들(matters of facts)에 대한 지식이 그것이다. 전자는 선험적(a priori), 논리적 지식, 후자는 후험적(a posterior), 경험적(empirical) 지식에 해당하는 것으로 볼 수 있다. 선험적 지식이란 정당성, 합리성이 100% 보장이 되며, 반론이 불가능한 필연성을 가지고 있고, 결론을 부정하면 모순에 봉착하는 논리성을 가지고 있다. 또 이들은 사실들에 대한 것이 아니므로 그 내용이 반드시 실제 세계에 존재할 필요성은 없다는 특성을 가진다. 반면 경험적 지식은 언제나 불확실성을 가지며, 필연적이 아니라 우유적(알 수 없는 우연한 과정으로 이 우주에 발현된 것)이며, 우리의 감각까지 동원이 된다는 측면에서 종합적이고, 사실에 기반을 둔다는 의미에서 존재 의존적이다. 그런데 수학, 논리학의 경우만 전자에 속하며 생물학, 천문학 같은 기타의 지식은 확실성이나 필연성을 보장할 수 없는 경험적 지식으로 보았다.

흄은 <인간오성론> 마지막 부분에서 형이상학은 경험적 지식도 선험적 지식도 아니며 그저 궤변과 환상에 지나지 않으므로 그런 책은 그냥 불 속에 던져버리라고 말하여 전업 철학자인 임마누엘 칸트(Immanuel Kant)에게 큰 충격을 주었다고 한다.

칸트는 형이상학을 살려내기 위한 깊은 고심 끝에 <순수이성비판>을 쓴 것 같다. 칸트는 이 책에서 감성적 직관 대상을 사고하는 능력을 '지성'이라고 하면서 직관 내용이 없는 사상은 공허하며 개념 없는 직관은 맹목이라고 표현했다. 칸트는 내적 직관으로서의 시간과 외적 직관으로서의 공간은 어떤 경험을 통해 도출되는 것이 아니며 이를 파악하는 것은 우리의 타고난 선험적 인식틀에 의존한다고 보았다. 그러면서 이러한 순수 직관 능력이야말로 우리가 수학을 하는 데 있어서의 필수 요건이라는 것이다.

합동조건의 설명이나 삼각형 내각의 합이 180도라는 기하학 증명 과정을 따라가 보면 이는 개념들의 관계 분석만으로 명백히 파악되는 것이 아니라 사실상 공간적 직관을 따라가서 확인이 된다는 것이다. 7+5 =12라는 산수의 등식도 마찬가지이다. 이 역시 손가락셈 같은 것을 통한 공간적인 1:1 대응 직관이 동원된다고 보는 것이다.

여기서 칸트는 선험적 지식에 대해 '분석적' 판단과 '종합적' 판단이라는 새로운 구분법을 창안하기에 이른다. 전자는 주어와 술어의 개념들 관계만으로 설명이 되는 설명적 판단이며 후자는 수학처럼 직관 능력도 동원되는 확장적 판단이라고 구분한 것이다.

이를테면 "모든 총각은 남자이다"라고 할 때 총각이라는 주어 개념 안에 이미 '남자', '미혼자' 등의 개념들이 들어있어서 주어와 술어의 결합시 그 개념적 동일성만으로도(사실은 개념들 간의 집합적 포함 관계에 해당하는 것으로 볼 수 있다) 참이라는 판단이 가능하다. 하지만 수학의 경우 이런 주어/술어 개념 관계만으로는 참/거짓이 도출이 되지 않는다고 보고, 이런 류의 지식을 '선험적 종합판단'이라고 표현하였다. 칸트는 논리학, 물리학의 토대적 원리, 형이상학도 이런 류의 지식으로 간주했다. 한편, 선험적이지 않은 일반 경험적인 지식은 그냥 '종합판단'이라는 표현을 사용했다. 칸트의 순수이성비판과 지식에 대한 분석/종합판단 대조는 이렇듯 수학이란 무엇인가에 대한 철학적 고민과 깊은 관련이 있었던 셈이다. 이는 수의 인식론에 있어서 상당히 심오한 철학적 분석이긴 하지만 후일 많은 철학자들로부터의 신랄한 비판에 직면했다.

칸트가 수학을 개념들만의 분석적 판단이 아닌 선험적 직관이 동원되는 종합적 판단이라고 설명한 점에 대해 그 이전에 논리주의자였던 라이프니츠는 이와는 다른 설명을 한 바 있었다. 2+2=4의 경우에 직관이나 경험적 요소를 동원함이 없이도 수의 정의와 개념 분석 만으로 이 식의 성립을 입증할 수 있다는 것이다. 따라서 라이프니츠의 설명에 따르면 칸트식 분류의 경우에도 수학은 분석적 판단에 들어가야 할 것이다. 일단 자연수들의 정의에 대해서는 2=1+1, 3=2+1, 4=3+1,... 등과 같이 후자 개념을 사용한 순차적 약속으로 본다. 또 a=a가 늘 성립하며, b=c이면 b+a=c+a가 항상 성립한다는 것도 수의 공리적 개념으로 받아들인다. 이러한 내용들을 전제로 한다면 2+2=2+(1+1)=(2+1)+1=3+1=4의 도출은 그저 논리적 필연이라는 것이다(다만, 여기에서 사용되는 덧셈의 결합법칙에 대한 공리적 전제는 언급이 되어있지 않다). 수학에서는 이처럼 2+2를 개념적으로 분석만 한다는 것이다.

한편, 극단적 경험주의자였던 존 스튜어트 밀(J.S.Mill)의 경우에는 수학적 지식이 선험적 지식이라는 것을 인정하지 않았으며 다른 지식처럼 이 역시 경험적 지식일 뿐이라고 보았다. 밀에 의하면, 수학도 선험적 지식의 조건인 '필연성'이 결핍되어 있으며 우리의 경험적 필요성 때문에 형식화된 이론일 뿐이라는 것이었다. 그에 의하면 우리의 생각은 언제나 경험에 의해 제한받는다. 그는 칸트의 말대로 선험성 즉 선천적 직관에 의해 구성된 것이 유클리드 기하학이었다면 오늘날 비유클리드 기하학과 여러 추상 수학의 발전과 활용성은 어떻게 설명할 것인가를 되묻는 셈이다. 카르납, 에이어 같은 20세기 논리 실증주의자들도 칸트의 분석/종합 판단 구분에 대해서는 부정적이었다.[2] 수리철학자 버트런드 러셀은 산수는 굳이 세계에 관한 '선험적인' 지식이라기보다 그저 약속된 언어와 관련된 지식일 뿐이라고 말했다. 그는 기하학에 대해서는 순수기하학은 선험적이지만 종합적이지 않고, 물리학에서의 기하학은 종합적이지만 선험적이지 않다고 표현하기도 했다.

논리적 패러독스

기묘한 패러독스들이 등장했을 때 사람들은 매우 당혹스러워했다. 예를

---

[2] 카르납(Carnap)의 경우 칸트의 선험적 종합판단을 부정했으며, 콰인의 경우에도 분석명제를 비판하며 이는 신빙성 높은 종합명제일 뿐이라고 주장했다. 또한 에이어의 경우에는 과학적 학문이 되기 위한 조건으로서 논리적 타당성과 경험적 사실성 두 가지 검증법을 제시했는데, 이는 오히려 흄의 개념/사실에 관한 지식 분류법과 상통하는 측면이 있다.

들어, 기원전 6세기경 크레타인이었던 에피메니데스는 다음과 같이 말했다고 한다. "모든 크레타인은 거짓말쟁이다" 그렇다면 이 진술은 참일까, 거짓일까? 우선 참이라고 해보자.

그렇다면 에피메니데스도 크레타인이므로 그도 거짓말쟁이다. 그렇다면 이 진술은 거짓이 되고 만다. 이는 참이면서 거짓인 상황을 만들게 되므로 논리적 모순이다. 그럼 이 진술을 거짓이라고 해보자. 그렇다면 크레타인인 에피메니데스의 진술은 참이며 이것도 논리적 모순을 불러일으킨다. 이처럼 어떤 진술이 참도 거짓도 될 수 없는 기묘한 상황을 패러독스(역설)이라고 말한다.

그런데 사실 이 스토리에 나오는 진술을 잘 분석해보면 해석상의 문제점이 드러난다. '거짓말쟁이'라는 것이 '항상 거짓말만 하는 사람'의 뜻인지 '거짓말을 많이 하는 사람'의 뜻인지에 따라 다른 설명이 가능하기 때문이다. 만일 전자 케이스라면 위의 에피메니데스 진술은 더 정확히 표현하면 "모든 크레타인은 항상 거짓말만 한다"이다. 이 진술이 참이라면 이 진술이 참이면서 거짓이라는 모순을 일으키지만, 만일 거짓이라면 가끔은 참도 거짓도 이야기할 수 있다는 의미이므로 이는 모순 상황으로 볼 수는 없다. 따라서 이런 진술은 '거짓'으로 결론을 내는 것이 타당하다. 그럼 거짓말쟁이를 그저 '거짓말을 많이 하는 사람'으로 정의하는 후자 케이스에서는 어떨까? 그 의미가 모든 크레타인은 참도 거짓도 이야기 할 수 있다는 이야기이므로 이 진술이 어떤 논리적 모순을 야기하진 않는다. 따라서 엄밀히 따지면 역사적으로 유명한 이 에피메니데스의 진술은 진정한 의미의 패러독스라고 보기는 어렵다.

그런데 수학 체계에 있어서 우리의 직관에만 의존하여 이들을 잘못 구축하면, 겉으로는 의심할 여지가 없어 보여도 실제는 논리적 모순이 발생하는 경우가 있다. 이것을 충격적으로 보여준 것이 저 유명한 '러셀의 패러독스'이다. 집합 이론에서는 {{1}, 2, {3,4}}처럼 집합들조차 원소가 될 수 있다. 그럼 먼저 '자기 자신은 원소로 하지 않는 모든 집합들의 집합'을 A라고 하자. 그렇다면 A는 A의 원소일까, 아닐까?

A가 A 집합의 원소라면 이는 A의 집합 조건에 따라 A는 자기 자신은 원소로 하지 않는다. 따라서 모순이 발생한다. 반면, A가 A 집합의 원소가 아니라면 A는 A의 집합 조건에 맞으므로 A의 원소가 된다. 이 경우도 역시 모순이 발생한다. 따라서 얼핏 보기에 문제가 없어 보여도 A와 같은 집합을 인정한다면 논리체계의 일관성(무모순성)을 주장할 수 없게 된다. 그런데 이런 수학적 설명으로는 추상적 집합 개념을 가지고 무언가 현실과는 동떨어진 장난을 친 것 같은 느낌이 들 수도 있다. 그렇다면 이런 예는 어떨까? 어느 방대한 도서관에 수많은 책이 있다. 그중에는 책의 목록들만 소개하는 목록서들도 있다.

그런데 그 목록서들 중에는 자기 자신을 리스트하거나 리스트하지 않은 경우 둘 다 있을 수 있다. 그럼 그 도서관에서 자기 자신은 리스트하지 않은 모든 목록서들을 소개한 목록서 A에 대해 생각해 볼 수 있을 것이다. 그럼 A는 자신 안에 스스로를 리스트한 목록서일까? 만일 그렇다고 하면, A는 A의 구분 방식에 따라 그 목록서 안에 들어갈 수가 없다. 만일 그렇지 않다고 하면 A는 A속 리스트 안에 들어가 있어야 한다. 어느 경우든 다 모순 상황이므로 이러한 패러독스 상황을 만드는 A란 책 자체는 애초에 존재할 수가 없을 것이다.

러셀의 패러독스에 앞서서 현대집합론의 창시자 칸토어의 경우, 무한집합을 연구하다가 '모든 집합들의 집합' 개념이 패러독스를 낳는다는 기묘한 사실을 발견했다. 얼핏 생각하면 별다른 문제 소지가 없어 보이는데 왜 그런 집합은 패러독스가 되는 것일까? 여기에는 조금 어려운 수학적 이론 배경이 있는데, 먼저 멱집합 $\wp(A)$ (power set of A)의 정의는 집합 A의 모든 부분집합들로 이루어진 집합이라는 정의에서 출발해 보자. 또 어떤 집합 A의 기수(cardinal number, 카디날)란 유한이든 무한이든 집합 A의 크기 개념인데 이를 $\aleph(A)$ ("카이 A"로 읽는다)로 표기하기로 하자. A가 유한 집합인 경우는 $\aleph(A)=n$이라면 그 멱집합의 기수 $\aleph(\wp(A))=2^n$이 될 것이다. 유한집합은 물론 무한집합에서도 확장적으로 적용 가능한 크기 비교의 정의로 만일 f:A→B라는 단사함수 (일대일함수)가 존재한다면 B가 A보다 기수가 더 큰 것으로 정의하기로 한다(이를 $\aleph(B) \geq \aleph(A)$로 표기하기로 한다). 이 경우는 전사함수 g:B→A가 존재한다는 것(g(B)=A)과 필요충분조건이다(이는 선택공리를 전제로 증명을 한다). 그리고 두 집합 A, B 사이에 전단사함수(일대일대응함수)가 존재할 때에는 $\aleph(B)=\aleph(A)$라고 표기한다(이런 식의 크기 비교를 '흄의 원리'라고 말한다[3])). 그러면 $\aleph(A) \leq \aleph(B)$이고, 동시에 $\aleph(A) \geq \aleph(B)$도 성립하면 $\aleph(A)=\aleph(B)$가 된다(이는 Schroder-Bernstein 정리인데, 그 증명은 조금 어려운 편이다). 그리고 $\aleph(A)<\aleph(B)$는 $\aleph(A) \leq \aleph(B)$이고 $\aleph(A) \neq \aleph(B)$인

---

3) wikipedia, "Hume's Principle",
https://en.wikipedia.org/wiki/Hume%27s_principle 참조. 흄의 원리(Hume's Principle)는 후일 George Boolos가 만든 용어이다. 이는 후일 칸토어의 집합론에 큰 영향을 주었으며 이를 칸토어-흄 정리라고 불러야 한다는 주장도 있다. 프레게도 그의 『산수의 기초』 저서 안에서 흄의 원리를 인용했다.
(Frege, G., *The Foundations of Arithmetic,* translated by J. L. Austin, Harper Torchbooks, 1960, §73 참조) 더불어 흄의 원리에 해당하는 흄 저서 속 내용에 대해서는 Hume[1739], I-III-I 참조.

경우로 정의하면, 임의의 두 집합은 ℵ(A)< ℵ(B) 또는 ℵ(A)> ℵ(B) 또는 ℵ(A)= ℵ(B) 중 하나만 성립한다는 삼중률이 만들어진다. 또 모든 집합의 경우 그 멱집합은 원래 집합과 크기를 비교하면 ℵ(A)< ℵ(℘(A))가 항상 성립한다(이는 귀류법을 통해 증명 가능[4]). 이제 A가 '모든 집합의 집합'이라고 하면 ℘(A)⊂A(모든 집합은 A의 부분집합이다)이며 따라서 당연히 그 크기 비교에서 ℵ(℘(A)) ≤ ℵ(A)일 것이다.

그런데 ℵ(℘(A))> ℵ(A)가 항상 성립하므로 이는 모순을 일으킨다. 결국 '모든 집합의 집합'은 개념적으로는 말이 되는 것 같지만 하나의 집합으로 인정해서는 안 된다는 결론에 도달한다.

러셀의 패러독스를 포함하여 이런 역설적 상황이 만들어지는 것은 자기 지칭적 문장을 사용할 때이므로 이런 경우는 비 문법적이고 무의미한 진술로 보고 논리에서는 배제해야 한다는 주장이 제기된다. 하지만 자기 지칭성이 없는 문장들로도 다음과 같은 역설 상황을 만들어 낼 수 있다. A="문장 B는 참이다", B="문장 A는 거짓이다" 이 두 문장의 경우 A가 참이면, B가 참이므로 A가 거짓이 되고, A가 거짓이면, B도 거짓이고 따라서 A는 참이 된다. 따라서 어느 경우나 모두 모순을 유발하므로 이는 명백한 패러독스이다. 집합이란 어떤 대상이든 그 집합의 원소가 되는 지의 여부가 명

---

4) 그 증명 과정을 소개해 보면 다음과 같다. 귀류법 증명을 위해서 어떤 집합A의 멱집합은 원래집합 A보다 항상 기수가 크다는 결론을 부정해보자. 그럼 x(A)≥x(℘(A))이므로 A에서 ℘(A)를 대응시키는 전사함수 f가 존재할 것이다. 그럼 x가 f(x)의 원소는 되지 않는 x들의 집합을 B (이는 A의 부분집합일 것이다)라고 하자. 그럼 f가 B라는 집합을 대응시키는 A의 원소가 반드시 존재할 것이며 이를 a라고 하자. 만일 a가 f(a)의 원소가 아니라면, a는 B에 속하므로 a는 f(a)(=B)의 원소가 된다. 이는 모순이다. 반면 a가 f(a)의 원소라면, a는 B에는 속하지 않으므로 a는 f(a)(=B)의 원소가 아니다. 이것도 모순이다. 따라서 증명이 종료되었다(이 증명 방식은 러셀의 역설을 보이는 과정과 매우 유사하다).

확해야 하는데, 필자의 생각으로는, 결국 이러한 패러독스가 발생하는 원인은 집합을 정의하는 그 시점에서 그 구분에 비결정적인 요소가 들어가기 때문인 것으로 판단이 된다.

 타르스키(A. Tarski)의 경우 이에 대한 해법으로 체계적인 이론을 제시했다. 대상 언어와 메타언어를 구분하면서 다음 두 가지 규칙을 제시한 것이다. 첫째, 모든 문장은 하나의 특정 차원(0이상)에 속한다. 둘째, 주어진 n 차원의 문장은 단지 (n-1)차원의 문장에 관해서만 이야기할 수 있다. 여기서 0차원의 문장이란 대상 언어가 다른 문장에 대해서가 아니고 세계 내의 어떤 대상에 대해서만 말하는 것이다. 위의 A, B 문장 중 A 문장을 n 차원이라고 가정해보자. 그럼 A 문장 속 B는 n-1 차원 문장이어야 한다. 그런데 B 문장이 유의미하려면 B는 그 속의 A 문장보다 한 차원 높은 n+1차원 문장이어야 한다. 그런데 n-1=n+1에서 -1=1이라는 모순이 야기된다. 따라서 이들은 언어 규칙에 어긋나는 문장들로 간주하는 것이다.

수학의 형식주의

 논리주의자 프레게는 수학에 대한 플라톤적 절대 진리 개념을 부활시켰지만, 그는 플라톤과는 달리 산술을 논리로 압축하기 위한 시도를 했다. 하지만 프레게의 논리주의 프로젝트는 결국 그 한계성이 드러났다. 수학자들은 원래 정의, 공리들로부터 정리들을 증명한다.

 그런데 그 증명들은 기호들의 연속으로 이루어져서 순수한 구문론적 표현과 구문적 대상에 대한 탐구로 이루어지는데, 이런 관점을 수학철학에서는 '형식주의'라고 말한다. 일단 구문론과 의미론은 구분될 필요가 있다. 구문론은 의미를 추상화한 언어 표현 그 자체에 대한 탐구이다. 반면 의미론은 의미에 대한 것이 주 관심사이며 언어적 표현에 담긴 진리와 언급되는 실재적 대상 그리고 언어적 의미 등을 다룬다. 프레게의 형식시스템은 증명의 엄격한 구문론적 개념을 일련의 형식들로 만들었다. 즉, 공리들의 식으로부터 정해진 추론규칙들에 따라 계속 구문론적 적용을 하면서 증명을 얻게 된다. 오늘날 식들의 의미를 모르는 컴퓨터를 통해서도 기계적으로도 증명의 확인이 가능하다. 형식시스템에서의 추론은 형식들과 함께하는 일종의 게임 같은 것으로 볼 수 있으며 그 속에 담긴 다른 의미는 고려하지 않아도 된다. 논리주의자인 프레게는 어떤 목적을 위해 의미로부터 추상화하는 것은 가능하지만 그렇다고 의미가 전혀 없는 형식을 채택하는 것을 거부하긴 했다. 그런데 사실 의미가 없는 것도 형식화는 얼마든지 가능하다.

오늘날 수학의 형식주의자들은 현대 수학의 본질에 대해 '게임 형식주의' 관점을 가지는 경우가 많은데, 이는 수학의 형식적 증명을 의미가 빠진 구문 표현들과 함께 하는 일종의 게임으로 본 것이다. 이 경우 체스의 경우처럼 형식적 산술에 있어서 그 게임의 규칙에 대한 현실 속 '정당성'은 따질 필요도 없다. 산술의 경우 수천 년간 자연적 대상을 다루는 것처럼 사용이 되어오다가 현대 수학에 이르러 그 게임의 규칙이 더욱 명료화되었다.

하지만 이런 형식주의 관점에 대한 비판도 적지 않다. 사실 수학자들의 고도의 추론은 명확한 형식규칙들로만 접근한다기보다 그 문장의 의미를 통하여 깨달아지는 경우가 많다. 또한, 학생들은 바둑이나 체스보다 수학을 배워야 하며 수학자들은 그저 게임을 잘하는 것보다는 자연에서의 지식을 얻기 위한 방향으로 연구 활동을 하는 것이 바람직하다. 프레게의 관점대로 수학은 응용성이 중요하며 예를 들어 기수(카디날 ; Cardinal)도 우리가 실제 수를 세는 개념을 통해 만들어졌기 때문에 이 세계에의 적용이 가능하다. 하지만 게임 형식주의자들은 이렇게 대응한다. 수학의 응용성에 대한 책임은 수학의 정리들이 참임을 밝히는 것과는 관련이 없으며, 수학적 형식과 현실 세계에 대한 의미 있는 진술이 상호 연결이 된다는 '브릿지 원리(bridge principles)'만으로 충분하다는 것이다.[5]

오늘날 형식주의 수학자들은 대개 '연역주의적 형식주의' 관점을 가진다. 이는 'if-then-ism'으로 불리기도 하며, 순수 수학을 임의의 형식적 언어들로 선택된 공리들로부터 연역적으로 도출되는 결과들을 탐구하는 활동으로 보는 관점이다. 게임 형식주의처럼 극단적이지는 않지만, 여기에서도 수학자들은 탐구할 형식시스템의 선택에 있어서 커다란 자유를 가진다. 그럼 추상적 수학 구조과 그 현실과의 관계 예를 살펴보자. 먼저 A,B,C 세 장의 카드에 대해 e="아무 조작도 안 한다", α ="B와 C를 뒤집는다", β ="A와 C를 뒤집는다", γ ="A와 B를 뒤집는다" 등의 조작을 의미한다고 하자. 그리고 x@y은 x 조작부터 한 후에 그다음 y 조작을 실행하는 연산을 의미한다고 해보자. 그럼 x@x=e이 되며, α @ β = β @ α = γ , α @ γ = γ @ α = β ... 등을 나타내는 연산 테이블 표를 만들 수 있다. 수학자들은 네 개의 조작 집합과 이 연산을 묶어서 '군'(group)에 해당한다고 말한다. 또 지구본을 가지고 다음과 같은 조작을 한다고 생각해보자. e=아무 조작도 안 하며, α =남북축 기준으로 180도 회전, β =적도 평면상의 특정

---

[5] Øystein Linnebo, *Philosophy of Mathematics*, Princeton University Press, 2017. p. 42.

축 기준으로 180도 회전, γ =앞의 적도축과 수직인 적도축 기준으로 180도 회전 등으로 세 축은 3차원에서 서로 수직관계이다. 이 경우 서로 완전히 다른 대상의 다른 관계 상황임에도 불구하고 연산 테이블 표를 만들어보면 카드 경우와 동일한 추상적 수학 구조를 가진다. 수학은 카드 뒤집기나 지구본 회전 같은 현실 속 상황은 의식하지 않고서도 이런 공통된 구조에 대한 규칙을 수학 기호를 통해 탐구해나갈 수가 있다. 그리고 그 수학적 모델에 관한 연구 결과는 다시 현실에 그대로 적용할 수가 있다는 것이다.

1830년 무렵 비유클리드 기하학이 탄생하는 시점에서 현실의 물리적 세계는 더이상 유클리드적이 아니라는 점이 분명해졌다. 유클리드 기하학은 단지 하나의 수학적 공간일 뿐이라는 것이다. 따라서 독일 수학자 힐베르트(David Hilbert)는 유클리드 기하학의 공리적 정리들을 실제 물리적 공간에 대한 해석과는 독립적으로 형식화시켰다. 그 이론에서 여전히 점, 선, 평면 같은 용어들이 사용되지만, 힐베르트는 이 대신 테이블, 의자, 맥주잔이라고 불러도 여전히 수학이 성립한다고 말했다. 하지만 그 공리계 규칙들에 대해서는 최소한 무 모순적 일관성과 더불어 연역적으로 타당해야만 한다고 보았다. 만일 추상적 구조의 현실화가 물리적 세계에서 반드시 찾아져야 한다면 이를 연구하는 수학자들은 현실 세계에 대한 인식론적 운에 인질이 되는 셈이다. 즉, 물리적 세계에 대한 의존성은 연역주의를 활성화하는 길과는 상충할 수도 있다는 것이다. 하지만, 퍼트남(Putnam)은 형식주의의 이러한 드라이한 접근법에 대해 이의를 제기하면서 "수학은 논리학이 아니다."라고 말했다. 이 표현은 논리학은 수학의 중요한 요소이긴 하지만 수학자들은 응용수학에 사용될 만한 의미 있는 공리들에 늘 주목을 해야 한다는 의미이다.

2-2 과학철학

플라톤의 우주관

잘 알려져 있듯이 플라톤은 소크라테스의 제자이며, 소크라테스가 행위와 윤리의 문제를 중시했다면 플라톤은 윤리학뿐 아니라 형이상학과 정치철학에도 큰 체계를 세운 사상가로 평가받는다. 젊은 시절 극작가였던 플라톤은 그의 철학 저작들을 주로 희곡 형식으로 썼다. 이를 플라톤의 '대화편'이라고 하며 그 속에는 그의 사상이 잘 드러난다. 그의 중기 이후 작품들에서는 그의 핵심 사상이라고 할 수 있는 '이데아' 철학이 나타난다.

그의 작품 파이돈에서는 이성으로 파악이 가능한 참 진리의 세계 '이데아'가 존재한다는 가설을 등장시켰다.

그는 우리의 인식 능력을 가시적(可視的), 감각적인 것(sensible)과 가지적(可知的)인 것(intelligible)으로 나누었다.[6] 그러면서 전자에 대응하

---

6) 플라톤, 『국가론』, 이환 편역, 돋을새김, 2015, pp. 192-195 참조. 플라톤은 수학

는 현실적이고 변하는 존재들과 후자에 대응하는 불변의 이데아적 존재들로 이분법적 구분을 한 것이다.

그의 대표작이라고 할 수 있는 '국가'에서는 트라시마쿠스와 글라우콘의 도전에 대한 소크라테스(사실상 플라톤)의 응답 내용들을 담고 있다.

플라톤은 여기에서 저 유명한 '동굴의 비유'를 통해 이데아가 무엇인지를 잘 설명하고 있다. 그것은 지하 동굴 속에서 의자에 묶여 바깥 실재(이데아)가 아닌 사물의 그림자(현실)만 보고 자라난 존재들에 대한 비유이다. 그런데 마침내 동굴을 벗어나 바깥의 태양을 발견하고 참된 진리 세계(이데아)를 깨달아서 동굴 사람들을 일깨워주는 것을 철인의 역할로 비유했다. 플라톤에 의하면 이데아란 감각이 아닌 순수사유에 의해 포착이 되는 비물질적 존재들이다.

좀 더 구체적으로는 수적/논리적 세계와 미적/형이상학적 가치 등이 이에 해당이 된다는 것이다. 플라톤은 여기서 더 나아가 용기의 이데아, 정의의 이데아, 아름다움의 이데아, 그리고 선의 이데아로까지 나아갔다. 하지만 이런 관념적인 개념들이 어느 곳에서 마치 실제로 존재하는 것처럼 묘사한 점은 오늘날 관점에서는 거부감과 반론의 여지가 적지 않을 것이다.

한편, 플라톤의 '향연'에서는 주로 에로스(아름다움과 사랑) 관점에서 현실 세계로부터 이데아의 세계로 나아가는 구성을 극적으로 제시하기도 했다.

이 책에서는 주인공으로 등장하는 소크라테스가 디오티마라고 하는 부인의 '에로스'론을 회고하는 장면이 펼쳐진다. 여기서 에로스의 본질은 선

을 이 두 가지 영역 중 후자인 지성적 영역으로 보았다. 현실에서의 감각적인 수단의 보조 없이 가정에서 출발하여 형상을 탐구할 수 있다고 보았기 때문이다.

그 자체는 아니며 선과 악, 미와 추, 지혜와 무지의 중간자로 본 점이 독특하다. 그리고 이들 중 가장 아름다운 것은 지혜인데, 에로스는 이를 향해 끊임없이 나아가는 애지자(愛智者)의 정신으로 보았던 것이다.

이처럼 플라톤의 이데아론도 그의 시기에 따라 조금씩 변모하고 발전되어 나갔다.

이데아의 초기 정의는 개별적. 사물들의 공통된 모습(유개념), 형상(eidos) 같은 것으로 출발했지만, 그다음엔 점차 진정으로 있는 것, 영원불변의 실체, 현상계의 개체(개별자)들의 원형(보편자), 가치적 요소(진선미) 등으로 발전이 되었던 것이다. 또 나중에는 이데아와 이데아의 결합을 중시하기에 이르렀는데 이를테면 국가의 이데아를 유토피아로 보았다.

결국, 플라톤 존재론의 핵심은 감각 세계는 참 존재인 이데아의 모방물이며 가상, 가짜 세계일 뿐으로 이성으로 인식되는 개념 세계가 참 세계라는 개념실재론이었다. 그리고 이 세상의 개별자들은 보편자를 좇으며 부분적 참여를 하는 것으로 보았다. 다시 말해 그의 인식론은 이데아의 추억(想起)과 재생산에 포커스했던 것이다. 여기서 '모방(미메시스)'은 이데아론에서 매우 핵심적인 개념 중 하나이다. 플라톤의 생각은 현실적 존재들은 이데아 세계의 형상들을 선험적으로 회상하고 이를 재현하고 모방하려 한다는 것이다. 플라톤은 그의 '티마이오스'에서 전개되는 우주적 생성관을 통해 이를 잘 뒷받침되고 있다.[7] 사실 그의 철학은 현실을 망각하거나 초월하면서 이상의 세계로 날아가자는 것이라기보다는, 이데아 세계, 즉 절

---

7) 플라톤 지음, 박종현, 김영균 공동 역주, 『티마이오스』, 서광사, 2016. pp. 13-16 해제 참조. 플라톤의 티마이오스는 플라톤의 후기에 나온 책으로 '국가'편 이데아론 연장선에 있는 것으로 보인다는 주장이 있다. 하지만 그의 문체나 내용의 성격을 통해 야심차고 자신감이 더해가던 플라톤 절정기의 작품으로 보는 것이 합당해 보인다는 주장도 있다.

대적 형상들의 흠모를 통하여 현실을 더 나은 상태로 바꾸어나가자는 것으로 볼 수 있다.

티마이오스에서는 이데아의 본을 보며 물질을 사용해 이 우주를 부지런히 제작하는 신인 '데미우르고스'론을 통하여 그의 이런 우주관을 묘사하기도 했다.[8] 그런데 탈레스 이후 당시 그리스 철학자들은 신화에 반기를 들며 우주의 근원을 보다 이성적으로 파고들었고, 플라톤도 그러한 자연철학자들과 맥을 함께 하는 듯했다. 그렇다면 플라톤이 끌어들인 초자연적인 신 데미우르고스의 우주 제작 설명은 어떻게 받아들여야 할까? 일단 데미우르고스는 무에서 법칙과 유를 창조하는 창조신과는 다른 신으로 해석해야 할 것 같다. 그리고 후일 블래스토스 같은 철학자는 이에 대해 데미우르고스가 인격신은 아니며 이신론에 가깝다는 평가를 내리기도 했다.

아리스토텔레스의 형이상학

버트런드 러셀의 경우 아리스토텔레스는 그리스 사상을 꽃피운 가장 창조적인 시기에 성장한 철학자로 그가 죽은 다음 그에 필적할만한 철학자가 세상에 나타나기까지 2000년이나 걸렸다는 표현을 하기도 했다. 그의 철학은 교회의 권위만큼이나 무소불위의 지위를 누렸다는 평가인 셈이다. 하지만 러셀은 아리스토텔레스의 저술 속 이론 전개의 불명료성에 대한 불만을 토로하며, 그는 실은 서구 문명에 장기적으로 매우 나쁜 영향을 끼친 인물이라는 신랄한 비평을 덧붙이기도 했다.

---

[8] 박희영, 「플라톤의 데미우르고스와 철학적 우주론」, 『플라톤 철학과 그 영향』, 서광사, 2003, pp. 184-188 참조.

아리스토텔레스는 사실 그 스승인 플라톤의 이데아 철학에 큰 영향을 받기는 했지만 이를 그대로 추종하지는 않았다. 이를테면 플라톤이 중심으로 삼았던 별도의 이상적인 이데아 세계가 따로 존재한다고 보지도 않았다. 그보다는 현실 그 자체 즉 실체와 본질에 더욱 관심과 토대를 두며 매우 논술적이며 과학주의적인 사상을 펼쳐 나간 것으로 평가된다.

그가 '리케이온'이라는 학당에서 강의했던 강의록들을 주로 엮은 여러 저서들을 분류해보면 다음과 같다. 먼저 자연학, 수학, 형이상학 등의 이론학이 있었고, 그다음 윤리학, 정치학 등의 실천학이 있었으며, 그리고 시학 같은 창작론과 학문의 방법적 도구에 해당하는 논리학까지 정말 다방면에 걸친 연구가 있었다. 소크라테스를 철학적 대화 측면에서의 연설가라고 칭한다면, 그 제자인 플라톤은 철학을 대중용 문학 형식으로 묘사한 위대한 문필가였고, 플라톤의 제자인 아리스토텔레스는 다방면에 걸쳐 엄청난 연구를 하고 방대한 자료들을 남긴 만물박사급 학자였다는 평가도 있다.

그런데 아리스토텔레스의 형이상학(metaphysics)이란 과연 무엇이며 어떤 의미를 가지고 있을까?

아리스토텔레스의 제자들이 그의 남긴 글들을 분류하면서 자연학의 뒷부분을 '뒤'라는 의미의 메타(meta)에다 자연학(physica)을 붙인 'meta-ta-physica'를 사용했을 뿐이다. 그런데 나중 이것을 일본에서 형이상학이라는 용어로 번역했던 것이다. 이는 매우 존재론적이며 신학적인 철학이다. 즉 형이상학의 주제는 '진짜 있다는 것'이 무엇인지를 탐구한 것인데, 참된 존재 즉 실체(ousia, substance)로부터 출발해야 참된 사고도 가능하다고 보았다. 그리고 그는 우리가 형이상학이라고 부르는 학문을 통해 궁극적으로 모든 존재의 마지막 원인 즉 제1 원인으로서의 신을 탐구하고자 했다.

아리스토텔레스 존재론의 특징은 그의 스승 플라톤이 제시했던 별도 존재 세계인 이데아 대신 현실 세계의 실체 즉 우시아(ousia)를 중시했다는 점이다. 우선 그의 『범주론』에서는 개별자를 제1실체로 보며, 그 개별자들의 공통적인 특성을 의미하는 보편자를 제2실체로 보았다. 각 개별자는 그 질료(휠레;hyle)에 보편자(종/유 개념)가 들어와서 비로소 복합적이면서 감각적인 실체가 된다는 것이다.

그런데 『형이상학』 제7권에서는 형상에 더 우선적 존재 지위(첫째 실체)를 부여하기도 했다. 그렇다면 그의 실체론은 앞뒤가 맞지 않는 듯이 여겨질 수도 한다.9) 사실상 아리스토텔레스가 생각했던 형상이란 감각적 실체와는 달리 공간이 아니라 이성적으로만 분리가 가능한 것인데, 이는 질료에 선행하여 존재의 원인이 되는 것으로 보았던 것 같다. 이런 아리스토텔레스의 관점은 플라톤이 보편자(이데아)만을 참 실체로 본 시각과는 분명 차이가 있다.

그의 인식론도 이 기반에서 확립이 되었는데, 우선 감각적인 상에서 개념의 상이 만들어지며, 이를 개체에 대한 정신(nous)의 추상 작용으로 보았다. 개념이란 실체를 표현하는 진술 기능으로 대상(개별자)들의 본질, 속성을 드러내는 일종의 '정의'에 해당한다. 아리스토텔레스에게는 이것이 유와 종차로서의 보편자였던 것이다.

아리스토텔레스는 아직 비결정적인 질료 상태를 '가능태'로 보고 이것이 특정 형상을 따라 현실의 완벽한 기능적인 작품(ergon)으로 만들어지

---

9) 아리스토텔레스, 『형이상학』, 조대호 역해, 문예출판사, 2018. p.110 부분 참조 아리스토텔레스는 질료보다 형상에 더 우월한 지위를 부여하는데, 예를 들어 호메로스 조각상의 경우 조각상에 앞서 조각가의 머릿속에 호메로스의 형상이 먼저 있기 때문이라고 설명.

면 결국 '현실태'가 된다는 설명도 했다. 그러면서 과정적인 면에서는 후자인 형상이 전자인 질료 상태보다 실체적으로 앞선다는 것을 짚었다. 즉, 영원한 것들은 사라질 수 있는 것보다 실체에 있어서 늘 앞선다는 것인데, 이런 해석은 후일 펼칠 신학적 논의를 위한 준비 과정으로 볼 수 있을 것 같다.

아리스토텔레스는 이 세상 사물의 운동과 변화에는 항상 인과율이 작용하는 것으로 보았다. 이를 네 가지 원인으로 설명하는데, 그것은 형상인, 질료인, 목적인, 운동인 등이다.

예를 들어 목수가 어느 빈터에 새로이 집을 짓는다고 가정해보자. 형상인은 집의 완성된 형태 구조 즉 설계도 같은 것이며, 질료인은 형상 이전의 재료인 나무 상태를 일컫는다. 그리고 목적인은 집을 지으려는 집주인 또는 목수의 의도로 보면 될 것이며, 마지막으로 운동인은 목수의 실제 물리적인 작업을 의미한다. 그런데 더는 원인을 물을 수 없는 이들의 가장 근원적인 '제1원인'을 신의 개념으로 채택하는데, 이런 방식을 신의 존재에 대한 '우주론적 논증법'이라고 불린다. 결국, 아리스토텔레스는 첫 우주의 운동을 낳은 지능적 존재로서의 신을 모든 활동의 목적인이며 질료 없는 형상으로만 이루어진 실체로 보았던 것이다.

존재론에서의 동일성 문제

이 우주에서의 존재 문제를 살펴보는 데 있어서 우선 개별자와 보편자에 대한 의미를 정확히 알 필요가 있다. 일단 개별자(particular)는 이 우주에 존재하며 다른 개체와 구분이 가능한 개체들을 일컫는 말이며, 보편자

(universal)란 동물, 아름다움, 사제관계 등과 같이 개별자들을 구분하는 유개념, 공통된 속성, 관계 등을 일컫는 것이다. 이들은 보통 문장에 있어서 주어와 술어 관계로 만난다. '구체적 개별자'란 수와 같은 추상적 개념과는 달리 공간을 차지하는 한 물질을 지칭하는데, 이는 공간적 위치(location)와 단일성(unity)이라는 두 가지 주요 특성을 가지는 것으로 볼 수 있다. 구체적 개별자들의 존재적 근거를 캐기 위해서는 그 부분 요소 측면과 발생의 인과적 근원에 대해서도 생각을 해볼 필요가 있다. 그런데 전체와 부분 개념에서 더 이상의 부분들로 나눌 수 없는 구체적 개별자들을 상정할 수 있을 텐데 이를 특별히 '원초적 개별자(basic particular)'라고 부른다. 이들은 더 이상의 부분들로 구분할 수 없다는 측면에서 단순하다(simple)고 표현한다. 또 이들은 근원적(fundamental)이며, 독립적(independent)이라고도 말한다.10)

구체적 개별자나 원초적 개별자의 존재적 정의에 대해 그 시간적 구분에 대한 필요성은 있을까? 우선 시간은 무한 분할이 가능하며 따라서 시간적 원자 같은 최소 단위는 없어 보인다(현대 물리학자들은 공간이든 시간이든 그 최소 단위를 주장하기도 하지만...11)). 만일 시간의 무한 분할로 치닫는다면 결국 그 개별자의 존재성에 대한 의미마저 무상하게 해체되지 않을까? 아무튼, 일반적으로 개별자의 존재 정의에 대한 시간적 구분은 피하는 경향이 있다. 다만 시점에 따라 한 구체적 개별자의 크기, 무게, 열 등의 상

---

10) Keith Campbell, *Metaphysics-An Introduction*, Dichenson Publishing, 1976, pp. 25-43 참조. 원초적 개별자는 구체적 개별자(concrete particulars)와는 달리 더 이상 부분적으로 다른 개별자들을 담지 않으며(simple), 그 생성의 원인을 다른 것에 의존하지 않고(fundamental), 온전히 자기 자신에만 그 존재를 의존하는(independent) 속성을 가진다는 설명이 들어있다.
11) 이 책의 조금 뒤에 시간과 엔트로피라는 주제로 다시 설명하겠지만, 카를로 로벨리라는 세계적인 양자 물리학자는 공간은 물론 시간의 최소 규모도 존재한다고 주장했다.

황 변화가 있을 수 있다는 점은 인정하지 않을 수 없을 것이다. 이러한 것은 하나의 사건 (event)이라고 불리며 실체 그 자체가 아니라 파생적인 혹은 2차적인 실재로 간주하기도 한다. 시간에 따른 상황적 변화 중 어떤 개별자의 위치 변화는 '운동(motion)'이라고 하며, 다른 일반 속성들의 변화는 '변경(alteration)'이라고 말해진다.

여기에 담긴 철학적인 이슈로는 변화의 문제(the problem of change) 또는 지속의 문제(the problem of persistence)가 있다. 이는 다양한 변화의 과정에서도 그 개별자의 존재적 동일성이 지속적으로 유지가 되는지에 대한 의문에 대한 것이다.

헤라클레이토스의 경우 흐르는 강물은 동일하지 않다면서 변화에 따라 동일성을 인정하지 않는 반면, 파르메니데스의 일자론에서는 이런 변화는 동일 존재에 대한 모순을 불러일으키므로(운동은 생성과 소멸을 동시에 발생시키기 때문에 a이면서 a가 아니게 되는 논리적 모순율을 발생시킨다는 주장이다) 결국 변화를 인정하지 않는다. 그런데 세상의 변화를 인정하지 않는다는 것은 우리의 경험과는 상반되는 엉뚱한 주장에 불과한 것처럼 보인다. 파르메니데스는 "있는 것은 있고, 없는 것은 없다"라는 유명한 말을 남겼다. 이는 공간에 대해 빈 것 즉 없는 것으로 간주한다는 의미이다. 그렇게 되면 어느 물체가 일으킨 운동 즉 공간 이동을 변화로 인정하지 않으며, 두 물체 사이의 공간적 구분도 의미가 없어지므로 세계는 영원불변한 단일체로 간주 된다. 이것이 일자론 사상이며 이는 플라톤의 이데아론으로 계승된다. 결국, 변화는 감각적 경험에서 나온 거짓이며 세계의 진짜 불변적인 모습은 이성이라는 인간의 선험적 능력을 통해 꿰뚫어 보아야 한다는 것이다.

'테세우스의 배' 이야기로 지속의 문제를 더 생각해보기로 한다.12) 고대 그리스에서 영웅 테세우스가 타던 낡은 오리지널 배를 각 널판지를 하나씩 새로이 교체하면서 천 일 동안 배 A를 완성했다. 그럼 이 A 배를 오리지널 배와 동일한 배라고 할 수 있는가? 또 만일 오리지널 배에서 가져온 낡은 널판지들을 재조립하여 배 B를 복원했다면 이 경우는 또 오리지널 배와 동일한 배라고 할 수 있는가? 그리고 A와 B는 서로 동일한 배라고 볼 수 있는가? 이런 질문들에 대해 동일성에 대한 나름의 기준을 가지고 자신 있게 답변하기는 쉽지 않아 보인다. 오리지널 배가 시간을 지나면서 변화를 겪지만 결국 널빤지들만 하나씩 바뀐 A를 오리지널과 동일한 존재로 보는 것을 '이동지속이론'이라고 한다. 그리고 A와 B를 시간적 확장 차원에서 각각 오리지널 배와는 동일한 것으로 보되, A, B 두 척은 그래도 서로 다른 시간계에 걸린 존재로 구분을 하는 것을 '확장지속이론'이라고 한다. 또 이 세 대의 배 모두를 각각의 시간과 연결을 시켜 다른 시점에서의 다른 배로 보는 입장을 '찰나지속이론'이라고 부른다. 이처럼 시공간적 차원의 구분까지 동원한다면 그 구분에 그다지 혼란은 없어 보인다.

자아의 동일성 문제도 있다. 로크는 나를 몸과 마음으로 구분한 뒤, 진정한 자아는 몸이 아닌 마음으로 보았다. 이를테면 어느 날 왕과 구두 수선공의 두뇌가 뒤바뀌면 누가 진짜 왕인가? 그는 마음의 기억 작용을 근거로 과거의 내가 지금의 나와 동일인으로 이어지는 것으로 보았다. 그럼 내가 사고로 어릴 적 기억이 사라지면 어릴 적 나와 지금의 나는 동일인이 아닌가? 그러므로 이는 결코 간단한 문제가 아니다. 흄에 이르면 나조차 관념들의

---

12) https://www.youtube.com/watch?v=QWi42U8kXPQ 참조. 시간에 따른 존재의 동일성 및 지속 문제에 대해서는 철학자 김필영박사가 자신이 운영하는 유튜브 "5분뚝딱철학"에서 정리한 이 동영상을 참조하였다.

다발일 뿐으로 보며 그 존재성마저 해체해 버리는 격이다.

스피노자, 라이프니츠의 경우에는 이 세계의 근원적인 진짜 존재의 문제를 화두로 삼으며 원초적 개별자에 대해 전통적인 원자론을 거부하면서 대안적인 체계를 제시하기도 했다. 스피노자의 경우, 유일한 원초적 개별자를 자연신이라는 일원론 관점으로 파악하며 이는 자기 창조적이고, 무한 영원하며, 나누어지지 않고 완전하다고 보았다. 다만 그 밖의 여러 개별자들은 실체의 지위를 부여하지 않는다. 자연신만을 유일한 실체로 보는 것은 이들만이 인과적으로 독립적이며 외부 존재에 의존이 없이 완전하게 기술될 수 있기 때문이다. 스피노자는 대상을 규정할 때 그 대상을 속성들의 총체로 보는 속성 다발론 입장을 폈다. 그런데 이런 입장은 어떤 대상이 특정한 일부 속성을 잃고서도 동일성을 유지하는 변화가 가능하다는 우리의 일반적인 상식과는 차이가 있어 보인다.

한편, 라이프니츠의 경우엔 원초적 개별자들을 영원하고 상호 독립적이며 정신적 특성을 가진 '모나드(monad)'로 지칭했다. 이는 스피노자의 일원론, 데카르트의 이원론(물질과 정신)과 구별하여 다원론으로 분류되기도 한다. 라이프니츠는 특정 대상들에 대한 모든 현상은 각자 신의 예정조화에 따르는 필연으로 보았다. 또 그는 '구별 불가능자의 동일성' 원리를 통해 양자 간에 결코 어떤 속성의 차이도 구별할 수 없다면 이들은 동일한 존재로 보아야 한다는 관점에서 관계적/상대적 공간론을 펼치기도 했는데, 이에 대해서는 다음 절에서 좀 더 자세히 알아보기로 한다.

상대성원리에 따르면 물질은 에너지로 전환을 시킬 수 있으며 이론적으로 그 역도 가능해진다. 그렇다면 물질이나 에너지 그 자체로서는 영속성이 없으므로 어느 쪽이든 원초적 개별자가 될 수 없다고 봐야 할지 모르겠다.

한편 버트런드 러셀은 개별자들을 시공간 안에서 어떤 특정 지역과 시간 안에서 짧게 존재하는 이벤트(event)적 존재들로서만 규정했다. 이런 찰나 존재론(event ontology)은 꽤 과학적인 시각으로 보이며, 이를 생성과 소멸이 거듭되는 프로세스 존재론이라고도 부른다. 결국, 전체 시공간 세계만을 원초적인 실체로 보고 개별 이벤트들은 제한적인 이차적 존재자들로 본 셈이다. 이는 마치 스피노자의 일원론적 우주론처럼 보이기도 하다.

절대적 공간론과 상대적 공간

이 우주는 크게 1차원적 시간과 3차원적 공간, 그리고 그 속의 개별자들(물리적 개체) 등 세 가지 요소로 이루어져 있다고 보는 것이 일반인들의 상식이다.

그런데 이중 공간에 대해서는 물체처럼 존재적 지위를 꼭 부여해야 하는가에 대해서는 논란의 여지가 있다. 역사적으로 뉴턴은 물체와 마찬가지로 공간의 절대적 존재성을 인정한 한편 라이프니츠는 공간은 물체 간의 상대적 관계 의미일 뿐 실제 존재하는 것은 아니라고 보았다. 전자를 '절대적 공간론'이라고 하고 후자를 '상대적 공간론'이라고 부른다. 그럼 이 양자 사이의 논쟁은 어떻게 전개되었을까?

먼저 절대적 공간 이론부터 살펴보면, 공간 자체를 물체처럼 하나의 존재적 실체로서 받아들인다는 '존재론적' 주장과 함께, 물체의 존재나 움직임 같은 것에 영향을 받지 않는 공간 구조의 절대성을 부여하는 '구조론적' 주장 등 두 가지 관점을 가지고 있다. 존재론적 주장에서의 공간은 어떤 물체나 사건들에 존재성을 의존하는 것이 아니라 그 자체적으로 독립적 존재를 한다고 본다. 이를테면, 칼과 칼집은 서로 간에 관계성을 가지기는 하지만, 서로 간에 존재성을 의존하지는 않는다. 다시 말해, 칼이 없더라도 칼집이 존재할 수는 있으며, 칼집이 없더라도 칼이 존재할 수 있다. 공간과 물체 간의 관계도 마찬가지라는 것이다. 따라서 우리가 우주에 존재하는 것들의 목록을 작성한다면 쿼크나 전자기력 못지않게 공간도 한 요소를 차지해야 한다는 것이며 다른 모든 것을 배제하더라도 공간 한 가지만으로도 존재를 인정해야 한다고 보는 것이다. 그다음 절대적 공간론의 구조론적 측면도 살펴보자. 이 주장에서는 공간은 그 안에 담긴 물체들과 상관없이 늘 일정한 구조와 균일한 척도를 가지고 있다고 본다. 따라서 절대적 공간상의 위치란 항상 그 자리에 그대로 있는 것이며 이 우주에 물체가 하나밖에 없다고 하더라도 그 물체의 위치나 속도에 대해 말하는 것이 가능해진다고 보는 것이다. 그리고 공간 사이의 간격은 그 안 물체들의 운동과는 상관없이 늘 동일하다. 우주의 어떤 위치에 있는 공간이라 할지라도 그 속성은 동일하다고 보는 것이다. 따라서 우주의 절대 공간을 이동하는 물체의 절대적 운동(absolute motion)개념도 가능하다.

한편, 상대적 공간론 주장이란 공간의 구조는 그 안의 물체 존재와 그 변화에 의해 인과적인 영향을 받는 상호 관계적인 개념일 뿐으로 본다.

따라서 독립적으로 존재하는 절대적인 공간이란 애초에 존재하지 않는다는 것이다. 즉, 공간이란 물체 간의 상호 거리 관계를 맺는 형식에 불과한 것이며 따라서 절대적 운동이라는 개념도 성립할 수가 없다. 물체가 전혀 없는 빈 공간적 존재라는 것은 의미조차 없는 것이며, 만일 물체가 하나만 존재하는 우주라고 할 경우, 그 물체가 움직였다고 하더라도 이를 구분할 수 있는 상대적인 존재가 없다는 측면에서 그 물체의 운동을 인정하지 않는다. 우리는 오감에 의해 공간의 존재나 변화 그 자체에 대해서는 인식할 수가 없다. 다만 물체들의 변화를 통한 공간의 상대적 위치 개념을 사유 속에서만 가질 뿐이라는 것이다.

뉴턴의 절대적인 공간론은 사실 우리의 상식과는 비교적 잘 상응하는 듯이 보이는 이론이다. 반면, 라이프니츠의 상대적인 공간론은 모종의 추상적 사고력을 요구한다. 왜냐하면, 우리의 일반 상식은 공간은 3차원적으로 물체들에게 내어줄 자리(위치)로 보는 경향이 있기 때문이다. 하지만 이 이론 역시 강력하며, 절대적 공간의 존재를 별도로 인정하지 않고도 우리는 물체들의 운동 및 상관관계를 잘 해석하고 계산해낼 수 있다. 따라서 단순성을 선호하는 오컴의 면도날 원리에는 더 부합한다는 측면도 있다. 그런데 뉴턴도 상대적 위치나 상대적 운동 개념을 부정하는 것은 아니었다. 다만 그는 우선 절대적 공간 개념을 기반으로 절대적 운동 개념을 도입하려 했던 것이다. 절대적 운동이란 어떤 대상의 운동이 절대적 공간을 기준으로 발생한다는 개념이다. 다시 말해 우주의 어떤 대상이 절대적 공간의 어느 위치에서 일정 시간 동안 다른 위치로 이동할 때 그것은 절대적 운동 상태에 놓여있다고 말한다. 그렇지 않다면 그것은 절대적 정지 상태에 있다고 말한다. 어떤 대상의 상대적 운동이란 다른 대상과 대비하여 나타내는 상대적인 운동 개념일 뿐이다. 따라서 절대적인 운동일지라도 당연히 상대적인 운동으로도 인위적으로 해석할 수는 있다는 것이 뉴턴의 입장이었다.

하지만 라이프니츠는 절대적 공간 자체부터 불합리한 것으로 보았다. 그럼 절대적 공간을 부정하는 이유에 대한 그의 철학적 주장을 조금 더 자세히 들여다보기로 하자. 그의 절대적 공간의 부정은 사실상 그의 '구별 불가능자의 동일성 원리(the Principle of the Identity of Indiscernibles; PII)'에 따른 것이다. PII에서는 두 대상의 모든 속성들에 대해 구별이 전혀 불가능하다면 그 두 대상은 동일한 대상으로 보아야 한다는 철학적 이론이다. 달리 말하면, 만일 두 대상이 다르다면 양자 간에 최소한 하나의 다른 속성이 존재해야 한다는 것이다. 이것은 누구에게나 직관적으로 납득이 가는 주장이며 그렇지 않은 사례를 찾기가 어려워 보인다. 하지만, 여전히 속성이란 또 과연 무엇인가에 대한 의문과 함께 철학적 논쟁의 대상이 될 수 있는 이론이기도 하다.

라이프니츠는 절대적 공간 이론이 PII와 충돌한다는 점을 주장하기 위해 두 가지의 사고실험을 제시했다. 그는 뉴턴의 절대적 공간이 존재한다고 가정하고 두 개의 다른 우주가 완전히 같은 대상들을 포함하고 있는 경우를 상상해보자고 했다. 한 우주에는 각 대상들이 절대적 공간 위치들을 차지하고 있고, 다른 우주에는 그 절대적 공간 위치에서 제각기 정확히 2마일씩 같은 방향으로 이동이 되어있다고 하자. 유일한 차이인 공간상의 절대적 위치의 기준은 뉴턴조차도 관찰할 수 없다는 점을 인정한 바가 있다. 그러므로 이 두 우주 사이에 어떤 속성의 차이도 말할 방법이 없다는 것이다. 따라서 우리가 관찰할 수 있는 것은 대상들 간의 상호적 위치 관계일 뿐이며 이 관점에서 위의 두 우주 사이에는 아무런 차이를 찾아낼 수 없으므로 두 우주는 같다는 것이다. 라이프니츠는 뉴턴 말대로 만일 절대적 공간이 존재한다고 가정하면 두 우주는 서로 다른 것이 참이 된다는 것은 인정한다. 하지만 이 경우라도 PII 관점에서는 두 우주가 다를 수 없다는 결과를 발생시키므로, 라이프니츠는 여기서 발생하는 논리적 모순을 지적한다. 그는 결국, 귀류법 증명 형식으로 절대적 공간의 존재는 거짓일 수밖에 없다는 논증을 도출해내려 한 것이다.

라이프니츠의 두 번째 사고실험도 이와 유사하다. 다시 한번 같은 대상들을 포함하는 두 개의 우주를 상정해보자. 첫 번째 우주에는 모든 대상이 절대적 속도로 움직이고 있다고 하자. 그다음 두 번째 우주에는 이러한 모든 대상에 대해 일정 방향으로 300km/h 속도를 더 부가한다고 가정해보자.

라이프니츠는 이 경우에도 절대적 속도를 관찰해낸다는 것은 불가능하며, 상대적 속도만 관찰이 가능하고 유의미하므로 역시 두 우주는 다른 것이라고 말할 수 없다는 것이다. 라이프니츠의 첫 번째와 두 번째 사고실험에서 두 우주가 같다는 것은 공간상의 절대적 위치 개념은 배제해버린 채 두 우주는 모든 속성이 동일하다고 판단하는 데 기인한다.

당시 뉴턴은 라이프니츠의 이런 주장들에 대하여 '회전하는 양동이' 논증을 통해 절대적 공간은 관찰적 효과를 끌어낼 수 있다고 생각하였다.[13]

그는 물이 가득 찬 양동이 바닥 중앙에 줄이 매달려 있다는 가정을 해보자고 했다. 처음에는 그 물은 평평한 상태에서 가만히 있지만, 줄이 여러 번 꼬인 후 풀어지게 된다면 양동이가 회전을 시작하게 되며 조금 있다가는 그 속의 물도 같이 회전을 하므로 결국 양동이와 물 양자는 상대적으로는 정지하는 상태가 될 수 있을 것이다. 하지만 경험적으로 회전하는 물의 표면은 위로 오목한 상태가 되는데 뉴턴은 이 현상은 물이 절대적 공간에 대해서 회전하기 때문이라고 말했다. 물은 양동이에 대한 상대적 회전은 사라졌지만 고정된 절대적 공간에 대한 상대적 회전은 계속되고 있기 때문이라는 설명이다. 상대적 위치 관계만으로 정지된 양동이의 평평한 물 상태

---

13) Samir Okasha, *Philosophy of Science*, Oxford University Press, 2002. pp. 95-103 참조

와의 현상적 차이를 어떻게 설명하겠느냐는 것이다.

하지만 이 사고실험에 대해서는 혹자는 다음과 같은 문제점을 제기하기도 한다. 우선 우주에서 양동이와 물 이외에는 지구도 중력도 아무것도 존재하지 않는 상황에서의 실험이라면 같은 현상이 발생할지에 대해 의문이 든다는 것이다.

즉, 과연 절대적 공간이 이 현상을 만든 직접적 원인이라고 볼 만한 근거가 잘 드러나지 않는다는 것이다. 사실 이 경우는 회전 원심력과 더불어 가속도가 발생하는 상황인데, 이는 라이프니츠가 말했던 한 방향으로 일어나는 일체의 등속도 운동과는 다른 조건이다. 따라서 이 사고실험을 통한 뉴턴의 설명은 라이프니츠의 주장을 논파하고 절대적 공간에 대한 입증을 한 것으로 단정하기에는 부족함이 있다는 비판도 있다.

그런데 여기에서 만일 양동이와 그 속의 물은 정지해있고 나머지 외부 전체가 반대 방향으로 회전하는 우주에 대한 사고실험을 해보자. 이 경우 정지된 양동이 속의 물은 원심력 가속도가 발생하지 않으며, 따라서 평평함은 그대로 유지될 것으로 보인다. 그렇다면 라이프니츠 입장에서는 이런 사고 실험적 상황에 대해서는 어떻게 설명할지 궁금하다. 혹 상대주의 입장에서 이를 뉴턴의 '회전하는 양동이' 우주와 동일한 상황이며 따라서 이 역시 물의 표면은 위로 오목한 상태가 된다고 설명을 할까? 지금 라이프니츠에게 그 답을 얻을 수는 없겠지만 뉴턴의 관성의 법칙을 인정한다면 그렇게 말하기는 어려워지지 않을까 싶다.

왜냐하면, 회전 중심으로부터 r 거리만큼 떨어져 v 속도로 회전하는 물체의 원심력의 경우 그 가속도가 v의 제곱에 비례하고 r에 반비례한다는 것은 관성의 법칙에 의해 수학적으로 잘 설명이 된다. 그러므로 양동이 외부의 존재들이 모두 회전운동을 한다면 원심력 가속도가 작용하는 것은 양동이 속의 물이 아니라 바로 이들 외부 대상들이어야 하기 때문이다. 따라서 이 두 우주는 같은 우주 상태로 보기 어려우며, 이렇듯 가속도의 작용점이나 원심력의 차이에 대해서는 상대적 공간론의 관계적 설명만으로는 무언가 혼란스럽게 느껴지는 측면이 없지 않다.

그런데 후일 아인슈타인의 상대성 원리에 의해 생각해보면 절대적 공간 체계는 무너지는 듯이 보이기도 한다. 하지만 이는 공간의 구조론적 측면의 새 해석이지 존재론적 측면의 공간 부정이라고 보긴 어렵다. 또한, 물체 간의 공간적 관계를 상대론적으로만 바라보면 로켓 여행에서의 쌍둥이 패러독스가 발생한다는 점도 간과할 수 없다. 쌍둥이 패러독스란 우주여행을 다녀온 쌍둥이 형이 더 젊어져 있는가 아니면 지구에 남아 있던 쌍둥이 동생이 더 젊어져 있는가에 대한 질문에서 나온다. 형이 더 젊어져 있다는 것이 물리학적 정론이지만 상대론적 관점에서는 둘 사이의 위치나 속도 변화는 상대적이므로 어느 쪽이라고 답을 하기가 난처해 보인다.

일단 상대적 공간론 관점의 해석법과 계산법은 우주 과학의 실용성 측면에서 뉴턴 역학보다는 당장 유용하다는 것이 입증되었다. 하지만 형이상학적 관점에서는 절대적 공간론 시각이야 말로 여러 패러독스들을 피할 수 있는 우주론이 아닐까 싶다. 더 자세히 말하자면, 구조론적, 계산적 측면에서는 공간의 변화를 받아들이는 현대의 물리학적 방법론을 수용하며 뉴턴의 결정적 공간론에서는 자유로워지는 것이 나아 보인다. 하지만 존재론적 측면에서는 절대적인 고정 기준점 (이를테면, 빅뱅의 시작점)을 수용하면서 뉴턴의 절대적 공간론을 받아들이는 것이 더 합리적인 선택 같다는 것이 필자의 현재 생각이다.

시간과 엔트로피

앞에서 공간의 실재성 문제를 다루었지만 그렇다면 세상의 변화를 만들어가는 듯한 시간의 실재성은 과연 확신할 수 있는 것일까? 세계적인 이론물리학자이자 저명한 과학철학자이기도 한 이탈리아 출신의 카를로 로벨리는 공간과 시간의 본질에 대한 자신의 이론과 관점을 『모든 순간의 물리학』, 『보이는 세상은 실재가 아니다』, 『시간은 흐르지 않는다』 등의 대중적 저작을 통해 밝힌 바 있다.

우선 공간은 우리의 느낌과는 달리 연속적이지 않으며 정보에서의 디지털 비트처럼 더이상 쪼개지지 않는 공간 원자 단위로 구성되어 있다고 한다(10의 33제곱분의 1). 또한, 공간 원자들은 별개로 서로 고립되어 존재하는 것이 아니라 루프(고리)를 통해 관계 네트워크를 형성한다고 말한다.14) 따라서 존재란 결국 관계일 뿐이라는 것으로 불교의 연기설과 더불어 진공묘유를 연상시키는 느낌도 없지 않다. 바로 앞 절에서 다루었던 뉴턴과 라이프니츠 사이에 있었던 공간의 실재성 논쟁에서는 뉴턴은 공간의 실재론과 절대적 공간론을, 라이프니츠는 공간의 부재론과 관계적 공간론을 펼쳤다. 로벨리의 표현에 따르면, 현대물리학 관점에서는 뉴턴의 공간 실재론은 옳았지만 그 절대성은 틀린 것으로 보아야 한다고 결론 지었다.

이와 더불어 로벨리는 시간에 대해서도 절대적 존재 양식이 아니라 그저 파생적인 현상일 뿐이라고 설명한다. 그리고 그는 시간의 본질은 본인이 평생을 바친 이론물리학 연구의 핵심이라고 말하기도 했다. 그는 그의 저

---

14) 카를로 로벨리, 『보이는 세상은 실재가 아니다』, 샘앤파커스, 2018. P. 193. 뉴턴의 공간, 시간, 입자라는 우주의 존재 개념이 궁극적으로 '공변양자장'이라는 단일 재료로 통합되는 프로세스를 도표를 통해 일목요연하게 보여 준다.

작을 통해 시간에 대한 다음과 같은 심도 있는 과학적, 철학적 주장을 펼쳤다.[15] 그의 주장은 아인슈타인의 상대성원리에서 출발한다. 모든 물체는 자기 주위의 시간을 더디게 만들며 땅 위에서의 시간은 중력이 큰 아래쪽 일수록 느려진다. 또한, 빠르게 움직이는 물체에서의 시간은 정지한 물체보다 느리게 간다. 이런 측면에서 본다면 일단 시간의 통합된 절대적 기준이란 없다고 보는 것이 타당할 것이다. 또한, 이 우주에는 에너지 보존의 법칙이 성립하며 에너지가 세상의 변화를 이끄는 원동력인 것처럼 보이지만, 사실상 변화의 유일한 원인은 엔트로피 법칙이라는 것이 그의 설명이다. 그럼 엔트로피 법칙이란 과연 어떤 것일까? 세상은 엔트로피가 높아지는 방향 즉 무질서도가 커지는 방향으로 변화한다는 'dS>=0' 공식을 우리는 '열역학 제2법칙'이라고 말한다. 이 세상은 엔트로피가 감소하지 않는 방향으로만 계속 변화하고 있을 뿐, 절대적 시간이 존재하여 과거-현재-미래의 방향으로 흐르고 있는 것이 아니라는 것이 로벨리의 아리송한 설명이다.

공간의 연속성이 거부되고 있는 것처럼 로벨리는 시간의 양자적 특성 연구자로서 시간조차 연속성이 있는 것은 아니라고 이야기한다. 시간의 최소 규모가 존재한다는 것인데, 이를 '플랑크 시간'이라고 부르며 이는 10의 44제곱분의 1초라는 것이다. 그렇다면 시간에도 공간에서처럼 불연속적 도약이 일어나는 셈이다.

이런 설명을 마주하다 보면 과연 우리가 사는 이 세계는 혹 어떤 지능적 존재가 작성한 가상 디지털 세계 같은 것은 아닐까 하는 의문이 들기도 한다. 아무튼, 이러한 과학적 발견들은 결국 심오한 철학으로 연결이 된다. 일찍이 비트겐슈타인은 '세상은 사물들이 아닌 사건(event)들의 총체'라

---

15) 카를로 로벨리, 『시간은 흐르지 않는다』, 쌤앤파커스, 2019.

고 표현한 적이 있다. 여기서 돌 같은 '사물'은 시간 속에서 계속 지속하지만 입맞춤 같은 '사건'은 한정된 지속기간을 가진다. 로벨리는 입자들조차 선형적인 시간 속에 살지 않는다고 표현하며 상호 작용에 의거해서만 존재한다고 말한다. 또 입자들은 공간 속에 담겨져 있는 것이 아니라 스스로 공간을 형성하며, 결국 세상은 관계 속에 존재하는 관점들의 총체라는 철학적 정의를 내리기도 했다.

일찍이 칸트는 공간 직관을 외적 감각 대상에 질서를 부여하는 방식으로, 시간 직관을 내적 상태에 질서를 부여하는 방식으로 보았다. 하이데거도 시간화란 인간의 척도 내에서만 가능하다고 표현했다. 시간의 내적 의식이 존재의 지평이라는 것이다. 시간은 본질적으로 기억과 예측 능력의 뇌를 가진 인간이 세상과 상호작용을 하는 형식이며 우리 정체성의 원천이기도 하다. 우리는 시간으로 만들어진 존재이며 이러한 시간에 관한 감정이 영원불변을 지향하는 철학과 종교도 만들어낸 것으로 볼 수 있다. 시공간에 대한 로벨리의 물리학적, 철학적 관점들은 우리의 소박한 시공간 의식과 조화시키기는 쉽지 않은 듯하다. 아인슈타인이 빛의 속도를 절대적 공리로 두고 우주 현상들을 분석했듯이 아마도 로벨리는 시간이 아닌 엔트로피 법칙을 절대적 기준으로 보고 세상의 변화를 설명하려는 듯하다. 즉 시간이란 것이 외부에 별도로 존재함으로써 세상 변화가 발생하는 것이 아니라 엔트로피 법칙에 따르는 방향성을 가지는 세상 사물들의 변화만 인정하며, 이에 대해 인간 인식 주체는 내적 변화와의 상호 관계 속에서 시간이라는 관념을 가진다는 것이다.

그럼 엔트로피 법칙이라고도 불리는 열역학 제2법칙에 대해 수리물리학 관점에서 조금 더 살펴보기로 한다. 우선 온도와 열은 정확히 같은 개념이 아니다. 온도가 어느 유체의 성질로 그 속 분자들의 평균 운동에너지라면, 열이란 위치에너지처럼 분자들의 전체 운동에너지의 총 변화를 가늠하기 위한 양으로 정의가 된다. 엔트로피는 열과 같은 개념으로 상태의 변화를 나타내기 위한 것이다.

즉, 두 상태 간 엔트로피(S)의 차이는 열의 변화량(dq)을 초기 온도(T)로 나눈 것으로 $dS = \frac{dq}{T}$ 라는 미분방정식으로 나타낼 수 있다. 이를 적분하면 엔트로피의 작은 변화량이 모두 더해져 엔트로피의 전체 변화량이 얻어진다. 볼츠만은 기체 운동에 대한 열역학을 수학적으로 재해석하여 오늘날의 통계역학을 만들어낸 큰 위업의 물리학자이다. 그는 다음과 같이 거시적 엔트로피 상태를 미시적 상태들의 통계적 특성으로 해석했다. "S=k·logW" 여기에서는 e가 밑수인 자연로그를 쓰며, W는 거시 상태를 만드는 미시 상태들의 총 수이고, k는 이른바 볼츠만 상수이다. 이 식은 엔트로피를 무질서의 정도로 해석하는 근거가 된다. 간략한 예로, 1,2,3이 적인 세 장의 카드 그룹과 A,B,C가 적힌 세 장의 카드 그룹 등 총 두 그룹의 6장 카드가 있다고 해보자. 각 그룹을 유지하면서 순서대로 나열하는 방법은 3!×3!=36이지만, 그룹 구분을 무시하고 6장 모두를 순서대로 나열하는 방법은 6!=720가지나 된다. 여기서 미시 상태의 수를 비교하면 36과 720이 되지만, 그 거시적 엔트로피 관점에서 비교하면 log36=3.58, log720=6.58이다.

열역학에서 출발한 이러한 엔트로피 개념은 흥미롭게도 정보이론 공식에도 적용이 되었다.

수학자이자 정보이론의 아버지 섀넌은 메시지의 정보량을 무질서한 정도를 나타내는 '엔트로피'로 정량화했다.

모르는 것이 많을수록 섀넌의 엔트로피는 증가한다는 것이며 열역학처럼 다음과 같은 식으로 정보의 정량화를 시도한 것이다. "H= -$\Sigma P_i(\log_2 P_i)$". 여기서 P_i는 각 상태(메시지를 구성하는 기호)가 나타날 확률이다. 앞의 6장 카드의 두 가지 상황에서 섀넌의 정보엔트로피 공식대로 비교 계산을 해보기로 하자. 세 장과 세 장 구분 케이스에는 각 상태의 수는 36가지이고 각 상태의 $P_i \log_2 \frac{1}{P_i} = \frac{1}{36} \log_2 36$이므로 H=$36 \times \frac{1}{36} \log_2 36 = \log_2 36 = 5.16$이다. 이것을 여섯 장의 상황으로 계산한다면 $720 \times \frac{1}{720} \log_2 720 = \log_2 720 = 9.49$가 된다. 따라서 후자의 엔트로피가 역시 더 크다. 원래 정보란 '불확실성'과 밀접하게 관련이 있다. 일단 가능한 메시지 수는 셈으로 측정할 수 있다. 만일 단 하나의 메시지만 가능하다면, 불확실성은 없겠지만 아무런 정보도 없게 된다. 정보는 '의외성'을 내포하며 이는 확률과 연관이 깊다.

다시 열역학으로 돌아가 보면, 엔트로피는 앞서 언급했듯이 '시간의 화살'이라는 문제와 철학적으로 연관이 된다. 분자들 차원에서의 자연적 역학은 카드 뒤섞기와 유사한 측면이 있는데, 시간이 지나면 외적 에너지와 힘이 없어도 분자들이 균질적인 상태로 뒤섞여 무질서도가 높아지는 성향을 나타내기 때문이다.

우주의 이런 과정을 두고 시간을 곧 엔트로피를 증가시키는 방향으로의 흐름으로 간주하는 것이다. 그렇다면 생명계는 이 우주에서 모종의 질서를 만들어 엔트로피를 오히려 낮추는 역할을 하는 것처럼 보이는데, 다윈의 진화론은 혹시 이 우주의 법칙과 상충하는 이론은 아닐까? 하지만 물리학자 슈뢰딩거는 1944년 『생명이란 무엇인가』라는 책에서 생명계는 주위에서 질서를 빌려와서 그 이전보다 더 무질서한 환경을 만듦으로서 그 빚을 갖는 것이라는 물리학자다운 해석을 하기도 했다. 이를테면 닭이 질서로운 달걀을 생산하는 것도 그것이 궁극적으로는 이 세상에 무질서를 만드는 과정으로 볼 수 있다는 설명이다.

삼원주의 세계관

통상 우리는 이 우주를 시공간 및 물질들로 구성이 된 세계로 바라보지만, 물질적 존재성만 가지고 이 세계를 이해하는 것은 한계가 있다. 철학사를 돌아보면, 이 물질세계에 던져진 놀라운 인식 주체인 인간의 마음 관점을 동원하여 주체와 객체의 상호 관점에서의 철학이 오랜 기간 펼쳐지기도 했다. 그런데 1977년 포퍼(Karl Popper)는 신경심리학자인 에클스(John Eccles)와 함께 물심 이원주의의 발전 버전인 삼원주의(tri-ism) 세계관을 제시한 바 있다.[16] 포퍼는 순수한 물질적 시스템은 세계의 추상적 내용을 파악할 수 없으며, 우리의 마음의 활동은 추상적 세계의 정보를 물질적 세계에 적용하는 중개 역할을 한다는 측면에서 물질적 활동과는 엄연한 구분이 되어야 한다는 논법을 제기했다.

하지만 처치랜드(Churchland)는 이에 대해 오늘날 인간의 마음이 아닌 컴퓨터나 인공지능도 이러한 활동을 할 수 있다는 측면에서 이것이 곧 일원론적 물리주의를 타파하는데 성공적인 논법은 될 수 없다는 반론을 제시하기도 했다.

---

16) Bechtel, William, *Philosophy of Mind: An Overview for Cognitive Science*, Psychology Press, 1988. pp.83-85 참조. 그들 자신은 이 이론을 '상호작용주의(interactionism)'라고 표현했다.

포퍼의 삼원주의란 구체적인 물리적 대상들의 세계(World 1)와 심적 활동의 세계(World 2)에다가 심적 활동이 만들어내는 수학, 물리학 이론, 문학 작품 등으로 이루어진 추상적 세계를 덧붙이며 이를 '세계3(World 3)'이라고 부른 것이다. 인간의 정신 작용이라는 것도 인간 두뇌라는 물리적 구조 계층에서 발생하는 것으로 본다면 인간의 몸은 일단 세계1에서의 인과적 법칙을 따른다고 보아야 할 것이다. 하지만 물리적 환원주의와 기계론만으로 고차원적 마음의 작용을 잘 설명하기엔 한계가 있어 보인다. 그런데 바로 그 위 마음의 작용 계층에서는 지각적 감각 정보를 받아들이고 통합하게 될 것이며, 보다 상위적으로 나아가면서 점점 추상화되고 메타적 개념 정보들이 만들어진다. 그리하여 결국은 비물리적이며 우리 마음과는 독립적인 세계3과 개념적 교류를 하고 이에 관한 연역적 추론도 하게 된다는 것이다.

그렇다면 이러한 세계3은 물리적인 바탕이 없이 플라톤의 이데아 세계처럼 별도로 천상에 따로 존재할까? 오늘날의 과학적 태도로 볼 때, 그렇게 받아들이긴 쉽지 않을 것이다. 그렇다고 인류가 어느 날 갑자기 사라진다면 그런 법칙적, 개념적 세계 자체의 존재성, 진리성도 인간의 마음과 함께 완전히 사라져버린다고 볼 수 있을까?

이 또한 그대로 받아들이기엔 만족스럽지가 않다. 그렇다면 세계3이라는 추상적 대상들의 존재성도 인정하자는 것이다. 세계2와 세계3의 교류 과정도 최하위층의 물리적 작용으로부터 완전히 자유로울 수는 없을 것이다.

하지만 결국 마음의 상위 차원에서의 의미 포착과 더불어 모종의 상호 교류 알고리즘이 작동하는 것으로 볼 수 있을 것이다. 물질과 다른 생물의 독특한 특성은 물리적 구성요소가 아닌 상위 수준의 조직에 있으며 이를 '유기체주의'라고 부른다. 전체는 부분의 합 이상이며, 물리 계층이나 하위 수준의 지식에서는 예측될 수 없었던 전혀 새로운 속성 즉 '창발성'이 상위 수준에서 나타난다는 것이다. 오늘날 분자생물학의 분석 관점에서 본다면 이런 특성은 생물체만의 고유의 비물리적 특성이라고 보기도 어렵다. 사실 컴퓨터의 딥러닝 기술에서도 하위 계층의 물리적 특성들이 모여서 상위 계층의 추상적 특성들이 포집 되기 때문이다.

이제 우리가 여러 유형의 인공적 캐릭터들과 독특한 가상 세계관을 가지고 있는 게임 소프트웨어를 만들었다고 생각해보자. 이 세계가 작동하려면 우선 하드웨어인 컴퓨터와 함께 소프트웨어 개발을 통해 특정 프로그램 코드가 만들어져야 한다. 그리고 이 프로그램이 실제적으로 작동이 되려면 이 코드가 어느 구체적 컴퓨터로 업로드 되어서 실제 프로그램의 실행이 되어야만 할 것이다. 이 코드들의 작성을 포함하여 모든 작동 과정은 물리적인 세계 즉 세계1을 통하여 이루어진다. 하지만 게임 기획자나 프로그래머가 구상하여 이 게임 안에 담겨있는 미리 정해진 비물리적인 가상적 세계관과 법칙들은 세계3에 속한다고 말해도 좋을 것이다. 여기에서의 세계관은 이 게임을 하는 나의 존재 바깥에서 미리 만들어진 추상적, 개념적 존재로 보아도 될 것이다.

자, 이제 내가 심적 존재로서 이 게임에 참여한다고 하자. 그럼 나는 물리적으로 모니터를 보고 마우스를 바삐 움직이겠지만 게임에 참여하는 나의 마음은 늘 상위층의 추상적 개념 차원에서 세계3과 만나고 있을 것이다. 여기서 게임에 참여하는 이 마음의 상태가 바로 세계2에 해당한다고 볼 수 있다. 만일 내가 아니라 어떤 인공지능 기계나 또 다른 컴퓨터의 지능적 프로그램이 이 게임에 참여한다고 하여도 마찬가지의 설명이 가능할 것이다. 그런데, 세계2라는 것은 심신 동일론 관점에서 바라보면 물리적 세계에 수반되는 심리 현상이며 별도로 존재하는 무엇은 아니라고 주장할 수도 있을 것이다. 동일론의 환원주의에 따르면 마음의 현상도 이론적으로는 물리적 계층 현상으로 환원이 가능해진다. 또한 세계3의 경우에도 그 추상적 법칙들은 그 정보들의 언어적 표현에 있어서는 물리적 구조에 의존한다는 식의 유사 논법이 가능하다. 하지만 이런 물질주의적 접근법만으로는 인식 주체들이 활동하는 이 세계 안에서의 상호작용에 관해 올바른 이해와 통찰을 얻기는 어려워 보인다.

힌티카도 비슷한 주장을 했지만, 수학의 경우에도 심신동일의 인식주체가 비록 물리적 하위 계층에서는 세계1과 지각적 또는 인과적으로 만나지만, 더 상위 계층에서는 세계3과 만나면서 논리적으로 추상적인 수학 이론을 생각하고 창조도 하는 것이라고 할 수 있다. 여기에서 인공지능이 이런 심적 주체가 된다 한들 이상할 것은 없다.

게임 속의 인공지능 캐릭터들도 세계2에 속하는 존재로 해석할 수 있을 터인데, 인공지능 소프트웨어 기술이 발전하면서 그 캐릭터들은 점점 지능적으로 만들어져, 스스로 게임도 만들면서 자신과 자신이 속한 세계란 곧 바깥의 누군가가 만든 정교한 게임일지 모른다는 생각까지 할 수 있지 않을까? 그렇다면 이 생각은 다시 다음과 같은 존재론적 질문에 이르게 한다. 우리도 혹 신이나 다른 우월적 존재들이 만든 이 우주 프로그램 속의 캐릭터들 같은 존재는 아닐까? 이 세계는 무한히 많은 우주 프로그램 중 하나일 뿐이고...

과학적 추론법

서구 철학에서는 지식을 오래전부터 크게 선험적 지식과 경험적 지식으로 구분해왔다. 여기서 후자인 경험적 지식이란 세상에 대한 후험적 경험을 통해 직접 알아내거나 그 경험이 전파된 지식을 일컫는 것이다. 그럼 선험적 지식이란 무엇을 의미하는 것일까?

이는 외부적 경험을 통하지 않고서도 타고난 인간의 직관적 사고 능력을 통해 명쾌한 판단이 가능한 지식으로 이를테면 논리적, 수학적 지식이 이에 해당한다고 보았다. 이를테면 a이면 b이고, b이면 c일 경우에는 a이면 반드시 c가 성립한다는 것은 경험을 통하지 않고서도 판단이 가능하다는 것이다. 그런데 우리가 받아들이는 대부분 지식은 선험적 지식과 경험적 지식이 혼합된 형태일 것이다. 예를 들어 어느 식당 복도에서 발생했던 살인 사건을 조사하는 형사의 추리 과정을 살펴보기로 하자.

(P1) "A는 살인 시점에 조리실에 있었다."(CCTV 확인을 통한 것으로 이는 경험적 지식이다)

(P2) "살인 시점에 A가 조리실에 있었다면 그는 복도에 있지 않았다." (한 사람이 두 공간에 동시에 있을 수는 없다는 것은 선험적 판단에 속한다)

(C) "A는 이 식당 복도 살인 사건과는 무관하다."(결론)

이처럼 우리는 경험적 지식과 선험적 지식의 결합을 통하여 새로운 지식을 얻곤 한다. 우선, 외부를 향한 지금의 관찰로 얻어지는 지식이 아닌 '내부 성찰적 지식'이란 것에 대해 생각해보자. 이는 우리의 기억이나 심리적 상태를 스스로 살펴서 발견하는 지식인데 흔히 선험적 지식을 만들기도 한다.

이를테면, 주변 인간관계에 대한 고민에 있어서, "나는 그녀와 함께 있는 것을 좋아하는가? 함께 있으면 그녀는 나를 행복하게 하는가 아니면 불안하게 만드는가? 교제를 지속하는 건 내가 압력을 느끼기 때문인가?" 등의 생각은 현재의 바깥세상을 살피는 탐색이라기보다는 마음 내부에 관한 성찰적 지식이라고 말할 수 있다. 또 하나의 예로 내 친구가 방에 가스가 새는 냄새가 나는지를 내게 물어본다고 하자. 이 경우 나는 내 지난 냄새들의 경험적 지식(기억)을 성찰한다. 이를 통해 현재 가스가 새는지 아닌지의 새 지식이 만들어진다. 만일 익숙하지 않은 무언가 이상한 냄새가 난다고 하면, 이를 통해 어떤 가스가 새는 것이 틀림없다는 내부 성찰적 판단을 내리게 되는데, 여기에는 비 경험적 논리 요소도 들어있다고 볼 수 있다.

그럼 이제 전제들로부터 결론을 도출하며 논리나 수학에서 선험적 지식을 창출하는데 사용되는 논리적 연역법(deduction)에 대해서 알아보자.

앞선 A 사례에서 (P1)과 (P2) 전제들이 만일 사실이면 (C)라는 결론이 거짓일 수 없다.

이를 '타당성(validity)'이라고 한다. 그런데 혹 거짓 전제들이라 하더라도 여기에서 유도된 내용이 결론으로 제시되는 경우의 가능성은 있으며 그렇더라도 이 역시 타당성을 잃는 것은 아니다. 그다음 '건전성(soundness)'이라는 표현에 대해서도 알아보자. 이 사례의 경우에도 그 진술이 타당성을 가지며 그 전제들이 실제 모두 참이므로 그 결론도 참이 된다고 보는 것이 합리적이라고 받아들일 수 있을 것이다. 이런 진술들은 건전성이 있다고 말한다. 연역적 진술이란 타당성 있는 진술들을 일컬으며 이를 통해 새로운 명제 지식을 추론하면서 지식의 확장이 가능하다.

타당한 진술이지만 전제들의 참을 확신할 수 없어 건전성이 없는 경우에도 그 진술에 대한 인식적인 유용성을 가질 수는 있다. 이를테면, 전제들 중 나도 모르게 거짓이 끼어 있다면 그 결론이 거짓일 수는 있겠지만(따라서 항상 지식을 만들지는 못하지만) 연역적 진술은 늘 논리적으로 정당성 있는 믿음을 확장시켜 주기는 한다는 것이다.

이제 또 하나의 중요한 추론법 중 경험적 지식들을 기반으로 하는 귀납법(induction)에 대해서도 살펴보자. 다음 추론 사례를 보자.

(P1) "지금까지 관찰된 모든 타조는 날지 못했다.",

(C) "모든 타조들은 날지 못한다."

그런데 어딘가 관찰되지 않은 타조 중 날 수 있는 새가 있을 수도 있다. 또 전제가 참이라도 결론이 거짓일 가능성이 있으므로 타당성 있는 진술이라고 말할 수는 없다. 하지만 (P2) "오랜 시간과 충분히 넓은 표본을 통해 관찰된 어떤 규칙은 일반적 규칙으로 간주할 수 있다."라는 전제를 추가한다면 이를 타당한 추론으로 받아들일 수도 있을 것 같다. 하지만 (P2)를 어떻게 알 수 있는가? 이 주장은 이런 방식이 지식의 일반화로 유용성에 기여해왔다는 과거의 경험들에 근거를 두는 것이라고 말한다면 이 역시 귀납법적 주장의 하나이며 이는 순환 논리에 해당하며 명백히 타당한 근거를 찾은 것은 아니다. 즉, 귀납법의 경우에는 정당성이 있다고 할 수 있는 비 순환적인 방법은 없다는 것이다(이를 '귀납법 문제'라고 말한다). 그러므로 귀납법에 대해 일종의 눈먼 신념으로 보았던 흄처럼 역사적으로 귀납법적 추론에 대한 회의론적 입장을 취하는 철학자들도 많다. 하지만 그럼에도 불구하고 이런 귀납적 진술은(오류가 생길 수는 있지만) 현실 세계에서 정당성 있는 믿음을 확장하는 데 매우 유용하다고 말하지 않을 수는 없을 것이다.

귀납법과 유사하지만 '귀추법(Abduction)'이라는 추론법도 있다. 다음 추론 사례가 꽤 흥미롭다.

(P) "홀의 커튼 아래 발이 보인다."

(C) "커튼 뒤에 누가 숨어있다."

이는 완벽한 추리처럼 보인다. 하지만 연역법의 경우처럼 전제가 그 결론을 필연적으로 내포하지 않는다. 그렇다고 이 사례가 충분히 많은 경험적 관찰을 통해 추론이 된 귀납법이라고 보기도 어렵다. 위와 같은 류의 진술을 귀추법이라고 말한다. 이는 보통 관찰된 현상으로부터 그 현상을 가장 잘 설명하는 결론을 끄집어낸 것이라고 말할 수 있다. 이런 스타일의 추리를 '최선의 설명에 이르는 추론법(IBE; Inference of Best Explanation)'이라고 표현하기도 한다. 위의 예에서는 그 발의 주인이 커튼 뒤에 숨어있지 않은 다른 경우는 없다고 보기 때문에 가능한 추리이며, 만일 이 상황에서 소설이나 영화에서처럼 잘린 발목이 나오는 끔찍한 상황을 떠올린다면 결코 곧바로 나올 수 없는 추리일 것이다.

귀추법은 일반 귀납법을 속기술을 써서 표현하는 약식 버전이라고 설명하기도 한다. 보통 큰 옥수수밭의 미스터리 서클처럼 원인을 알기 어려운 특이한 현상에 대해서는 그 원인을 설명하는데 그 사람의 기존 믿음들에 기초하여 가장 단순한 설명을 최선의 설명법으로 채택하는 경향이 있다. 이 미스터리 서클의 경우 화성인에 의한 것이라기보다는 특이한 기후 탓으로 생각하는 것이 보통이다. 하지만 물론 이것이 반드시 옳다는 보장은 없다. 다만, 단순하고 우리에게 익숙한 보수적인 선별은 과거에도 진리에 이르는 데 많은 도움이 되었다는 귀납법식 설명은 가능할 것이다.

토머스 쿤의 과학혁명의 구조

과학지식이란 여러 지식 종류 중 현실 세계에 관한 경험을 바탕으로 전문가들의 관찰, 실험, 합의를 통해 얻는 가장 믿음직하고 체계적이며 전형적인 지식을 일컫는 것이라고 말할 수 있다.

과학자들은 경험적 증거에 바탕을 두고 상상, 추론, 검증 등을 통해 창의적 이론 체계를 세우고 여기에 보조가설 같은 것을 도입하여 과학을 발전시켜 나간다.

하지만 여기에도 오류가 발견되어 후일 폐기 처분되는 이론도 허다하다. (예: 플로지스톤 이론, 에테르 이론) 그렇다면 객관성을 인정받을 수 있는 과학적 방법이란 어떤 것일까?

첫째, 자연적 원인만을 인정해야 하며 믿음에 의한 초자연적인 종교 기적은 연구 주제에서 배제된다. 둘째, 원칙적으로 실제적이고 경험적인 증거에 근거해야 한다. 셋째, 탐구 대상에 관해 분석적이다. 즉, 인과적 작용들을 단순 요소들로 분해하여 각각을 이해한 후 전체를 종합하는 과정을 거친다. 넷째, 체계적이다. 여러 연관된 주장들 사이에서 연구자 집단 사이의 정보 공유와 상대의 비판들을 거쳐 실제적 진리에 접근하는 정합성이 형성되는 것이다.

토머스 쿤은 그의 명저 '과학혁명의 구조'라는 책에서 과학지식에 관한 '패러다임론'을 펼쳤다. 성숙되지 않은 과학은 다양한 학파 사이에 합의가 도출되지 않으며 여러 문제에 각양각색의 답이 시도된다. 하지만 여기에서 성공적 사례를 통해 연구 가치가 있는 주제와 탁월하고 표준적인 연구법이 형성되기도 하는데, 이것을 바로 하나의 패러다임으로 지칭한 것이다. 쿤은 여기에 '모범사례'(고전적 문제와 그에 대한 표준적 해법)와 함께 인식론적, 형이상학적 가정이나 이론에 관한 시대적 특징들이 담겨있다고 보았다.

쿤에 의하면, 역사적으로 과학에는 서로 화합하기 어려운 대형 패러다임들이 존재했다.

즉, 첫 번째는 아리스토텔레스의 자연철학이고, 두 번째는 코페르니쿠스의 지동설 및 뉴턴의 역학이었으며, 세 번째는 아인슈타인의 상대성원리와 양자역학이었다는 것이다.

고대 아리스토텔레스는 모든 물체는 자기 본성에 적합한 자리로 가려는 속성을 가진다는 가설에서 출발을 했다.

뉴턴 역학 관점에서 본다면 이는 실로 터무니없는 이론으로 보이지만 그 시대적 상황에서는 자연적 현상들을 잘 설명할 수 있었던 제법 정교한 이론 체계였다. 쿤에 따르면 기존이론으로는 풀지 못했던 자연 현상을 새 이론을 적용해서 잘 맞아떨어질 경우, 패러다임의 변혁이 일어난다는 것이다.

쿤의 과학혁명론에 따르면 뉴턴의 역학 법칙처럼 특정의 주도적 패러다임에 의한 정상과학 시기가 존재하는데 이때 천왕성 궤도 같은 이해하기 어려운 변칙사례들은 간과되는 경향이 있다. 하지만 변칙사례가 지나치게 증대되면 대안적인 패러다임(혁명적 과학)이 모색이 된다. 만일 상대성원리처럼 여기에 성공한다면 새로운 정상과학이 탄생하게 되는데 이를 '과학혁명'이라고 한다.

쿤은 서로 경쟁하는 패러다임끼리는 일반적으로 서로 완벽한 번역이 불가능해지는데, 토머스 쿤은 이 현상을 패러다임 간의 '공약불가능성(incommensurability)'이라고 표현했다.

우리가 경험적 대상을 판단할 때, 일반인이 그냥 보는 것과 전문가 집단이 특정 과학적 방식으로 관찰하는 것에는 중요한 차이가 있다. 쿤은 후자에 대해서는 관찰의 '이론적재성'이 작용한다고 보았다. 어느 시점의 경쟁하는 이론들 사이에서 중립적 판단을 위한 객관적 방법이 과연 존재하는지는 의문이다.

사실 아무리 분석적인 과학이라도 명백히 객관적인 명제 지식만으로 환원되지 않으며 그 지식을 적용하는 전문집단의 능력과 적재된 이론들을 포괄하여 이해할 수밖에 없기 때문이다. 이를테면 코페르니쿠스의 지동설 체계가 거부된 이유는 종교적 이유 외에도 합리적인 이유가 있었다. 당대 최고의 천문학자였던 티코 브라헤의 연주시차 문제에 의해 완벽히 반증이 되었기 때문이다. 연주시차란 지구의 공전 궤도에서 차지하는 위치에 따라 달라지는 먼 별의 겉보기 각도 차이를 일컫는데, 이것이 실제로는 관측되지 않는다는 문제가 있었다(가장 가까운 별조차 연주시차는 10초 이하여서 당시에는 기술적으로 관측이 불가능 했다).

토머스 쿤의 학문적 여정을 몇 개의 시기로 구분해보자면, 그의 첫 번째 시기는 역사적 탐구의 시기였다. 후세의 과학이 무조건 우월하다는 승자중심적이고 축적적인 기존 역사관을 뛰어넘어 과학사에 있어서의 패러다임 관점을 창안해 냈던 시기이다. 두 번째 시기는 언어적 탐구에 천착한 시기이다.

'과학혁명의 구조'라는 책을 펴낸 후 자신의 이론에 대한 도전에 대응하며 공약불가능성 같은 철학적 문제들을 명쾌히 논증해내려고 애썼다. 그의 말년에는 '과학적 발견의 진화론'이라는 이름으로 새 연구에 열중하기도 했다. 하지만 이러한 진화론적 모델은 그의 생전에 완성하지 못했고 과학철학을 그저 과학주의로 퇴행시켰다는 비판에 직면하기도 했다.

생물학이란?

20세기 다윈으로 불리며 가장 위대한 진화생물학자로 꼽히는 에른스트 마이어(Ernst Mayr)는 오래전 '이것이 생물학이다'(This is Biology: The Science of the living World)라는 명저를 낸 적이 있다.[17] 그런데 이 책은 현대 생물학을 소개하는 책이라기보다 일종의 과학철학서 또는 생물 철학서에 가깝다. 이 책에서는 과학 철학사도 꽤 자세히 조명하고 있으며 그 말미에는 인간의 윤리성 문제까지 비중 있게 다룬다. 과학사를 돌이켜보면, 20세기 초반 무렵까지는 물리학이 과학의 전형으로 받아들여진 것이 사실이다. 하지만 점차 분자생물학, 유전학, 세포생물학, 신경과학 등의 비약적인 발전과 더불어 이제 21세기는 바야흐로 생물학 시대라고 일컬어지기도 한다.

마이어는 이 책에서 과학 철학사를 간략히 조명하면서 관련 이론들을 새로운 각도에서 비판했다. 오늘날 현대 분석철학에서는 지식이란 과연 무엇인가를 논하는 인식론이 차지하는 비중은 상당히 크다. 그런데 역사적으로 거슬러 올라가 볼 때 인식론에 대한 본격적인 관심은 근대 과학혁명과 더불어 시작되고 고조되었다.

그중 그 어떤 선행적 가설도 없는 경험주의적 귀납법은 베이컨 이후 두 세기 동안 정통적인 과학 방법이기도 했다. 하지만 실제 과학자들의 연구 활동은 점차 가설과 연역적 방법론을 중시했으며 나중엔 과학이 귀납법에 충실한 모습에 대해 거의 조롱하는 분위기에까지 이르렀다. 그래도 마이어는 물리학의 경우처럼 엄격한 보편 법칙 대신, 역사적 서술에 의존하고 다

---

[17] 에른스트 마이어, 「이것이 생물학이다」, 최재천 역, 바다출판사, 2016,

원주의적 경향이 다분한 생물학의 경우에는 귀납법적 접근이 핵심적 과학 방법이라는 점을 강조했다.

20세기에 이르러 영미 과학계나 철학계를 지배했던 것은 빈 학파 중심의 논리실증주의였다. 근대에서도 흄은 지식을 수학, 논리학 같은 선험적 지식과 일반 경험 지식을 일컫는 후험적 지식으로 구분했었는데, 논리 실증주의자들은 흄의 주장처럼 전자 쪽의 철저한 논리적 정합성(justification)이나 후자 쪽의 실제 경험적 검증(verification)이 가능하지 않은 뜬구름 같은 지식들은 배격해야 한다는 입장이었다.

특히 빈 학파와 긴밀히 교류했던 포퍼는 지식에 대한 반 귀납적 자세를 견지했으며, 과학적으로 부당한 이론을 제거하는 유일한 방법은 그 지식이 반증가능성(falsifiability)이 있는지를 확인하는 것으로 보았다.

이를테면 프로이트의 정신분석학 같은 영역은 반증이 가능하지 않으므로 과학이라 볼 수 없다는 것이다. 하지만 마이어는 포퍼의 이런 주장에 대해 반박한다. 생물학에서는 확률적 차원의 이론들이 많으며 그 예외의 발생이 반드시 반증을 구성하는 것은 아니라는 것이다. 그리고 특히 진화생물학의 역사적 서술에서는 반증 자체가 매우 어렵다는 점을 지적한다.

카를 헴펠(Carl Hempel)은 연역법적 총괄법칙 모델로 현대 과학철학사에서 1950-60년대를 지배했던 저명한 과학철학자였다. 그의 이론에 따르면 과학적 설명은 연역적(if~then~) 공리 체계이며, 모든 전제는 참이라는 것과 함께 최소한 하나 이상의 보편 법칙이 동원된다는 것이다.

하지만 이처럼 주로 논리에 기반을 두었던 20세기 과학철학은 우연, 다원성, 역사 등이 중시되는 생물학 분야와는 맞지 않고 철학자들의 거센 비판에 의해 나중엔 거의 몰락에 이르는 셈이라고 말한다. 생물학에서 이론이 만들어지는 과정은 통상 다음과 같은 다섯 단계라고 말한다. 첫째 관찰, 둘째 '어떻게/왜(How/Why)'에 대한 사고. 셋째 가설, 넷째 시험(추가적 관찰), 다섯째 가장 성공적인 설명 채택 등의 과정이다.

철학자들은 상식보다 논리에 의존하여 설명하기를 좋아한다. 하지만 논리학자의 관점은 보편 법칙에 의한 결정론적 이론 세계에는 적합하지만, 사실에 근거하며 우연이 지배하는 확률적 세계 또는 영역에서는 부적합할 수 있다.

마이어는 20세기 중후반을 풍미한 토머스 쿤의 과학철학에 대해서도 맹렬한 비판을 펼친다. 쿤은 역사적으로 대형 패러다임들이 존재했고 서로 다른 패러다임끼리는 소통이 어려운 큰 장벽이 있다는 점을 주장했지만, 이 관점은 최소한 생물학에는 맞지 않는다는 것이다. 생물학에서는 패러다임의 전환적 대변혁은 없었고 언제나 일련의 작은 혁명들이 존재했으며 정상과학이 따로 장기간 존재한 적도 없다는 설명이다.

마이어의 이 책에서는 신비한 생명현상에 관한 다양한 관점들도 핵심 주제로 등장한다. 물리적, 기계론적으로 자연을 설명하던 시대에 대응하여 한때 생명에 대한 설계가 있었다는 목적론적인 생기론이 유력하기도 했으나 오늘날 이는 곧 형이상학일 뿐이라고 밀려나고 만다.

이제는 생리 과정, 발생 과정들이 모두 세포와 분자 수준의 생화학적 과정에 의해 설명이 되기 시작했다는 것이다. 유전 프로그램이 마치 어떤 설계를 암시하며 생기론을 뒷받침하는 듯 보이기도 했다. 하지만 이조차 다원주의에 의한 재해석으로 무참히 붕괴가 되고 말았다는 것이다.

물질과 다른 생물의 독특한 특성은 물질적 구성요소가 아닌 보다 상위 수준의 조직에 있으며 이러한 유기체주의를 저자는 지지한다. 그리고 그 유기체들을 평가하고 생멸시키는 것은 결국 자연의 진화 작용인데, 그 단위는 『이기적 유전자』의 도킨스가 주장했던 각 유전자도 또 개체도 아니며, 상위의 개체군으로 보며 그 통합체들만이 자연선택을 통해 진화되어 간다는 것이다.

여기에서 인간의 윤리 의식 문제가 도출된다. 과거에는 인간의 신비로운 도덕성의 근원은 신이 내려주신 것으로 해석하는 것이 일반적이었다.

대철학자인 칸트도 그런 입장이었지만, 현대에 와서 최근 100년 이상 동안은 신이 아닌 진화론적인 자연주의적 윤리관이 사실상 대세로 자리 잡았다. 그렇다면 사회적 동물이나 인간에 있어서 이기주의적 개체들로부터 어떻게 이타적인 행동이 나타나는가 하는 수수께끼가 제기된다. 개인이라는 단위는 그 시야의 확대에 따라 세 가지의 다른 맥락의 단위가 될 수 있는데, 개체와 가족 구성원과 사회 집단 등의 세 단계이다. 결국, 마이어는 인간의 윤리 요소는 이들 문화집단에 작용하는 자연의 선택압력에 의해 진화한 윤리 규범과 행동들이라는 결론을 짓는다.

그럼 사회 속 개인들은 어떻게 도덕성을 습득하는가?

도덕성은 타고난 것인가? 동물행동학자나 사회생물학자들은 몇십 년간의 축적된 증거에 의해 인간 개인이 가지고 있는 가치관은 선천적인 성향과 학습 두 가지 모두의 결과라고 말한다. 특히 아동 심리학자들은 모르몬교 같은 종교집단에서도 나타나듯이 어린 시절의 윤리교육이 더없이 중요하다는 점을 강조한다. 그런데 인류에게 가장 이상적으로 적합한 윤리 체계 같은 것이 있을까?

서구의 전통적 윤리 규범은 그 경직성과 더불어 이방인에 대한 차별적 의식에 문제가 있다고 말한다. 자기중심주의와 개인 권리가 지나치게 강조

되며 자연 전반에 대한 우리의 책임의식에도 소홀하기 때문이다.

오늘날 자연 서식지 파괴와 수백만 종의 야생동물과 식물들의 생존권이 위협받고 있는 이 생태계 현실도 제대로 보아야 한다. 우리는 관점의 규모를 키우며, 개인의 필요나 인류애를 넘어 우리와 마주하는 보다 큰 집단의 요구까지도 포용할 수 있어야 한다는 것이다.

다중우주론

다시 우주의 구조론으로 돌아와 현대 이론물리학의 관심사이며 철학적으로도 큰 논쟁거리인 평행우주론에 대해서 알아보기로 하자. 일명 멀티버스(Multiverse) 즉 다중우주론으로도 불리는 이 이론은 우리가 사는 이 우주가 유일한 존재가 아니며 차원을 높여서 본다면 무한히 많은 우주 중 하나일 뿐이라는 것이다.

현대물리학에서는 현 자연계의 네 가지 힘(중력, 자기력, 강한 핵력, 약한 핵력)을 통일적으로 설명할 수 있는 ToE(Theory of Everything) 즉, '모든 것의 이론'을 추구하고 있다. 그 과정에서 일부 물리학자들은 나름의 창의적 상상력을 통해 새로운 우주 모델로 이러한 다중우주론을 제기하기도 한다. 토머스 쿤의 패러다임론에서도 강조가 되는 내용이지만, 고대 과학사부터 돌아보면 당시에는 얼핏 '미친 상상'으로 폄하될 수 있는 혁신적 이론들이 결국에는 정론으로 인정받고 상식으로 바뀌는 많은 사례들이 있다.

이를테면, 이동 중에는 시간이 천천히 가고 물질이 놓이면 주변 공간이 휜다는 등의 이론을 폈던 아인슈타인의 상대성원리도 처음에는 공상 소설처럼 여겨지기도 했지만 결국 오늘날 우주의 자연현상을 가장 잘 설명할 수 있다고 인정을 받는다.

더 거슬러 올라가면 과학사에서 최초의 큰 혁명이었던 코페르니쿠스의 지동설도 그러했다. 오랫동안 유지되어왔던 지구 중심의 천동설을 무너뜨렸던 16세기 코페르니쿠스 혁명은 종교적 우주관을 깨고 현대 과학을 여는 중대한 신호탄이었다.

그런데 이보다 2천 년 앞서 그리스의 아리스타르코스라는 학자는 이미 행성들이 태양 중심으로 돌며 달은 지구 주위를 돈다는 세계관을 펼친 적이 있었다. 하지만 이 모델은 하늘에 고정적으로 떠있는 것으로 여겨졌던 별들의 시차가 없음을 설명하기에는 곤란한 이론이었기 때문에 당시에는 비합리적인 모델로 여겨져 정식 이론으로 채택될 수가 없었던 모양이다.

아리스토텔레스는 55개의 투명 원판들이 지구를 도는 것으로 보았고, 고대의 마지막 천문학자 프톨레마이오스는 회전 원판 위에서 돌아가는 거대한 회전 바구니 모델을 제시함으로써 행성의 비틀어진 운동을 설명하기도 했다. 이들의 우주관은 무언가 어설퍼 보여도 그럭저럭 천문 현상과 들어맞았기 때문에 무려 2,000년을 버텨냈다.

그런데 이에 비하면 코페르니쿠스 우주관은 500년이 되었고, 현대의 빅뱅이론은 80년, 양자물리학 해석은 50년, 그리고 끈 이론 기반의 다중우주론은 이제 갓 10여 년 정도에 불과하다. 그러고 보면 아직 다중우주론은 그만큼 논쟁의 여지가 많을 수밖에 없다.

다중우주론은 여러 가지 상상력과 더불어 양자 이론, 끈 이론 등의 현대 물리학 이론들이 연결되면서 그 발상과 정의가 매우 혼란스럽기까지 하다. 그런데 스웨덴 출신의 우주론 물리학자 '맥스 테그마크(Max Tegmark)'

는 이런 혼란을 체계적으로 매우 잘 정리해 준 학자인데, 그는 다중우주론을 다음 네 가지 레벨로 구분하여 소개했다.18)

'레벨1'은 이 우주가 관찰 가능한 지평선 너머로 무한히 펼쳐지며 물리학의 법칙은 어디에서나 동일하다는 관점이다. 그런데 저 너머에는 태양, 지구, 인간의 또 다른 분신들이 모든 가능한 버전으로 실재한다는 것이다. 이는 고대 철학자 데모크리토스나 화형에 처해진 르네상스 철학자 조르다노 브루노가 했던 상상이기도 하다.

'레벨2'는 여러 우주들은 여전히 하나의 연관된 공간 안에서 통합되지만, 각자는 욕조 안의 거품처럼 생겨났다가 사라진다고 판단한다. 예외도 있지만 대다수 우주는 성단을 포함하며 그 자연법칙은 우주마다 다를 것으로 본다. 그리고 이웃 우주 간에는 물리법칙도 다르고 너무 멀리 떨어져 있어 아예 상호 접촉은 불가능한 것으로 생각한다. 스탠퍼드의 물리학 교수였던 서스킨드는 2005년 <우주의 풍경>이라는 책에서 이런 우주론을 발표하여 동료들의 거센 비판과 분노를 샀다고 한다.

'레벨3'은 휴 에버릿의 이론으로 우주들은 같은 물리적 공간 안에 나란히 있는 것이 아니라 완전히 별도의 고유 공간에 존재한다는 것이다. 입자의 중첩성을 이야기하는 양자역학 법칙에 영향을 받은 가설로, 자라나는 나무처럼 다른 우주들을 무한히 계속 가지치기를 한다는 개념이다.

이를테면 저 유명한 '슈뢰딩거의 고양이' 실험을 할 경우, 한 세계에서는 죽은 고양이를 또 한 세계에서는 산 고양이를 보는 이중의 상태로 우주가 분화되어 각자가 존재한다는 것이다.

---

18) 토비아스 휘르터, 막스 라우너, 『평행우주라는 미친 생각은 어떻게 상식이 되었는가』, 출판 알마, 2013 책에 나오는 MIT 맥스 테그마크(Max Tegmark) 교수의 다중우주론의 네 가지 레벨에 관한 정리를 참조하였다.

'레벨4'는 어떤 절대적 자연법칙도 없으며 통합적인 물리학 이론도 존재하지 않는 무한한 우주들인데, 논리적으로 모순이 없는 모든 상상 가능한 것들이 실제로도 모두 존재한다는 무척 과감한 이론이다.

MIT 교수로 이 네 가지 분류를 했던 테그마크는 이 레벨 이론의 신봉자에 해당하며, 수학은 우주의 보편 원리이며 수학 공식이 묘사해내는 모든 우주는 어디에선가 실재한다는 일명 '수학 민주주의'를 선포하기도 했다. 한편, 닉 보스트롬(Nick Bostrom) 같은 철학자는 우리의 세계는 고도의 지능이 창조한 컴퓨터 시뮬레이션일 수 있으며 우리의 세상이 이처럼 수학적으로 보이는 것은 그 때문일 것이라고 말하기도 했다. 보스트롬의 이 관점은 매우 흥미로워서 정보철학 부분에서 다시 자세히 다루기로 할 것이다.

현대물리학에서 이런 소설 같은 다중우주론들이 등장하게 된 것은 앞서 말했듯이 '모든 것을 위한 하나의 통일된 이론'을 찾는 과정 때문이었다. 먼저 뉴턴은 만유인력의 법칙과 미적분법을 통해 지구역학과 천체역학을 통일시켰다. 그다음은 역시 수학자이자 물리학자였던 맥스웰이 19세기에 전기와 자기를 전자기장 이론으로 통일시켰다.

아인슈타인의 상대성 원리는 뉴턴 물리학보다 더 보편타당성을 끌어냈고 에너지와 질량 간의 관계까지 밝혔다. 양자역학은 전자기장뿐 아니라 원자들 세계의 현상까지 설명을 해냈으며, 입자를 점이 아니라 확장된 차원에서의 끈으로 바라보는 '끈이론'까지 탄생시켰다. 또한, 대수기하학의 랭글랜즈 프로그램은 고차원 세계에서 우주의 힘들을 통일적으로 잘 설명해내기도 한다.

하지만 이 다중우주 이론은 아직도 이에 관한 맹렬한 논박이 진행형이다. 현대의 물리학자들 중에는 이를 한심한 상상력으로 치부하며 맹렬한 비난을 퍼붓는 경우도 많다. 또한, 이 세계를 신이 의도적으로 창조한 유일 우주가 아닌 우연적으로 무한 분화한 우주 중 하나로 보기 때문에 종교계의 거센 반발에 부딪치기도 한다.

하지만 이런 반발에 대해 캐나다 앨버타대학교 물리학 교수인 돈 페이지는 전지전능한 신이 다중우주를 만들지 못할 이유도 없지 않겠느냐고 반문을 한다. 즉, 다중우주에서도 신이 디자인과 창조뿐 아니라 태초에 대폭발을 정밀조절도 하며 시스템 설치 작업까지 할 수 있다는 것이다. 하지만 다중우주론은 여전히 가설이자 사고실험일 뿐, 우리가 단기간 내에 그 옳고 그름에 관한 엄밀한 결론에까지 도달하기는 어려울 것이다.

2-3 정보철학

데이터와 정보와 지능

역사학자 유발 하라리(Yuval Noah Harari)는 이제 데이터가 신의 역할을 하는 신흥 종교로서의 데이터교 시대가 도래할 것으로 예측했다. 그렇다면 도대체 데이터란 무엇일까?

사전적 정의대로 말하자면, 사물이나 현상에 대한 관찰 기록을 일컫는다. 그렇다면 데이터의 객관성은 어떻게 보장받을 수 있을까? 데이터의 원천이 관찰자의 마음에서 나오는 것이라면 데이터의 객관성에 대해 확신을 할 수 있을까? 일반적으로 데이터의 수집 과정에서 그 객관성을 보장할 수 없는 '불확정성의 원리' 같은 것이 존재한다. 그것은 관찰 행위의 간섭으로 인한 '관찰 효과', 본원적 불확실성인 '확률 효과', 그리고 구조의 한계로 상위 맥락을 놓치는 '계층 효과' 등의 요인 때문이다. 그렇다면 정보와 데이터는 어떤 차이가 있을까? 일단 데이터가 잘 정리되지 않은 원천적 자료라면 정보는 가공 처리되어 유용한 형태로 잘 정돈된 자료라고 정의 내릴 수 있을 것이다. 정보 뒤에는 늘 정보매개자가 존재하는데, 불완전한 정보 전달 채널은 그 전달 과정에서 불확실성을 야기하면서 정보의 가치를 크게 떨어뜨린다.

장석권 교수의 『데이터를 철학하다』라는 책에는 이 사회에서의 미시적 플레이어로서의 경영인 관점에서 정보의 지도를 잘 설명하고 있다.[19]

여기서는 정보철학 관점에서 설명의 핵심 부분들을 생각해보고자 한다.

장 교수는 우선 우리 삶의 환경으로서의 경제사회시스템을 네 계층으로 구분했다. 최상위층은 '자연환경', 그 아래 사회 및 경제적 '거시환경', 그리고 그 아래에는 내 활동 주변의 '미시환경', 마지막으로 개인/기업으로서의 '나'를 배치한다. 여기서 거시환경에 대해 조금 더 설명하면 각 단어의 영문 이니셜들 'STEEPLEV'로 총칭이 되는 사회, 기술, 경제, 환경, 정치, 법제도, 윤리, 가치 등을 의미한다. 미시환경에서는 마이클 포터의 경쟁 세력 모형을 소개한다. 여기에는 다섯 가지 플레이어들이 존재한다.

즉, 고객, 공급자, 경쟁자, 신규진입자, 대체재 등이다.

안타까운 이야기이지만 입시와 결혼에서처럼 치열한 비교와 선택이 있는 곳에는 늘 동물의 세계 같은 경쟁이 있기 마련이다. 하지만 당장 눈에 보이는 경쟁자들보다 숨어있는 신규진입자나 대체재가 더 무서울 수도 있다.

정보를 탐색하는 방법으로 장 교수는 네 가지를 제시한다.

거시환경 방향에서 위험 감지와 기회 포착을 하는 '스캐닝', 그다음 관찰 대상이 고정된 순간부터의 '모니터링', 문헌 조사처럼 상당한 정보량 바

---

19) 장석권, 『데이터를 철학하다』, 흐름출판, 2018. 이 책에서 경영정보학자로서 장석권교수는 데이터, 정보, 지능, 지식, 지혜에 관한 철학적 사유를 놀랄만큼 체계적으로 정리를 했다.

탕으로 내 관점의 횡단적/종단적 '개관', 그리고 미시환경에서 아는 것으로부터 이해를 위한 '연구' 등이 그것이다. 그러면서 정보 전달에서의 핵심은 두 가지로 정리한다. 첫째는 원하는 정보가 정확히 무엇인지를 파악하는 것이며, 둘째는 그 정보를 가장 소화하기 좋게 표현하는 것이다. 사실 탐색한 정보를 어떻게 축약 정리해서 정보 수요자에게 가장 효과적으로 전달하느냐는 매우 중요한 일이다.

이 책의 하이라이트는 '지능'에 관한 것이다.

여기에서는 먼저 식충식물인 파리지옥 이야기를 도입하면서 지능이란 환경으로부터 주어진 자극에 합리적으로 반응하는 능력이라고 정의 내린다. 생태계에 있어서 이러한 지능의 일차적 목적은 생존이며 이차적 목적은 번성이다. 뇌과학의 모델로 불리는 바다달팽이의 경우를 살펴보면, 이들은 환경 적응 학습을 통해 특정 시냅스의 연결 구조가 강화되는 것을 관찰할 수 있다. 이런 메커니즘을 두뇌의 '시냅스 가소성(synaptic plasticity)'이라고 말한다. 경제사회시스템 경우에도 이런 방식의 지능이 작동한다. 지속가능성 지표를 높이는 방향으로 특정 자극-반응 메커니즘들이 강화 또는 억제되는 것이다. 이런 생태계의 작동 원리에 대해서는 결정론/비결정론, 확률적 결정론/카오스론 등 다양한 관점에서 설명이 가능하다.

생존에 필요한 지능 중 가장 원초적인 으뜸은 '인식 능력'이라고 말할 수 있다. 대상에 대한 감각 데이터를 통해 패턴을 인식하는 영역이다. 그다음엔 '분석 능력'이 중요하다. 현상 간의 차이와 인과관계를 알아내는 것이다. 여기에는 수학적 모델이 강력한 힘을 발휘한다. 이에 대해서는 인간은 다양한 언어를 사용하지만 신은 이 우주를 만드는데 단 하나 수학을 언어로 사용하기 때문일 것이라는 설명도 있다. 그리고 검증이라는 것도 필요하다. 자연에 존재하는 수중 첫째 자리가 흥미롭게도 1 또는 2일 확률이 상대적으로 더 높다는 '벤포드 법칙'이라는 것이 있다.

이를 통해 회계 부정을 탐지하기도 하는데, 이런 수학적인 분석은 매우 강력한 검증 수단이 될 수 있다. 또 하나 지능의 놀라운 측면은 '추론 능력'이다. 논리적 추론은 인공지능의 딥러닝과는 다른 기능이다.

딥러닝은 인공지능 바둑 알파고처럼 전문가의 직관력을 만들어주는 것이고, 논리 알고리즘은 닥터 왓슨 같은 규칙기반 전문가시스템에 탑재된다. 그리고 최종적으로 예측을 할 수 있어야 하는데 이는 어쩌면 과학인 동시에 예술 영역이기도 하다. 생태계 수준의 상위 계층은 결정론이 지배한다고 해도 무리가 없지만, 하위 계층의 각 사건 수준에는 일종의 확률적 무작위성이 작동하는 듯하다.

이를테면, 흔히들 이야기하듯 골프의 경우 정신력(멘탈)의 영향을 많이 받는데 이런 것을 체계적으로 분석하고 예측으로 연결하기는 어려울 것이다. 마지막으로 판단 및 의사결정은 가장 복잡하고 어려운 지능 활동이다.

고려할 요소가 많고 이들 요소 간의 관계가 매우 복잡하기 때문이다. 그런데 딥러닝처럼 과거의 데이터로 기계적 학습에 의해 구축된 지능은 그 논리 구조나 미래 행동 파악이 어렵다는 구조적 한계가 있다.

리처드 리첸스의 '의미 네트워크'는 컴퓨터에게 인간의 언어를 전달하기 위한 방법론이 된다. 이는 개체 간의 관계 표현인데 결국 지식 그래프로 발전되어 갔다. 여기에는 구체적인 사실의 기록(예:철이는 학교에 다닌다)과 함께 일반적인 개념 지식(예:여성은 인간이다)이 들어간다. 이런 방식으로 접근하면 규칙기반 지능을 위한 추론의 인과관계도 효과적으로 담을 수 있다.

머신러닝은 이미 플랫폼화가 되어있으며, 구글의 텐서플로 같은 오픈소스 툴을 활용할 수 있다. 하지만 결과만 끌어내지 그 판단의 근거는 이러한 솔루션의 개발자도 알 수 없는 블랙박스이다. 반면, 규칙기반 지능은 학습기반 시스템이 아니며 빅데이터가 필요 없다. 논리적, 실증적 연구 결과에서 알게 된 세상 규칙을 적용할 뿐이다.

왓슨 같은 전문가시스템의 규칙기반 알고리즘을 고안하는 것은 매우 이론적이면서 창의적인 작업이다. 일단 수학적 모형으로 정식화하는 일로부터 출발하며 보통 논리 프로그래밍 언어를 사용한다. 많은 인공지능 계통의 전문가들은 앞으로는 신경회로 기반과 규칙기반 등 양측의 하이브리드형 인공지능이 출현할 것으로 예측한다.

생명체에게 다양성을 극대화시키는 신의 알고리즘은 바로 유성생식과 돌연변이다. 신은 이를 통해 다양하고 많은 대안중 자연선택을 해나간다는 것이다. 자연 생태계에서의 목적함수는 요컨대 지속가능성에 있다.

이는 경제사회 생태계에서도 마찬가지이다. 다윈 이전의 인물인 애덤 스미스는 '보이지 않는 손'을 통해 이 원리를 설명했다. 스미스의 이런 주장이나 도킨스의 이기적 유전자 주장은 상통하는 측면이 있다. 그럼 개미집단의 사회성과 집단 최적화는 어떻게 해석할 것인가? 일반적으로 군집의 스마트함(집단지성)은 곧 각자의 스마트함을 의미하는 것은 아니다. 또 이러한 개미 군집에는 지휘자도 관리자도 없다. 이에 대해 곤충학자 윌리엄 휠러는 이런 집단에서도 그저 개체 간 상호작용에 관한 규칙만 존재할 뿐 각 개체는 이기적이라는 결론을 내렸다.

이번 절에서는 일단 장석권 교수의 경영정보시스템 관점으로 데이터, 정보를 구분해보고 이들을 실용성 있게 처리해내는 지능의 역할에 주안점을 두고 살펴보았다. 이제 다음 절에서는 정보가 무엇인지에 대해 더욱 철학적 관점에서 영국의 저명한 정보철학자 플로리디(Luciano Floridi)의 사상에 접근해보기로 한다.

정보철학의 개요

이른바 제4차 산업혁명의 대표적 첨단 기술로는 나노/생명/정보/인지과학(NBIC; Nano/ Bio/ Info/ Cognitive) 등이 꼽힌다. 그중에서도 앨런 튜링(Alan Turing)을 대표 과학자로 꼽는 컴퓨터의 정보기술이 단연 이들의 총체적 견인 역할을 한다고 해도 과언이 아닐 듯하다.

지금은 정보 세계는 이른바 인포스피어 (Infosphere) 시대로 일컬어지기도 하는데, 여기에는 두 부류가 살고 있다는 재미있는 분석도 있다. 즉, 디지털 원주민(아이들)과 디지털 이민자(기성세대)의 두 부류를 이야기한 것이다. 현대 인간 사회에서 존재한다는 것은 곧 소통한다는 것이다. 정보가 끊임없이 대량 생산되며 익명의 존재들이 난무하기도 한다.

또한, a2a(anything to anything), a4a(anywhere for anytime) 방식으로 동기화(시간적), 분산화(공간적), 상호연관(상호작용) 등이 일어난다.

정보철학자 루치아노 플로리디의 정보개념 지도 (GDI; General Definition of Information)에 따르면, 데이터에 의미가 들어가면 정보가 된다고 말한다. 즉, 정보는 일단 데이터로 이루어진다.

데이터가 잘 형식화되면 구문(syntax)이 되며 이를 통해 의미를 지닌 컨

텐츠(semantics)가 만들어진다. 우선, 데이터란 다른 것과 '구별'되는 무엇 (datum="x being distinct from y")이라고 정의할 수 있다. 그리스어로 데이터는 '균일성의 결핍'이라는 의미를 가진 단어 'dedomena'로 표현된다.

그런데 변동이 없는 단일 기호로는 데이터가 만들어지지 않으며, 최소한 두 가지의 물리적 상태, 두 가지의 기호가 존재해야 데이터가 발생할 수 있다. 데이터의 종류를 분류해보자면, 아날로그와 디지털(이진) 데이터의 구분, 또 주 데이터와 이차 데이터(예:침묵도 의미 전달), 메타 데이터 등의 구분이 가능하다.

데이터를 더 분석적으로 분류해 들어가 보면 좀 복잡해진다. 데이터를 우선 나무의 나이테처럼 '환경적(environmental)'인 것과 인위성이 들어간 '의미적(semantic)'인 것으로 구분을 한다. 여기서 의미적인 것은 다시 작동 매뉴얼처럼 참, 거짓이 없는 '지시적(instructional)'인 것과 참, 거짓을 따지는 '사실적(factual)'인 것으로 나눌 수 있다. 이 중 참된 데이터가 바로 '정보(information)'라고 말할 수 있다. 또 거짓 데이터(untrue data)에 대해 이를 '거짓 정보'라고 표현도 하는데, 이를 의도적인 것(disinformation)과 비의도적인 것(misinformation)으로 나누기도 한다.

정보는 사실상 수학적 요소가 많다. 수학자 클로드 섀넌(Claude Shannon)은 'Mathematical Theory of Communication'이라는 논문에서 데이터에 초점을 맞추고 확률론에 기초한 코드(syntax)의 통신 연구를 발표했다. 일진법 장치(Unary device)는 단일 출력으로 데이터를 만들지 못하며 최소한 이진법의 비트 개념이 필요하다. 섀넌의 놀라운 업적은 정보의 불규칙성과 임의성을 물리학의 엔트로피(entropy) 개념으로 설명했다는 것이다. 섀넌은 이와 관련하여 하나의 기호당 평균 정보 수, 데이터 결손(deficit; 섀넌) 평균 수, 정보 잠재성 (엔트로피) 등을 수학적으로 분석했다.

그런데 의미(semantic)를 지닌 정보는 어떻게 규정되는지에 대해 조금 더 살펴보기로 한다. 의미를 지닌 정보에는 참이든 거짓이든 비 우발적인 사실 여부가 내포되어야 한다. 여기에는 '역관계 원칙(Inverse Relationship Principle)'이라는 것이 있다.

그럴 가능성이 극단적으로 높아지면 덜 정보적이 된다는(p=1이면 항진명제) 원리를 일컫는다. 논리적, 수학적 진리는 전적으로 비정보적이라고 말할 수 있는데, 왜냐하면 이는 전제들로부터 논리적, 필연적 함축이 되어 있는 지식으로 보아야 하며 경험적으로 새로운 정보는 없기 때문이다.

이를 '연역법 스캔들'이라고 말하기도 한다. 하지만 실상 누구나 그 필연적 함축 내용을 곧바로 파악할 수 있는 것은 아니므로 수학적 지식을 비정보적이라고 하는 것은 개념적으로는 납득이 갈 수 있지만 우리의 상식과는 거리가 있어 보인다.

그렇다면, 다음과 같은 예를 살펴보자. 1) 손님들이 올 수도, 오지 않을 수도 있다. 2) 몇 손님들이 올 것이다. 3) 세 명의 손님이 올 것이다. 4) 손님이 올 것이며 그리고 오지 않을 것이다. 이 중 첫 번째는 항상 참(p=1)이며 따라서 아무런 정보가 없다. 한편, 네 번째는 모순, 역설 상황이며 항상 거짓으로(p=0) 오류정보(misinformation)에 해당한다. 이를 Bar-Hillel-Carnap 역설이라고 하는데, 뒤로 갈수록 더욱 정보적이지만 그럴수록 참일 가능성은 떨어진다.

정보는 물리학과도 관계가 깊다. 그런데 정보는 과연 물리적인 성질을 가지고 있을까? 노버트 위너(Nobert wiener)의 경우 정보는 정보일 뿐, 에너지와 관계가 없다는 비물질론을 펼쳤다. 반면 휠러(John Archibald Wheeler)는 정보는 비트로부터 나오며 비트는 물리적, 실재적 특성을 가진다고 반박했다. 하지만 필자가 보기에는 이는 싱거운 논쟁거리이다. 자연수가 물리적인 성질을 가지고 있느냐고 따지는 것과 유사하기 때문이다. 수 자체는 일단 약속된 개념일 뿐이며 그 자체가 반드시 어떤 물리적 실체를 지칭해야 하는 것은 아니다.

그런데 라플라스의 악마 사고실험에 의하면 모든 입자에 대한 필요 정보는 뉴턴의 역학 법칙을 통해 도출 가능하다. 하지만 이런 주장도 양자물리의 존재 확률에 의해 반박이 된다. 양자 정보란 0과 1이 결정되는 비트가 아닌 큐비트(qubit)로 표현되며 0과 1 어느 것도 될 수 있는 비결정적 상태의 단위로 세팅이 된다는 측면에서 이는 인식론적 확률이 아니라 존재론적인 확률로 불리기도 한다. 여기서 더 나아가면 2의 세제곱(8가지) 정보를 동시에 표현 가능해진다. 이 경우 어떤 시점에서 8가지 중 어떤 정보가 발생할지는 뉴턴의 물리법칙으로는 결코 예측이 가능하지 않을 것이다.

그 밖에도 정보는 학문의 여러 분야와 밀접한 관련이 있다. 생물학에서도 유전 정보는 염색체(chromosome) 속의 DNA, 뉴클레오타이드 (한 단위), 코돈(codon; A,G,C,T 중 3개의 나열)으로 파고들면 결국 4^3=64개 조합 안에서 20개의 아미노산 정보가 나타난다 (instructional). 만일 코돈이 2개의 나열로만 아미노산 정보를 표현했다면 4^2=16개 조합 안에서 필요한 20개 정보를 다 커버할 수는 없었을 것이다. 경제학에서도 정보론은 매우 중요하다.

이를테면, 게임에는 네 가지 요소가 있다. (1) 참가자들(players), (2) 각

참가자의 도구, 전략들, (3) 결과적 성과/배당, (4) 다른 플레이어의 게임 수순 및 상태 등이다. 여기에서 게임상의 완전한 (complete) 정보란 모든 게임 참가자들이 (1), (2), (3)을 다 숙지할 수 있는 경우이다(예: 죄수의 딜레마, 가위바위보, 옥션은 불완전정보 게임). 그런데 게임상의 완벽한 (perfect) 정보란 (4)를 파악 가능할 때를 의미한다(예를 들면 바둑이나 체스는 완전하고 완벽한 게임에 해당한다). 경제학에서의 유명한 '내쉬 평형 (Nash Equilibrium)'이란 것도 정보와 관련이 깊다.

이는 다른 참가자들의 행동 전략을 파악할 수 있다고 가정하면, 각자가 최선의 합리적 선택을 할 때 만들어지는 최종적 평형 상태 (나만 전략을 바꾸어서는 개인적으로 더 이익이 없는 경우)를 일컫는 것이다. 만일 비대칭 (asymmetric) 정보라면 정보가 부족한 플레이어는 과잉 반응하는 경향이 있다고 한다. (예: 보험사는 불확실한 정보의 개인에 대해서는 높은 보험료를 산정한다)

정보 이론

이번 절에는 미국의 저명한 과학저술가 제임스 글릭(James Gleick)의 『인포메이션』(Information) 책에 등장하는 정보 주제의 흥미로운 내용들에 대해 살펴보고자 한다.[20]

이 책의 첫 장에서는 정보의 의미 사유를 의도한 남부 아프리카의 북소리에 관한 이야기가 나온다. 북은 적의 접근을 알리거나 이웃 마을의 지원

---

20) 제임스 글릭, 『인포메이션』, 동아시아, 2017.

을 요청할 때 주로 사용이 된다. 북소리는 밤공기를 타면 보통 10km를 흘러가므로 이웃에서 이웃으로 전달을 하다 보면 순식간에 160km 이상을 퍼져나간다고 한다. 그곳에서 북으로 정보를 전달하는 능력을 지닌 사람은 소수였지만, 그곳 대부분의 사람들은 그 북소리 의미를 잘 이해했다고 한다. 북은 1차원적인 소리 정보였지만 그들에게는 일종의 언어였던 셈이다. 하지만 최근에 이르러 이들은 더 이상 북으로 말하는 기술을 배우려 하지 않고 정보 전달의 중간 단계를 건너뛰면서 곧바로 휴대전화로 통신 기술을 바꾸어나갔다.

정보 이론의 아버지 수학자 섀넌 이야기가 소개된다. 섀넌은 20세기 중반 벨 연구소 수학연구 부서에서 홀로 연구에 골몰했다. 그는 '통신의 수학적 이론'이라는 논문 속에서 정보의 최소 단위인 '비트'라는 개념을 처음 등장시켰다. 당시 AT&T는 연구부서에 즉각적인 실적을 요구하지 않았으며 벨연구소는 직접적인 상업성이 없는 수학이나 천체물리학도 마음껏 연구할 수 있었다고 한다. 이로부터 정보가 비트의 0, 1로 기호화되면서 모든 정보는 이진법 수로 표현하는 것이 가능해졌음을 실감하게 되었다. 세상의 모든 논리와 사고는 정보처리의 일종이며 그 정보는 수로 나타낼 수 있다. 따라서 그 무엇이든 기계에게 알고리즘을 통한 계산을 시킬 수도 있다는 근원적 사고로부터 컴퓨터의 발전이 시작된 것이다. 물리학에서 알 수 있듯이 사실 모든 과학이론은 정량화, 수량화로부터 시작한다.

그렇다면 정보는 어떻게 정량화할 것인가? 시간과 엔트로피에 관한 설명은 과학철학 소개에서도 있었지만, 섀넌은 정보를 무질서한 정도를 나타내는 정보엔트로피로 정량화했다. 모르는 것이 많을수록 섀넌의 엔트로피는 증가한다는 것이며 열역학과 같은 방식으로 log를 써서 정량화를 시도

한 것이다(H= -P_i($\log_2 P_i$), 여기서 P_i는 해당 메시지의 확률). 정보는 '불확실성'과 밀접하게 관련이 있으며, 가능한 메시지 수는 셈으로 측정할 수 있다. 단 하나의 메시지만 가능하다면 불확실성은 없으며 정보도 없다. 또 정보는 '의외성'을 내포하며 이는 확률과 연관이 있다. 섀넌은 정보의 통신 모델도 다음과 같은 요소들로 체계적 정리를 했다. 정보소스, 송신기, 채널, 수신기, 목적지(정보 수신자) 등이 그 요소들인데, 여기 채널이란 신호 전달 매체를 일컫는 것이며 이곳에서는 '잡음 소스'가 작용한다. 잡음 소스란 신호의 질을 떨어뜨리는 오류, 장애, 간섭, 왜곡 등 모든 것을 일컫는다. 따라서 교신 정보 중에는 오류 정정을 위한 기호가 추가될 필요가 있다.

신생 분자생물학 경우에도 비트를 기준으로 계산하기 시작했으며 정보 저장과 전송의 관점에서 연구하기 시작했다. 바로 앞 절에도 설명한 것처럼 DNA를 구성하는 네 개의 염기 종류('알파벳')를 통해 20개의 아미노산('단어')에 이르게 되며, 그렇다면 단백질 분자는 '단락'에 해당하는 정보량으로 볼 수 있다.

이를 보면 DNA의 유일한 기능은 정보를 담는 것이라고 볼 수 있으며, 그리고 보면 모든 생명체 안에는 그 생물에 대한 내부의 설명서가 들어있는 셈이다. 생화학자들은 원래 에너지와 물질의 흐름만을 생각했지만, 이제 분자생물학자들은 정보의 흐름을 이야기한다. 이제 유전학과 DNA는 암호전문가 및 정통파 언어학자의 관심까지 끌어들였다. 그리고 이제 분자생물학은 고도의 논리적 프로그램, 발생 알고리즘 등을 수학적으로 연구하는 방향으로 나아가고 있다.

향후 벌어질 일은 유전자적 분자생물학과 사회적 진화생물학의 충돌일 것으로 내다보는 학자들이 많다. 이 논쟁에 거센 불꽃을 일으킨 학자는 옥스퍼드 대학의 리처드 도킨스(Richard Dawkins)였다. 그는 DNA가 생물체보다 수십억 년 먼저 등장했으며, 생명체에서의 중심이자 주연은 DNA라는 표현을 했다. 그러면서 다양한 우리 생물체는 이기적 유전자를 보존하도록 맹목적으로 프로그램된 생존 기계처럼 보았다. 즉 유기체가 아닌 유전자를 자연선택의 진정한 단위로 보는 것이다.

도킨스 이론은 개체가 자신에게 최선의 이익에 대해 반하는 행동, 이를테면 자손을 위해 자신을 희생하는 본능적이고 맹목적인 충동을 잘 설명해 준다. 심지어 몸은 유전자의 식민지라는 표현까지 쓴다. 다만, 그는 유전자에 대한 신의 설계를 인정하지 않는다. 유전자는 모종의 사전 계획이 되어 있지는 않으며 단지 환경적 상황에 따라 존재 여부가 결정될 뿐이라는 것이다.

이처럼 정보는 학문의 꼭대기부터 밑바닥까지 스며들어 지식의 모든 분야를 바꾸어 놓는다. 정보 이론은 원래 수학과 전기공학을 컴퓨터 분야로 잇는 다리로 시작했다. 이제는 생물학도 DNA에서 나타나듯이 지시문과 코드를 다루는 정보공학이 되었다고 해도 과언이 아니다. 육체 자체를 정보처리 기계로 바라볼 때 정보의 순환이 생명의 단위가 된다. 더 나아가 이 우주 자체도 하나의 거대한 정보처리 시스템일지 모른다는 생각까지 해보게 된다.

이러한 관점에서 우리가 살아가는 우주가 하나의 컴퓨터 시뮬레이션일지 모른다는 영국 철학자 닉 보스트롬의 흥미로운 '시뮬레이션 가설'에 대해 살펴보기로 한다.

시뮬레이션 가설

닉 보스트롬(Nick Bostrom)은 영국 옥스퍼드대 철학 교수이며 다중우주론 이야기에도 자주 인용되는 저명한 석학이다. 그는 철학, 물리학, 인공지능 전문가로 세계 100대 사상가로 평가받기도 한다.

EBS <위대한 수업>이라는 기획 프로그램에서는 이 철학자의 개성 넘치는 다섯 강의를 만날 수 있으며, 그의 강의는 다섯 주제로 진행이 되었다.

그것은 1) 취약한 세계의 가설, 2) 존재적 위험, 3) 페르미 패러독스, 4) 시뮬레이션 논증, 5) 디지털 지성체 등이다. 이 중 4) 시뮬레이션 논증은 그의 2003년 논문 「우리는 컴퓨터 시뮬레이션 속에서 살아가고 있는가?」("Are You Living In a Computer Simulation?")을 소개한 것이었고, 5) 디지털 지성체는 그가 2014년 출간한 『슈퍼인텔리전스』(Super-intelligence)에 등장하는 관점들이 소개된 것이다. 그는 EBS 강연에서 주로 인류의 과학기술 발전에 있어서 최악의 미래 시나리오인 인류의 멸종 리스크에 대한 섬뜩한 가능성과 그 심각성에 대한 메시지를 전달한다.

닉 보스트롬은 원래 우리가 사는 세계는 매우 지능적 존재(전지전능한 신은 아니라고 하더라도)가 만든 컴퓨터 시뮬레이션일 가능성이 높다고 말한다. 그리고 최근에는 인공지능기술과 관련한 윤리 문제에 대한 화두를 많이 던지는 편이다.

사실 진정한 철학자란 사회 현상이든 과학기술 쪽이든 궁금증이 생기는 다양한 화두에 대해 제약 없는 호기심과 상상력을 펼치면서 먼 미래까지 그 사유가 거침없이 뻗어가야 한다고 본다. 닉 보스트롬은 시뮬레이션 가설, 인공지능 등을 통해 현대의 과학기술 철학자로서의 멋진 역할 모델을 보여주는 것이 아닌가 싶다. 여기에서는 닉 보스트롬이 20년 전쯤 컴퓨터 시뮬레이션 가설에 관해 써서 학계에 큰 반향을 불러일으켰던 논문을 한번 살펴보고자 한다.21) 우선 그는 이 논문에서 인류에 관하여 다음 세 가지 시나리오 중 '하나'일 가능성이 있다고 말한다.

(1) 인간 자체가 초지능을 가진 포스트휴먼에 도달하기 전에 멸종할 가능성이 매우 높다.
(2) 포스트휴먼 문명이 발생하더라도 무관심으로 인해 인류의 진화 역사를 시뮬레이션(조상 시뮬레이션)으로 실행할 가능성은 매우 낮다.
(3) 우리는 인류 전체든 나를 포함한 일정 소수의 개인이든(나머지는 좀비) 거의 확실히 컴퓨터 시뮬레이션 속에 살고 있다.

닉 보스트롬은 이 논문에서 인간의 마음이 원 존재의 것이 아니라 시뮬레이션 속의 현상일 뿐이라는 명제 (3)만을 강력히 주장하고 있는 것은 아니었다. 대신 우리의 무지의 어두운 숲 안에서 (1),(2),(3)에 대해 균등한 신빙성을 부여해야 합리적일 것이라고 말한 것이다. 보스트롬은 일단 명제 (1)의 가설에 대해서도 높은 신빙성을 부여해야 한다고 말한다. 그렇다고 명제 그 자체로 인류가 머지않아 곧 멸종할 가능성이 반드시 높다는 것을 의미하지는 않는다.

다만, 현재 기술 수준보다 다소 높은 수준을 오래 유지할 수도 있겠지만, 엄청난 지능 및 기술 수준의 포스트휴먼 단계에까지 도달할 가능성은 낮다

---

21) Nick Bostrom, "Are You Living In a Computer Simulation?", published in *Philosophical Quarterly*, 2003.

는 의미라는 것이다. 그냥 기술 문명이 붕괴할 가능성도 배제하지 않는데, 그렇다면 인류는 원시 인류사회 상태로 지구상에 무기한 남아있을 수는 있다. 보스트롬은 명제 (1)이 일어날 가장 강력하면서도 자연스러운 가능성으로는 매우 위험한 첨단 기술, 이를테면 자가복제 나노봇(일종의 기계 박테리아 같은 것) 같은 것으로, 이는 흙과 유기물을 섭취하며 결국 지구상의 모든 생명체를 멸종시킬 가능성을 배제할 수는 없다고 본다.

명제 (2)의 가설의 경우에는 마침내 포스트휴먼 시대가 오고 기술적으로는 조상 시뮬레이션을 돌릴 수 있는 능력이 있다고 하더라도 이러한 시뮬레이션에 대한 관심 자체를 가진 문명의 비율이 무시할 수 있을 정도로 낮은 경우라는 의미이다. 포스트휴먼 문명이라고 하더라도 엄청난 자원을 사용하여 대량의 조상 시뮬레이션을 실행할 개인이 없거나, 그런 것을 막는 법 같은 것이 확실히 실행될 가능성도 있다고 말하는 것이다.

하지만 보스트롬은 이런 시뮬레이션을 돌리는 것을 비도덕적인 것으로 볼 이유가 분명한 것은 아니라고 말한다. 그럼에도 불구하고, 거의 모든 개별 포스트휴먼이 이런 시뮬레이션을 실행하려는 욕구를 잃는 방향으로 발전할 가능성도 있다고 본다. 미래에는 현재의 인간 사회와는 매우 다를 것이며 오늘날 인간의 많은 호기심과 욕망이 가치 없고 어리석은 것으로 간주될 지도 모른다는 것이다.

그런데 우리에게 가장 흥미로운 가능성은 (3) 가설이 아닐 수 없다. 특히 그의 놀라운 상상력이 실로 큰 날개를 달고 있다고 느낀 부분은 이 세상 시뮬레이션을 작동시키는 포스트휴먼 인간 자체가 다시 원래 시뮬레이션 된 존재일 수도 있다는 계층 구조 가정까지 나아간다는 점이다. 이 시나리오에서 보스트롬이 펼치는 구성 중 매우 흥미로운 포인트를 몇 가지 소개하자면 다음과 같다.

1. 의식의 기저 독립성으로, 인간이 지니는 의식의 기저는 탄소로 이루어진 신경계이지만, 실리콘 기반의 알고리즘으로도 의식을 재현하는 것이 불가능하리라는 법은 없다는 것이다. 다시 말하자면, 존재의 밑바탕을 이루는 물질적 구조 차이는 분명 있겠지만 인간의 마음이나 의식의 기능 그 자체가 그대로 재현이 될 가능성은 충분히 있다는 것이다.

2. 시뮬레이터는 세계를 감시하고 그 작동에 간섭도 가능하다는 측면에서 '전지전능하다'는 표현이 가능하며 이는 신의 개념과 매우 유사할 수 있다는 것. 즉, 세계를 창조하고 지능이 매우 뛰어나며 물리적 법칙을 위반하는 방식으로도 세계의 작동에 관여할 수 있을 것 같기 때문이다.

3. 시뮬레이션의 계층 구조 관점으로 생각해본다면, 사후 세계도 충분히 존재할 수 있으며 사후 세계와 더불어 자신의 행동이 도덕적 기준에 따라 보상 또는 처벌받을 가능성도 배제할 수는 없다는 것이다. 이런 발상은 사람들 간에 선순환을 이루며, 결국 보편적 윤리 명령에 따르는 것이 자기 이익에도 부합할 수 있다는 판단에 이르게 한다는 것이다.

4. 선택적인 시뮬레이션의 가능성도 고려할 만하다. 그러면 나머지 인류는 비의식적이며 좀비 또는 그림자 인간일 수도 있다는 것이다. 주인공격으로 시뮬레이션 된 존재들이 이런 그림자 존재들을 의심스럽게 생각하지 않을 정도로만 시뮬레이션이 작동한다는 개념이다. 그런데 이것이 가능한 것인지 그러면 그 비용이 얼마나 저렴해질 수 있는 것인지는 분명치 않다.

5. 시뮬레이터로서의 포스트휴먼은 그도 시뮬레이션 문명 안에서 나왔을 수도 있다. 다만, 그 모델 실행에는 엄청난 리소스 비용을 감당해야 할 수 있어서 우리가 시뮬레이션 안에서 포스트휴먼이 되려 할 때 그 시뮬레

이션이 거기서 중단되게 만들어졌을 수도 있다.

　결국, 보스트롬은 이렇게 말한다. "만일 시뮬레이션 가설인 (3)이 참이면 (1)의 가능성(인류 멸종 시나리오)은 줄어들기 때문에 우리는 (3)이 참이기를 바랄 수도 있다.
　하지만 계산상의 리소스 제약으로 시뮬레이터가 우리의 포스트휴먼 수준 도달 전에 시뮬레이션을 종료할 가능성이 있다면 그나마 인류가 조상 시뮬레이션에는 무관심한 시나리오 (2)가 참이기를 바라는 것이 우리의 최선의 희망일 것이다." 생각해보면, 현대 물리학에서 공간이나 시간의 최소 단위를 받아들이는 관점은 컴퓨터의 최소 단위인 비트를 연상시키기도 한다. 또한, 우주에 대한 창조론 관점에서 본다면, 보스트롬의 이런 시뮬레이션 시나리오는 신의 존재성에 대한 디자인 논증을 연상시키도 한다.

2-4 인공지능철학

두뇌와 마음

몸과 마음은 어떤 관계에 있을까? 심리철학에서는 이를 '심신문제(body/mind problem)'라고 한다. 이에 대해 이 둘은 서로 분리되어 있다고 보는 입장을 '심신이원론자'라고 하고, 마음은 두뇌의 작용 현상일 뿐으로 영혼의 존재 같은 별도의 심적 실체는 인정하지 않는 입장을 '물질주의자'라고 한다. 심신이원론의 경우 나의 정신은 나의 신체가 아니라고 단정하며, 사람이란 어떤 영적 존재가 육신을 입고 이 세계를 살아가는 것으로 이해한다.

이를 지지하는 가장 유명한 철학자는 데카르트이다. 하지만 이런 존재론적 이원주의에 대한 비판들도 만만치 않았다. 우선 마음이 물질적이 아니라면 과학적 분석이 가능하겠는가 하는 비판이 제기되었다. 데카르트는 이에 대해 내성을 통하면 마음의 관찰이 가능하다는 반박을 한다. 보헤미아의 엘리자베스 공주는 데카르트에게 서로 이질적인 마음과 육체라면 어떻게 상호작용이 가능한지에 질문을 던지기도 했다. 데카르트는 뇌의 송과샘에서 인간 영혼과 동물적 정신과의 상호작용이 일어난다고 보았지만 사실 과학적 근거는 없다. 그리고 어떻게 근원적으로 다른 이 두 실체가 현실에서 상호작용을 할 수 있는지는 여전히 의문이 남는다.

심신이원론이란 이러한 실체 이원주의 입장으로 보는 것이지만, 심신을 '속성이원주의'로 구분하기도 한다. 심적 상태는 물리적 실체라기보다는 어떤 현상이며 뇌의 비물리적 속성으로 보려는 입장이다. 그중 '부수현상론'이라는 관점에 따르면, 물리적 상태인 두뇌는 마음이라는 비물리적 속성의 원인이지만 그 역의 인과관계는 성립하지 않는다는 점에 주목한다.

한 예로, 막대기의 그림자를 물리적인 막대기에 대한 비물리적 부수 현상으로 볼 수 있는 것과 같다는 것이다.

부수현상론과 유사한 접근법으로 '수반론'이라는 것도 있다. 예를 들어, 찻잔의 색깔이나 무게는 찻잔의 물리적 속성에 수반한다는 표현을 쓴다. 이런 방식으로 심적 속성도 물리적 속성에 그냥 수반한다는 것이다. 다만, 수반한다는 말은 공변하는 관계를 의미하지만, 굳이 인과적 현상이라거나 비물리적 속성이어야 한다는 등의 제약을 두지는 않는다.

한편, 동일론은 마음이 곧 두뇌라고 보는 관점인데 이는 철저한 물리주의 입장이다. 즉 심리 상태란 그저 두뇌의 물리적인 상태라고 보는 것인데, 속성이원주의가 심적 상태를 두뇌의 비물리적 상태로 보는 것과는 차이가 있다.

이는 17세기 프랑스의 가상디(Gassendi)의 주장이기도 하며, 1950년대에는 호주철학자 스마트(Smart)도 이런 제안을 했다. 스마트는 물이

H2O와 같은 것이고 번개가 대기의 전기 방전이듯이 심적 상태는 두뇌 상태 그 자체라는 주장을 했는데, 이런 주장이 처음엔 조롱의 대상이 되었다. 다만 이들이 주장하는 심적 상태 곧 두뇌 상태는 개별적 사례(tokens)에 대한 것이 아닌 유형(types)간 동일성에 주목한다. 이를테면, 인간과 침팬지들의 고통은 c-신경섬유 흥분과 유형 동일성이 있다는 식이다. 현대 신경과학의 연구 성과에서는 이런 동일론 주장이 상당히 타당성이 있어 보인다. 하지만, 이에 대한 철학적 반론들도 있다.

이를테면, 신경섬유의 흥분은 없는데도 발생하는 환상통 현상 설명이 수월하지 않고. c-섬유 흥분은 초당 20회 주기를 가지지만 뇌가 느끼는 나의 고통은 정확히 그렇지 않다면 라이프니츠의 동일자 식별 불가능성 원리에 의해 그 동일성을 인정할 수 없다는 식이다.

한편, 심리철학에서는 '행동주의'라는 관점도 있다. 이는 심신의 실체 문제는 분석 대상에서 제외한다. 왜냐하면, 특정 심적 상태에 대해서는 외적으로 나타나는 행위의 물리적 성향에 대해서만 기술이 가능하다고 보기 때문이다. 이를테면 압정에 발이 찔린 심적 고통을 "아야!"하고 발을 잡고 뒹구는 행동 유형으로 규정한다는 것이다.

행동주의는 일견 과학적으로 보이며 그럴듯하기는 하지만 여기에도 여러 가지 비판이 따라온다. 우선 이는 우리의 마음속에서 실제적으로 깊숙이 느끼는 감각질(qualia)을 제대로 다루지 못한다. 그리고 고통을 가장할 수도 있다. 또한, 인간의 의식이나 마음속에서 일어나는 논리적 추리 능력에 대한 것도 설명이 궁핍해진다.

그리고, 마음의 '기능주의' 관점도 있는데 이는 심적 상태의 본성은 그 기능에 있다고 보는 것이다. 이는 오늘날 현대분석철학에서 심리철학의 중심 역할을 하게 되었다.22) 기능주의에 따르면 어떤 심적 상태 M이란 'M-직무'를 수행하는 내적 상태로 정의된다.

일견 행동주의와 유사해 보이지만, 이는 정신적 사건이 존재하면서 이것이 행동의 원인이 될 수 있다는 점도 인정하는 점이 다르다. 기능주의를 이해하기 위해서는 사람을 컴퓨터의 구조와 연관시켜보면 도움이 된다. 즉, 소프트웨어를 마음으로, 하드웨어를 몸으로 간주하는 것이다. 하지만 프로그램은 단순한 기능 수행일 뿐 그 의미까지 파악하는 인간 마음에 견줄 수 있겠느냐는 비판이 제기된다. 이런 비판과 반론들에 관해서는 다시 자세히 소개할 것이다. 아무튼, 인간 두뇌의 기능을 순차적으로 묘사하려 했던 튜링머신 개념이나 오늘날의 인공지능 성능 덕분인지 현대에 와서 가장 강력한 주장은 기능주의로 받아들여지고 있는 듯하다.

하지만 기계의 지능을 인간의 마음과 동일시하는 시각에 대한 반박도 만만치 않으며 그 반박 유형은 정말 다양하다. 두뇌 기능을 모방한다고 규소로 만들어진 기계가 느끼고 생각한다고 하는 것은 끔찍한 상상력이라거나, 기계는 인간과 달리 영혼이 없다는 식의 반론도 있다. 하지만 구문론적 기능을 넘어서 총체적, 의미론적 이해를 할 수 있는 것은 인간뿐이라는 주장은 그나마 설득력이 있어 보이며 반론으로서 많이 등장하는 편이다. 하지만 인간과 기계의 차이는 물리적 구조 차이와 더불어 일인칭적으로 느끼는 감각질의 차이일 뿐이라는 주장도 강력해 보인다. 오늘날의 사상적 대세는 만물 평등과 호혜주의로 나아가고 있다.

---

22) 기능주의는 *Art, Philosophy, and Religion* (Pittsburgh: University of Pittsburgh Press, 1967)에 실린 Hilary W. Putnam의 "Psychological Predicates" 글에 의해 처음 탄생한 것이다. 즉, 이 글로 인해 유형 물리주의의 몰락이 초래되었고, 기능주의를 탄생시켰으며, 상위 차원 속성들의 비환원주의 입지를 강화시킨 것으로 평가된다.

지금 당장은 인간과 기계 양자 간 차이가 아직 너무 커서 정서적으로 와 닿지 않을 수 있지만, 이 양자 간의 거리를 좁히는 미래 기술의 무한한 가능성까지 부정할 수는 없을 것이다. 이 세계 속에서 나의 마음에 대해서만 의미와 가치를 두다 보면 자칫 나의 마음, 의식만이 실재한다는 관점의 유아론(solipsism)에 빠져들 수도 있다. 그러면서 타인의 마음도 진짜 존재하는지에 대한 '타인 마음의 문제(the problem of other minds)'까지 제기하는 우를 범할 수도 있을 것이다.

인간의 '의식'이란 무엇인가도 심리철학의 핵심 화두 중 하나이다. 의식의 주요 특성은 크게 두 가지 정도로 이야기된다. 먼저, '내적 자각'으로서의 의식이다. 여기에도 지각에 있어서 특정 사안에 대한 표층적 '접근 의식'과 자의식이나 감시 의식 등의 성찰적 '메타 심리의식'으로 나누어질 수 있을 듯하다. 그다음은 각자 고유의 감각질에 해당하는 느낌으로서의 '현상적 의식'이다. 현상적 의식의 경우, 뇌처럼 특정 물리적 구조와 관련된 물리주의 입장에서 수반 논제를 가지거나, 아니면 감각질 자체를 언급 대상에서 아예 배제하는 감각질 허무주의로 빠질 수도 있다. 사람의 고통과 문어의 고통, 또는 인공지능 기계의 고통은 상호 유사한 심리적 기능을 가지겠지만 그 질적 느낌의 차이에 대한 정확한 언어적 묘사는 가능해 보이지 않는다.

따라서 감각질 허무주의자들은 유기체들의 고유 느낌이란 실재성이 없는 것으로 간주해버리기도 한다. 한편, 내적 자각으로서의 접근 의식이란 어떤 심적 상태를 표면에 오도록 하여 언어, 행동, 추론 등 이성적 통제가 가능하도록 하는 작용을 일컫는다. 하지만 긴박한 상황에서 고통을 잊는 경우처럼 어떤 현상적 의식은 접근 의식 없이 무의식적으로 이루어지기도 한다. 무의식적 직관력이라는 것은 두뇌의 다계층 신경망을 통해 작동이 되는 것 같다. 그리고 메타 심리의식의 경우, 인간만이 이런 기능을 가진다고 단정하기는 어려우며 강한 인공지능도 소프트웨어 기술로 이러한 기능 구현을 할 수 있을 것으로 보인다.

그런데 고유한 감각질의 의미에 관한 사고실험을 제기한 잭슨의 지식 논증이 상당히 흥미롭다. 그것은 날 때부터 흑백 방에서 갇혀 색깔에 대한 체험이 없이 철저히 과학 교육으로만 양육된 매리에 대한 가상적 시나리오에 대한 것이다. 매리가 마침내 바깥으로 나와 잘 익은 토마토를 보면서, "와! 이제야 붉게 보인다는 것이 어떤 느낌인지 알겠다."라고 말한다는 것이다. 이를 통해, 물리 이론적으로만 붉음을 제대로 알아낼 수는 없으며 감각질은 비록 일인칭적이고 비물리적, 부수적 속성이지만 그 엄연한 존재성은 인정해야 할 것 같다. 매리는 바깥으로 나와 과거에 몰랐던 새로운 비물리적, 비명제적 지식을 얻은 셈인데, 이를 통해 타인의 시각 경험에 대한 공감 능력 즉 일종의 능력지를 새로이 얻게 된 것으로 해석할 수도 있다.

또 감각질이란 당사자에게는 실존적으로 모종의 의미를 가지며, 다른 심적 상태나 잠재의식과의 섬세한 아날로그적 인과성마저 배제하기는 어려울 것 같다.

괴델과 튜링

현대 수학자 힐베르트는 메타수학과 수학 기초 체계의 확실성에 큰 관심을 가졌다. 그러면서 산술의 형식 체계가 무 모순적 일관성을 가지며,

그 속의 모든 참 명제는 그 형식 체계 안에서 증명도 가능하다는 '완전성'을 가지고 있을 것으로 믿었다. 하지만 쿠르트 괴델(Kurt Gödel)에 의해 이 가설은 무참히 무너지고 말았는데, 이는 당시 논리 철학자 및 수학자들에게는 큰 충격으로 받아들여졌다. 괴델의 증명법은 다음과 같은 재귀적 명제(P)를 통해 이루어졌다. 명제 P는 '명제 P는 증명이 불가능하다'라고 하자. 만일 P가 거짓 명제라면 P는 증명이 가능할 것이며 따라서 P는 참이 분명해지는데 이 경우는 명백히 모순에 봉착한다. 만일 이 체계에 일관성이 있다면 명제 P는 거짓이 될 수 없으며, 따라서 배중률에 의해 참이 되어야 한다. 이럴 경우, P는 참이 될 수밖에 없으므로 P는 증명이 불가능한 명제이다.

이런 방식으로 참이면서 증명이 되지 않는 명제의 가능성 예를 간략하게 암시했지만, 이러한 명제가 산수 형식 체계 내에서도 실제 존재할 수 있을까? 괴델은 이를 보이기 위해 괴델수를 도입했는데, 이것부터가 획기적인 아이디어였다. 괴델수란 수식의 각 알파벳 기호를 약속된 숫자로 변환한 후 이를 순차적인 소수들의 지수 값들로 대입한 것이다. 이런 방법이면 모든 논리 명제를 자연수에 1:1 대응시킬 수 있다. 결국, 산수에 들어가는 모든 명제들은 자연수들의 부분집합이고, 가산적(countable)이며, 따라서 순서대로의 배열도 가능하다. 그렇다면 이를 통해, 위의 경우처럼 참이지만 증명 불가능한 재귀적 명제를 구성해낼 수 있다. 이것이 괴델의 불완전성 정리에 대한 증명법의 큰 줄거리인데, 조금 더 구체적으로 들어가 보면 다음과 같다.

괴델수 순서대로 모든 명제들을 나열했다고 해보자. 이때 p(n)은 변수가 하나인 명제들 중 n번째 명제라고 하자(예: "x는 소수이다"). [p(n);k]

는 p(n)의 변수에 k를 넣은 명제라고 하자(예: [p(n);5]="5는 소수이다").
"[p(n);n]는 증명할 수 없다"라는 명제는 변수가 하나인 명제이고 그중 m
번째인 p(m)이라고 하면, [p(m);m]="[p(m);m]는 증명할 수 없다"가 된
다. 이 명제가 바로 아까의 P처럼 참이지만 증명 불가능한 명제가 되는 것
이다. 이런 내용을 담고 있는 것이 '제1 불완전성의 정리'이다. 그다음 '제
2 불완전성의 정리'란 수학적 공리계의 일관성(무모순성)은 공리계 내에
서 증명이 불가능하다는 것이다. 만일 일관성 증명이 가능하다면 아까의 P
명제는 무모순이어야 하며 따라서 참이라는 증명도 되어야 할 것이다. 하
지만 이 경우 P명제는 그 내용상 증명이 불가능하므로 모순이 또 발생한다.
따라서 제2 불완전성의 정리를 얻는다.

    1935년 튜링은 케임브리지 대학에서 수학 강의를 들으며 이러한 괴델
의 놀라운 증명법을 배우게 되었는데, 그는 해석학적 기법을 통해 이와 유
사한 내용을 증명하는 아이디어를 떠올렸다. 결국, 1936년 괴델의 불완전
성 정리에 적용하기 위한 가산 수들에 관한 「결정문제에 적용하는 계산
가능한 수에 관하여」(On Computable Numbers, With an Application
to the Entscheitungsproblem)라는 제목의 논문을 발표하게 되었다.[23]
이 논문에서 인간의 기계적 작업을 순차적으로 대행하는 역사적인 튜링머
신(TM) 모델이 등장한다.

    TM은 기계 상태, 테입, 규칙테이블, 기호들 등으로 구성되는 매우 단순
한 소프트웨어 모델이다. 튜링은 TM 모델을 통해 귀류법 논리를 전개한
다. 우선 모든 참 명제에 대해 이를 기계적(순차적)으로 도출해낼 수 있는

---

[23] Turing, A.M., "On Computable Numbers, With an Application to the Entscheitungsproblem", *Read*, 1936.

TM이 존재한다고 가정해보자. 그렇다면 모든 정지 문제(halting problem)를 알아내는 즉, 어떤 TM에 대해서도 '멈춤' 또는 '멈추지 않음'의 둘 중 하나가 참임을 밝히는 기계도 가능하다.

이런 멈춤 문제 해결 기계는 어떤 TM 내부 정보와 외부 테입의 입력 데이터 조건(이들은 각각 괴델수로도 표현이 가능하며 가로로 순차적 배열이 가능할 것이다)이 주어지면 각각에 대해 1(멈춤) 아니면 0(멈추지 않음) 값을 출력한다고 하자. 그럼 모든 TM들은 아무리 많아도 가산적이므로(자연수, 괴델수의 부분집합) 이들을 세로로 순차적 배열을 완성할 수 있을 것이다.

그런데 이 경우 잘 알려진 칸토어의 대각선논법(가로 i번째 TM과 세로 i번째 입력 조건에 대해 멈춤에 대한 리턴 값의 반대 값을 계속 취하는 방식)을 동원하면, 여기에는 없는 또 다른 TM이 존재할 수 있다는 이야기인데 이는 명백히 모순이다.

그러므로 TM들의 정지 문제는 기계적으로 완벽히 증명할 수 없는 문제이며, 따라서 모든 참인 명제에 대해 이를 도출(증명) 가능한 기계는 애초에 존재할 수 없다는 결론에 도달한다.

그런데 어떤 TM이든 내용을 소프트웨어로 탑재하면 그 조건과 규칙대로 수행할 수 있는 만능 TM 하드웨어가 바로 오늘날의 컴퓨터이다. TM은 그 이후 심리철학에 있어서 기계 기능주의의 심리적 사건 모델로 제시되기도 했다.

튜링은 그 이후 인공지능과 관련한 연구와 함께 1950년에는 또 하나의 중요한 논문도 펴냈는데, 컴퓨터의 지능적 능력에 관한 「컴퓨터와 지능」(Computing Machinery and Intelligence) 이 그것이다.[24] 여기에서 그는 '기계도 생각할 수 있는가'라는 질문과 함께 이를 확인하는 테스트 방법론을 제시했다. 즉, A, B 둘의 텍스트 대화만을 보고 인간과 기계를 구별할 수 없다면 그 기계가 인간 지능 수준에 온 것으로 봐도 좋다는 것인데, 이를 '튜링 테스트'라고 한다.

1966년 엘리자(Eliza)라는 프로그램이 이 튜링 테스트를 통과한 최초의 프로그램으로 인정이 되기도 했다. 하지만 존 서얼(John Searle)은 1980년 그의 논문 「마음, 두뇌, 그리고 프로그램(Mind, Brains, and Program)에서 중국어 방 논증을 통해 기계가 자연언어를 구사해도 인간처럼 그 의미를 이해까지 하는 것은 아니므로 튜링테스트는 적합한 테스트가 될 수 없다는 주장을 하여 큰 논쟁을 불러일으켰다. 튜링 테스트와 인공지능에 관한 흥미로운 논쟁점들은 바로 다음 절에서 조금 더 자세히 들여다보기로 한다.

튜링 테스트 관련 논쟁

기계는 과연 인간처럼 생각할 수 있을까? 앨런 튜링은 자신의 1950년 논문에서 남자(A), 여자(B), 그리고 분리된 방의 질문자(C) 셋이서 참여하는 흉내게임(imitation game)으로 이 문제에 대한 판별 기준을 제시했다. 만일 A가 자신이 여자인 체 답변을 해나간다면 C는 누가 진짜 여자인

---

24) Turing, A.M., "Computing Machinery and Intelligence", *Mind*, 1950. pp. 433-458 참조. 튜링은 이 논문에서 마음은 결국 일종의 기계 시스템이라고 선포했다. 더불어 숱한 실행의 결과에 의해 피드백 받고 아이처럼 처벌과 보상을 통해 스스로를 수정까지 하는 딥러닝 알고리즘에 관한 영감을 불러일으키기도 한 것으로 평가된다.

지 가려내기가 쉽지 않을 것이다. 그런데 그 A를 기계로 대치했을 때 C가 역시 비슷한 오답률을 보인다면 그 기계도 생각할 줄 아는 것으로 간주할 수 있다는 것이다.

튜링은 디지털 컴퓨터라면 불연속적 변화들을 만들어내는 어떤 상태 기계의 행동이라도 흉내 낼 수 있다면서, 이를 '보편 기계'라고 불렀다. 튜링은 이런 보편 기계는 생각도 가능한 것이며 20세기 말이 되면 반박의 여지가 없이 이런 생각하는 기계에 대해 자연스럽게 이야기 나눌 수 있게 된다고 말했다. 하지만 그의 이런 주장에 대해 공감할 수 없다는 반론들이 만만치 않았으며 사실 21세기 초까지도 이러한 의문에 대한 논쟁은 끝나지 않았다.

먼저 신학적 반론들이 있다. 생각한다는 것은 인간 고유의 능력이며 이는 불멸하는 영혼의 기능이라는 주장이 그것이다. 하지만 튜링은 인간과 다른 생물과의 차이보다는 생물과 무생물의 차이가 더 현격한 것으로 본다면, 차라리 생물은 모두 영혼이 있더라도 기계는 절대 영혼이 없다는 식으로 표현하는 것이 더 낫지 않느냐고 꼬집었다. 이런 반론 주장은 마치 여자에게는 영혼이 없다는 무슬림의 관점처럼 보이며 우리에게는 만족스러운 답변이 될 수 없다는 것이다.

그다음 '모래 속의 머리' 반론이 있다. 규소로 만들어진 기계가 생각한다는 것은 상상만 해도 끔찍하다는 것이다. 이는 이러한 믿음을 기반으로 인류나 자신에 대한 우월성을 잃고 싶지 않다는 의도로 보인다. 튜링은 이런 주장에 대해서는 아예 반론이 필요하지 않다고 말한다. 인간의 우월성에 대해서는 생각 여부의 문제보다는 차라리 인간 영혼의 윤회를 믿으며 위로로 삼는 편이 더 적절할 것이라는 비아냥도 했다.

수학적 반론도 있다. 앞에서 살펴보았듯이 괴델의 불완전성 정리에 의하면 모순이 없는 강력한 논리적 시스템 안에서도 참이나 거짓을 입증할 수 없는 진술이 시스템 내에서 만들어질 수 있다. 이런 결과는 인간 지성과는 다른 방식으로 작동하는 순차적 디지털 기계는 한계성이 있다는 증거로 받아들여야 하지 않겠느냐는 반론이다. 하지만 튜링은 이러한 한계가 우리 인간의 지성에서는 적용되지 않는다는 보장이 있는지를 되묻는다.

또 흔한 반론 중 하나로 의식과 관련한 주장도 있다. 기계가 우연이 아니라 의식과 감정으로 정형시나 협주곡을 쓸 수 있겠느냐는 것이다. 인간의 마음과 같아지려면 그러한 것들을 쓸 수 있을 뿐 아니라 자신의 성공에 기뻐하거나 실수에 비참해질 수도 있어야 한다는 주장이다. 튜링은 이는 테스트의 유효성을 아예 거부하는 것이며 이런 논법이라면 기계가 생각하는지 알기 위해 기계가 되어보아서 그 생각의 느낌까지 체험하는 수밖에 없을 것이라고 비꼰다. 그만큼 인간 중심주의적 관점이라는 것이다.

그밖에도 인간의 다양한 심적 능력과의 비교도 있다. 기계가 친절, 유머, 실수, 사랑 등등의 능력을 지니게 만들 수 있겠느냐는 것이다. 하지만 튜링은 이러한 주장에 대해 이는 인간이 지금까지 경험한 일부의 기계들 모습들로부터 향후도 그러한 기계는 불가능하다는 결과를 귀납적으로 도출한 것에 지나지 않는다고 말한다. 다만 인간적 '실수'에 대해서는 기계도 의도적인 실수를 만들어낼 수 있겠지만 기계 그 자체의 돌발적 작동 에러는 만들어 낼 수 없다는 점은 인정한다.

또 흔히 기계는 창조력이 없다는 것을 문제 삼기도 한다. 기계의 분석 엔진은 우리가 시킨 것을 수행할 뿐 어떤 놀라운 것을 새로이 창안하려고는 하지 않는다는 것이다.

이에 대해 튜링은 '태양 아래 새로운 것이란 아무것도 없다'는 반박으로 대응한다. 또한, 기계도 우리를 매우 놀라게 만들 수 있다고 말한다. 기계가 놀라움을 일으킬 수 없다는 주장은 수학자들에 관한 일종의 설명 오류와 같은 것이라고 말하기도 한다. 즉, 하나의 사실이 마음속에 들어가면 그 사실을 전제로 하는 모든 연역적 결과들도 함께 마음속으로 흘러 들어간다고 믿는 오류와 같다는 것이다.

신경계의 아날로그적 연속성과 비교도 한다. 신경계는 명백히 아날로그적이며 불연속 상태의 디지털 기계와는 다르다는 점을 문제 삼는 것이다. 하지만 튜링은 자신의 흉내게임에서는 이러한 류의 차이가 의미를 지니는 것은 아니라고 단언한다. 이를테면 원주율 근사치를 내라고 할 때, 컴퓨터가 3.12, 3.13, 3.14, 3.15, 3.16 중 각각 0.05, 0.15, 0.55, 0.19, 0.06 확률로 무작위적으로 답하게 한다면 일반 계측 분석기와 디지털 컴퓨터의 구분이 어렵다는 것이다.

인간의 초감각적 지각과 관련된 반론도 있다. 이를테면 기계에는 텔레파시, 신통력, 예지력, 염력 같은 것들이 나타날 수 없다는 것이다. 그런데 인간의 경우는 이러한 능력이 나타나는 것이 과연 사실일까? 만일 텔레파시를 잘 받을 수 있는 사람이 있다면 그와 함께 텔레파시를 보내는 컴퓨터 하나를 세워 일종의 흉내게임을 하면 어떨까? 내 손의 카드는 스페이스, 다이아몬드, 하트, 클로버 중에 어떤 것일까를 질문한다고 하자. 그러면 텔레파시를 보내는 능력의 사람과 그런 능력이 없는 컴퓨터는 구분 가능하다고 주장을 하는 셈이다. 하지만 튜링은 이 경우에 그 테스트 환경이 신뢰할만하도록 주의해야 한다고 전제한 뒤, 이런 테스트는 컴퓨터의 랜덤한 숫자가 게임 질문자의 염력 대상이 될 수도 있다는 측면까지도 고려해야 한다고 답한다.

  이번 절에서는 기계도 인간의 지능 수준에 이를 수 있다는 튜링의 예측에 대한 다양한 반론들을 살펴보았다. 다음 절에서는 이런 반론 중에서도 그 반론 자체가 다시 큰 논쟁에 휘말리게 된 중국어 방 논증에 대해 알아보기로 한다.

중국어 방 논증과 한국어 방 논증

  심리철학에서 마음의 '기계 기능주의'란 사람의 마음을 컴퓨터의 구조처럼 소프트웨어를 마음으로, 하드웨어를 몸처럼 간주하면서 마음의 상태 변화와 그 기능들을 살펴보는 것이라고 말할 수 있다.

  하지만 컴퓨터 프로그램은 단순한 기능적 수행일 뿐 그 의미까지 마음속으로 이해하는 인간의 사고 프로세스와는 견줄 수가 없다는 비판이 거세다. 이를테면 존 서얼(John Searle)은 자신의 1980년 논문에서 이른바 '중국어 방 논증'을 제기하면서, 튜링 테스트 통과로 기계가 생각한다고 보는 판별법은 애초에 잘못이라는 주장을 펼쳤다.[25] 이제 그의 중국어 방 논증이 무엇인지부터 알아보자.

  여기에 중국어로 된 서면 질문에 중국어로 된 서면 답변을 내놓는 방이

---

25) Searle, John. R., "Minds, Brains, and Programs", *Behavioral and Brain Sciences*, 1980. 참조. 여기에서는 서얼의 기계 기능주의를 반박하는 중국어방 논증에 대한 여러 유형의 재반박 주장들에 대한 서얼의 분주한 해명이 인상적이다. 이초식, 『인공지능의 철학』, 고려대 출판부, 1993. pp.26-61. 그리고 국내 분석철학자의 글 임일환, 「이초식 지음, 인공지능의 철학」, 『철학』 제40집, 1993. p.405 도 이와 관련하여 참조할 만하다.

있다고 하자. 그런데 그 안에는 영어만 할 뿐 중국어를 전혀 모르는 사람이 들어가 있으며, 모든 가능한 중국어 질문에 대한 답변을 매치시켜주는 방대한 규칙 매뉴얼이 이 사람에게 주어져 있다. 이 사람은 중국어로 된 질문서를 받아서 그 모양만 보고 매뉴얼에서 해당하는 답변을 찾아 중국어 서면 답변으로 응답한다. 그럼 바깥의 질문자는 방안의 답변자가 중국어를 잘 안다고 믿기 쉽다. 하지만 서얼은 이 경우 그 답변자가 중국어를 진정으로 이해한다고 할 수 있겠는지를 반문한다. 결국, 컴퓨터의 튜링 테스트 통과도 이와 다를 것이 없다는 것이다. 서얼은 중국어 방 논증을 통해 컴퓨터는 언어나 스토리를 인간처럼 이해하지 못하고 이처럼 다만 기계적 기능만 할 뿐이라는 점을 부각하려 했다. 하지만 서얼의 주장에 대한 반박 논증들도 만만치 않다.

먼저 이 중국어 방은 그 안의 사람이 아닌 그 방 전체 시스템 관점으로 바라보아야 한다는 주장이 있다. 그 안의 사람 자체는 중국어를 이해하지 못하는 것이 맞지만 그 사람과 규칙 매뉴얼이 결합된 관점에서 그 시스템은 업무나 중국어를 이해하는 것으로 간주할 수 있다는 것이다. 하지만 서얼은 기호 조작 자체만으로 여전히 '이해한다'고 하기엔 충분한 조건이 될 수 없다고 재반박했다. 이는 자동 온도조절 장치가 마음과는 구분되어야 하는 이유와 같다는 것이다.

로봇 속 컴퓨터 뇌 모델을 제시하며 중국어 방 논증을 비판하기도 한다. 로봇 기계 속에 인공지능 뇌 소프트웨어가 장착된다고 할 때 인간의 정신 상태나 감각 및 행동, 그리고 이해 등의 기능을 그대로 가진다고 보지 않을 이유가 없다는 것이다. 하지만 서얼은 이에 대해 그래도 로봇은 코드화된 프로그램에 의해서만 작동될 뿐이며, 의도적 상태 즉 유기체의 '지향성'이 없다는 점을 문제 삼았다. 즉 로봇이나 컴퓨터는 아무 의도나 의미 없이 그저 형식적인 기호 조작만 할 뿐이라는 것이다.

인간 두뇌의 시뮬레이션 모델로 서얼의 주장을 반박하기도 한다. 만일 중국어를 구사하는 인간 두뇌 시냅스 작동 과정과 완벽히 동일한 시뮬레이터가 있다면 인간은 중국어를 이해하고 기계는 이해하지 못한다고 할 수 있겠느냐는 반문이다. 이는 전체 중국인끼리의 폰 네트워크로 뇌 작동 프로세스를 그대로 시뮬레이션하는 모델을 연상시키는데, 서얼은 이는 형식적 구조 시뮬레이션일 뿐 입출력이 동일하다고 하여 생명체의 목적, 의도성 같은 그 내적 시뮬레이션까지 그대로 이루어졌다고 볼 수는 없다고 재반박했다.

두개골 모양의 컴퓨터로 인간의 몸은 그대로 두고 인간 두뇌만을 대체한 융합 시스템(사이보그 생명체?)을 상정한 반박도 있는데 이는 꽤 강력해 보인다. 이러한 시스템은 인간의 욕구나 의도성마저 가질 것이며 그렇다면 그 컴퓨터의 작동을 인간의 뇌 작동과 구별하기 어려워 보이기 때문이다. 서얼은 이러한 로봇 시스템이라면 인간의 의도성까지 가질 것이라는 점에 대해서는 수긍한다. 하지만 서얼은 우리와 비슷한 재료로 구성된 원숭이 같은 동물이라야만 의도성을 진정으로 인정할 수 있다는 식의 표현을 했다. 그런데 이런 정도의 주장으로는 핵심 쟁점인 지향성, 의도성의 구별 문제에 대해 서얼이 명쾌한 답변을 한 것으로 보이진 않는다.

심성 인지 문제의 반박도 있다. 다른 사람이 중국어나 다른 언어를 이해한다고 하지만 이것은 또 어떻게 알 수 있겠느냐는 반문이다. 우리는 다른 인간의 마음속을 정확히 들여다볼 수 없으며 오로지 행동 결과를 통해 그 기능을 파악할 뿐이라는 것이다. 하지만 서얼은 이에 대해 자신이 주장하는 논점은 이런 것이 아니라고 대응했다.

한편, 이런 논쟁에서 인공지능을 현재의 컴퓨터로만 상정해서는 안 되며, 향후 심성의 인과 프로세스나 지향성까지 그대로 구축한 강한 인공지능이 출현할 가능성을 가지고 논해야 한다는 지적에 대해서는 서얼은 답변은 회피했다.

결국, 서얼은 이런 중국어 방 논증을 통해 의도나 목적 등 모종의 유기체적 지향성을 가진 인간의 심성과 단순히 구문론적 기능만을 순차적으로 수행만 하는 기계를 동격으로 인정할 수 없다는 주장을 펼친 셈이다. 즉 인간의 고유한 감성이나 심적 상태들의 상호 연관성은 대자연이 역사를 통해 진화론적으로 인간에게 부여한 총체적 메커니즘이므로 결코 그 흉내만으로 기계도 사고한다는 것을 인정할 수는 없다는 것이다. 하지만 이런 논법은 같은 기능을 하면서도 물리적 구조 차이를 가질 뿐인 대상들에 대해 과거 데카르트가 인간 중심적 관점으로 동물을 바라보았던 것처럼 비칠 수도 있다.

그런데 서얼의 이러한 중국어방 논증에 대한 여러 가지 반론 중에서도 특히 1988년에 미국 철학자 윌리엄 래퍼포트(William J. Rappaport)가 제시했던 '한국어방 논변'도 상당히 재미있다. 래퍼포트는 그 이전에도 구문론적 이해와 의미론적 이해의 차이에 관해 논하면서 이 양자 간에는 근본적인 질적 차이가 있다기보다는 그저 정도의 차이 수준으로 보아야 한다는 주장을 펼친 바 있다. 또 그는 심리현상이란 일종의 유형적 알고리즘으로 기계의 경우라도 유기체의 지향성까지 부과하는 데에 문제가 될 것은 없다고 보았다.

이제 래퍼포트의 한국어방 논증에 대해 살펴보자. 한국의 영문과에 영어를 모르는 한 교수가 있다. 하지만 그는 셰익스피어라는 역사적인 작가의 문학 작품 전문가로 세계적인 명성을 얻고 있다. 그는 셰익스피어 작품들의 한국어 번역판들을 통해 그의 희곡 작품들에 대한 한국어 논문들을 몇 개 발표했으며 곧 이 논문들은 영어로 번역되어 저명한 영문학 학술잡지들에 실렸다. 그 후 그의 학술적 통찰력은 크게 인정을 받아 세계적인 명성을 얻게 되었다. 사고실험에서의 이 영문학 교수는 영어는 잘 모르지만 셰익스피어는 매우 깊이 있게 잘 이해한 것으로 볼 수 있을 것이다. 즉, 구문론적 언어 측면에서만 이해하지 못한 것일 뿐, 이런 제삼자의 번역 과정을 통해 셰익스피어 문학을 이해하는 정도는 참다운 정신적 이해로 받아들일 수 있다는 것이다. 만일 인공지능이 이런 일을 실제 할 수 있고 그 교수처럼 명성을 얻을 수준이라면 그 컴퓨터는 영어라는 언어 자체를 이해한 것은 아니더라도 셰익스피어는 잘 이해한 것으로 평가할 수 있다는 것이다. 그렇다면 중국어 방 경우에도 그 방 안의 사람은 매뉴얼을 사용하면서 인간의 지적 능력을 잘 수행하는 것으로 간주해도 무방하다는 것이 래퍼포트의 주장인 셈이다. 중국어 방 논증은 사실 튜링 테스트가 인간의 의미론적 언어 능력은 체크 할 수 없다는 점을 문제시했던 경우이다. 하지만 한국어 방 논증은 언어 그 자체의 이해 메커니즘은 지능적 조건에서 큰 비중을 둘 필요가 없다고 보는 듯하다. 중국어 방의 경우에는 그 안의 사람이 중국어 자체는 이해하지 못해도 적절한 응답은 매뉴얼을 통해 잘 소화 시키는 경우이고, 한국어 방의 경우에는 그 안의 사람이 영어를 이해 못 해도 셰익스피어는 문학적으로 (한글로) 잘 평론하는 경우로 대비시킨 것이다. 각 방을 시스템 차원에서 볼 때도 서얼은 여전히 이런 능력을 지능적이라고 인정하지 않았던 반면, 래퍼포트는 이 수준이라면 지능적 능력으로 인정해도 좋다는 주장을 펼친 것으로 보인다. 사실 서얼도 미래의 인공지능 컴퓨터가 이런 방들의 시스템적 역할을 기계적으로 수행할 수 있다는 능력/기능적 측면에 대해서는 부정하지 않을 것이다. 다만 그는 AI 능력은 구문론적 언어 처리 기능에 불과한 수준이며 인간과 같은 유기체의 의미론적 이해 능력까지는 갖출 수 없다는 것을 차별점으로 부각하려 했다.

이처럼 인간의 마음 작용과 기계의 지적 기능 사이의 간격에 대한 논쟁은 그치지 않는다. 사실 인간의 관점에서는 그 기능만 보고 이 양자 간을 완전히 동일시하기에는 무언가 석연치 않은 느낌이 든다. 감성과 공감의식이 발달한 인간 관점에서는 그 대상을 파악할 때 그 안에서 우리와 같은 유기체적 지향성과 동물 고유의 감각질을 가지는지에 대한 의식을 가지는 것 같다. 만일 어떤 기계가 어떤 목적을 추구하면서 기능적으로 난관을 겪는다면 우리는 그 상황을 대체로 냉철하게 받아들일 수 있겠지만, 어떤 동물이나 인간이 같은 기능적 상황에서 심적 고통이나 감정적 우울을 겪는 모습을 본다면 우리는 그 감정에 대해서는 공감과 연민을 더욱 크게 느낄 것으로 보이기 때문이다.

자율기계의 윤리 문제

오늘날 철학의 사조는 형이상학 같은 사변철학보다는 사회철학과 윤리학 같은 실천철학에 관심이 많으며 특히 디지털 시대에서의 삶의 문제를 조명하는 디지털 인문학(Digital Humanities)이 넘쳐난다. 이 중에서 특히 인공지능 시대를 대비한 윤리학 분야가 우리에게 새로운 관심으로 화두가 되고 있다. 우선, 3차 산업혁명의 키워드가 정보기술과 함께 하는 자동화에 있었다면 4차 산업혁명의 키워드는 인공지능 기술과 함께하는 자율기술의 출현으로 볼 수 있다. 구글의 알파고나 자율주행 자동차처럼 외적 대상을 스스로 인식하고 이에 대한 판단력 알고리즘이 내적으로 작동하여 그다음 자발적 행동으로 이어질 수 있게 하는 기술이 곧 자율기술이다. 세계 최정상의 바둑 기사 이세돌을 이겼던 알파고는 프로그래밍 된 주어진 규칙에 그대로 따르는 딥블루와는 또 다른 차원의 딥러닝학습 기술을 사용했다. 알파고를 개발한 엔지니어라 하더라도 알파고가 바둑의 어떤 특성을 잡아내어 각 수의 판단을 내리는지 그 내부 규칙을 알지 못한다. 사실 알파고는 인간의 논리 프로세스가 아니라 인간 마음의 가소성과 직관력 프로세스를 흉내 낸 것이기 때문이다.

가소성(malleability)이란 물질의 경우 그 구조적 유연성과 환경에 대한 순응력을 일컫는 것이다. 나노기술의 경우 재료의 가소성을 원자나 분자 차원에서 확대해나간다. 또 생명과학의 경우 생명 가소성을 통해 유전적 질환도 치료하고 생체 능력을 향상하게 된다. 신경과학기술은 두뇌 연구를 통해 마음의 가소성에도 관심을 가진다. 또한, 디지털 기술 영역에서는 논리 가소성으로 정보기술의 잠재력을 설명하기도 한다. 튜링기계 개념이 사사하듯 어떤 일이라도 정보기술을 이용한 논리적 계산 방식으로 처리가 될 수 있다고 보는 것이다. 이런 보편성에는 논리적 조작의 제한이 없다는 구문적 가소성과 어떤 일이든 기호로 표상 및 해석할 수 있다는 의미적 가소성에 기인한다.

이러한 정보혁명 시대를 옥스퍼드대 철학자 플로리디(Luciano Floridi)는 선사시대 다음의 역사시대에 비견될만한 하이퍼 역사 (hyperhistory)

시대라고 규정했다. 이는 개인이나 사회의 발전이 인간의 사유 능력이 아니라 정보기술에 전적으로 의존한다는 의미이다. 자율적 기계, 인공지능 행위자의 등장으로 정보의 가소성에 급진전이 일어나기 때문이다. 플로리디는 여기에서 3차 기술이라는 개념을 등장시킨다. 1차 기술이란 인간 사용자와 자연 대상자 사이에서 이들을 매개하는 기술이다. 이를테면 도끼라는 도구는 인간과 나무 사이를 매개하는 기술이다. 2차 기술이란 인간 사용자를 다른 기술과 연결하는 매개 기술이다. 이를테면 인간과 나사못을 연결하는 드라이버가 이에 해당한다. 3차 기술 시대란 사용자든 그사이 매개자든 모두 기술이며 그 중심 기술은 컴퓨터의 정보 엔진으로 보는 것이다. 여기에서 인간은 기술들 사이에 끼어들지 않거나 바깥 경계에 걸쳐 있으면서 그 수혜자로만 남는다는 개념이다. 이를테면 사물인터넷, 자율자동차, 스마트 가전 등이 이에 해당한다. 이로 인해 인간에게는 점차 기술과의 인터페이스가 시야에서 사라지는 경향이 생겨난다.

자율기술 시스템에서는 인간의 지속적인 개입이 필요 없이 직권 위임이 작동하면서 자기들끼리 네트워크를 구성하여 수시로 대화할 수 있다. 인간과는 필요한 경우 자연어로 소통을 하는 정도이다. 그렇게 될 경우, 이런 시스템은 자율성에 따르는 그 행위의 결과에 대한 책임도 어떤 방식으로든 물어야 할 것 같다. 즉 기계에도 한 행위자로서의 도덕적 지위 문제가 발생한다는 것이며 때로는 법적 제재가 가해질 수 있어야 한다는 것이다.

과거엔 도덕적 행위자와 그 행위의 영향을 받는 피동자가 모두 인간인 시대였다. 그런데 이젠 도덕적 행위자와 피동자의 범위가 서로 변화하면서 피동자 중심의 새로운 윤리학이 싹트고 있는 듯하다. 즉 고통받는 반려동물과 생태적 환경, 심지어 기술이나 인공적 지적 대상들도 도덕적 피동자로 간주 될 수 있다는 것이다. 이는 인류 중심적이 아니며 대상 중립적인 윤리관으로 볼 수 있을 것이다. 물론 모든 인공적 대상이 갖는 도덕적 권리가 인간과 항상 동등해야 한다고 보는 것은 아니다. 플로리디는 모든 정보적 존재자가 모두 피동자의 지위를 갖는다는 존재 평등주의와 보편주의를 펼친 셈인데 이는 너무 급진적 주장으로 비판을 받기도 한다.

무어(Moor)는 윤리적 행위자를 4가지 범주로 나누었다. 첫째, 기계를 포함한 윤리적 영향을 끼치는 모든 행위자, 둘째는 암묵적 윤리행위자로 그 조작적 도덕성이 기술의 설계자나 사용자의 통제에 놓여있는 경우, 셋째, 명시적 윤리행위자로 내부 프로그램을 통해 기능적으로 윤리적 추론이나 평가를 할 수 있는 경우, 그리고 넷째는 인간과 같은 온전한 자율적 윤리 행위자이다. 오늘날 큰 화두가 되는 문제는 네 번째의 완전히 자율적인 AI 시스템의 윤리 문제이다. 이에 대해 20세기 중반 아이작 아시모프(Isaac Asimov)는 인공지능 로봇의 3가지 굵직한 윤리 원칙을 제의한 바 있다. 제1원칙은 "로봇은 인간을 보호해야 한다", 제2원칙은 "제1원칙에 위배 되지 않는 한 인간의 명령에 복종해야 한다", 제3원칙은 "제1, 2원칙에 위배 되지 않는 한 로봇 자신을 보호해야 한다" 이상 세 가지이다. 하지만 경찰 로봇이나 전투 로봇이라면 어떨까? 이들은 용도에 따라 혼란을 느끼게 할 수 있는 너무 단순한 표현의 원칙들인지 모른다.

현재 법적으로 통용되는 '책임의 법칙'이라는 것을 참고할 만하다. 적극적인 행위에 따른 사후의 인과적 결과에 대해, 그 행위의 주체인 자율적인 인간에게 귀속되며, 소극적인 부작위에 대해서는 책임의 양이 감소하되, 악의 개선에 대한 부작위는 거의 책임을 묻지 않고, 책임의 양은 발생한 결과에 인과적으로 기여한 정도에 비례한다는 내용이다. 만일 인공지능 기계 경우에도 어떤 해악을 산출했다면 그 작동을 중지시키거나 해체하는 방식의 처벌이 내려질 수 있을 것이다. 이는 그 제작자나 사용자에게 책임을 지우는 의미도 된다. 물론 처벌을 위해서는 그 직접적인 인과관계가 명확해야 할 것이다. 아무튼, 인간의 능력과 영향력이 기술을 통해 극적으로 커진다는 것은 인간에게 더 큰 책임성도 부과되어야 한다는 측면이 있다는 점을 간과해서는 안 된다.

이런 자율기계의 잠재적 위험과 윤리 문제들에 관하여 오늘날 AI의 개발 단계에서부터 다음과 같은 측면의 거버넌스를 확립하자는 움직임이 있다. 첫째는 '투명성'으로 개발 단계부터 설명 가능성을 위한 규약을 두고, 둘째는 '공정성'으로 본질과 절차상의 편견, 차별을 배제하며, 셋째는 '안전성'으로 위험 관리 체계를 확립하고, 넷째는 '윤리성'으로 인간 자율성에 대한 존중과 인간 공동체의 가치 체계를 학습시키자는 것이다. 만일 이런 노력들이 경시된다면 후일 인간을 위해 개발되는 자율기계가 윤리적 해악성을 드러내며 인간 사회를 혼란에 빠뜨리거나 궁극적으로 인류를 크게 위협할 수 있기 때문이다.

철학자 닉 보스트롬도 그의 명저 『슈퍼인텔리전스』에서, 인간을 뛰어넘는 초지능 AI를 통제하는 방법으로 능력 통제와 동기 선택 등 두 가지 접근법을 자세히 소개한 바 있다.[26] 능력 통제에서는 우선 개발시스템의 물리적, 전자적 격리를 떠올릴 수 있다. 또한, 국소적 범위로 기능을 제한하거나 시스템 능력을 떨어뜨린 상태에서 개발하는 지연법 같은 안도 있다. 그리고 공개키 암호를 걸어서 비밀키를 가진 인간만이 통제 가능한 보상시스템을 AI기계에게 부여하는 유인책 같은 것을 고려할 수 있다. 여기에는

---

[26] 닉 보스트롬, 슈퍼인텔리전스』, 까치, 2017. pp. 237-267

유사시 시스템 정지 기능이 작동되는 메커니즘을 탑재하는 것이 좋을 것이다. 한편 동기 선택법은 규칙 기반이든 결과주의 방식이든 시스템에 직접적으로 올바른 동기를 부여하고 선택하는 기능을 탑재하는 방법이다. 여기에는 시스템이 따라야 하는 법적 규범성이나 인간 사회의 윤리적 가치를 부여하는 것이 좋을 것이다. 이를 위해서는 초지능의 개발 단계에서부터 인간적이며 인간의 우호적 동기를 따르는 능력을 증강할 필요성이 있어 보인다.

2-5 과학기술과 사회

기술철학

 현대의 기술은 대부분 과학에 기반을 두지만, 사실 기술이란 역사적으로 과학보다 먼저 형성이 되고 발전이 되어왔다. 과학과 기술의 본질적 차이는, 과학은 법칙 세계의 발견과 이해에 중점을 두지만, 기술은 인공적이며 문제 해결에 중점을 두는 것이어서 이는 창조나 발명의 영역으로 볼 수 있다. 그런데 원래 기술은 철학의 대상이 아니었지만, 과학철학과 함께 기술철학이 태동하게 된 시기는 19세기 말에서 20세기 초였다.

 기술철학은 우선 형이상학, 존재론적 관점에서 기술이 관여된 세계 및 현상을 통일적으로 파악하려고 한다. 또 기술을 지식의 한 유형으로 보고 실천적 지식의 구조와 원리를 분석하려는 인식론적 접근을 하기도 한다. 하지만 최근의 기술철학은 현대 기술이 인간과 사회에 미치는 심대한 영향에 관하여 규범적, 윤리적 차원에 주목하는 경향을 보인다.

기술은 인간에게 유익함을 주려는 목적으로 개발되고 발전되면서 인간 사회의 유토피아를 지향하기는 한다. 하지만 실제로는 인간의 통제력을 벗어나 전쟁과 생태 파괴 등의 해로운 결과를 낳는 경우도 많아서 기술에 대한 부정적 관점도 자꾸 부각 된다. 어찌 보면 수단이 목적으로 변형되면서 또 다른 수단을 동원하게 만들기도 한다. 그러면서 목적과 수단이 순환적 관계로 영향을 미치는데, 이에 대해서는 기술의 자율성이라는 표현을 쓰기도 한다.

　하지만 20세기 중반 이후 기술철학자들 사이에는 기술의 자율성을 거부하려는 움직임이 생겨났다. 이를테면, 보르크만은 힘만 쓰는 단순 노동은 기계에게 맡기되, 인간 냄새가 나는 기술들에 대해서는 기계화를 거부하자는 주장을 했다. 위너는 기술의 민주화를 외치며 기술의 디자인 단계부터 사람들의 광범위한 참여를 유도하자고 주장했다. 또 공학자인 반더버그는 기술의 악영향이 최소화하도록 디자인하자며 기술발전의 속도를 의도적으로 늦출 필요성이 있다고 말했다. 요즈음 기술사회학이라는 새로운 분야가 부각되고 있는데 이는 기술의 역사를 통해 기술이 이 사회에 미치는 영향을 실증적으로 연구하는 분야이다. 이와 관련하여 최근 중요하게 떠오르는 것이 공학 윤리로 이는 기술을 만드는 공학자의 사회적 책임에 관한 철학적 논의이다.

　시몽동(Gilbert Simondon)이라는 프랑스 철학자는 기술철학에서의 '개체화론' 사상을 펼친 바 있다. 그의 기술철학이 최근 주목을 받는 것은 4차산업 시대의 초지능, 초연결 시대에서 인문사회와 과학기술의 창조적 융합 시대에 맞는 새로운 철학으로 평가받기 때문이다. 그는 21세기 신기술 동향에 따르는 사회적 새 이슈를 미리 잘 꿰뚫어 보는 듯하여, 여기서 그의 기술철학을 간략히 소개해 보고자 한다. 그의 주장의 획기적인 핵심 키워드는 기술적 대상들에 대해서도 인간, 생물과 동등한 존재 지위를 부여하는 '기계 해방'을 추구해야 한다는 데에 있다. 어찌 보면 아직은 좀 과한 사상이 아닌가 싶기도 하다. 하지만 오늘날 기술은 인간과 인간은 물론 여타 개체 간의 관계와 소통의 역량을 확장하고, 상호 협력적으로 함께 진화하는 관계 방식을 만들고 있다. 결국, 앞으로는 인간과 기술의 앙상블이 중요한 삶의 양식이 될 것으로 보는 것이다.

김재희의 '시몽동의 기술철학'(아카넷)이라는 책에서는 시몽동의 개체화론, 기술적 대상의 존재 양식, 그리고 포스트 휴먼 시대의 전망 등이 잘 소개되어 있다.[27] 시몽동은 이렇게 말한다. 향후의 시대는 개체가 속한 집단 관점에 머무르지 않고 앙상블 시대에 적합한 새로운 개체초월적 집단성으로 나아간다. 그러면서 이에 맞는 우리의 발명적 기술 역량을 발현시킬 '엔지니어-철학자' 유형의 인재를 요구한다는 것이다. 시몽동은 기술적 개체 대상들도 생명체처럼 독자적인 실재성을 가지며 사실상 진화를 거듭한다고 보았다.

시몽동은 생명체가 기관-개체-집단의 수준을 가지듯이, 기술적 대상들도 요소-개체-앙상블 세 수준에서 고려될 수 있다고 표현했다.

다만 생명체의 경우에는 요소적 기관들이 개체로 분리될 수 없지만, 기술적 대상들은 요소들이 자유롭게 분리되어 새로운 개체를 구성할 수 있는 특성이 있다. 그리고 기술의 발전도 요소, 개체, 앙상블 측면에서 각자 진행되어 간다는 것이다. 18세기 수공업 시대까지만 해도 인간은 연장 같은 '요소'적 수준의 기술적 대상들과 직접적 관계를 맺었다. 하지만 자동적 기

---

[27] 김재희, 『시몽동의 기술철학』, 아카넷, 2017.

계처럼 인간의 기계적 노동력을 대체하는 기술적 '개체'들이 등장하면서 인간을 소외시키고 좌절시킨다는 비관적 전망이 대두했다. 하지만 이제는 직접적 노동으로부터 해방되는 인간들이 기계들의 상호 관계를 조화롭게 조정하는 역할을 회복해야 한다는 것이다.

현대는 인간 주체를 비판적으로 해체하는 포스트구조주의를 거쳐 인공지능 같은 첨단 기술과학과 함께 새로운 주체성을 모색하는 과정에서 이른바 '포스트휴먼' 관점이 나타났다.

여기서는 AI/로봇/바이오/나노 공학 등의 첨단 기술혁명과 더불어 인간 주체의 범주 바깥으로 배제되었던 존재들에 대한 새로운 성찰 문제가 제기된다. 또한, 인간의 생물학적 한계를 넘어서는 '트랜스 휴머니즘'이란 용어도 등장한다.

이는 소프트웨어적인 요소(정신, 문화)는 물론 하드웨어적인 요소(기관, 신체)까지 스스로 선택하는 생명체를 의미한다. 기계가 인간화되어 가듯, 인간도 사이보그화 되어간다는 것이다. 하지만 이는 휴먼이라는 주체를 그저 향상시킨다는 관점일 뿐이라는 해석도 있다. 여기에는 강력한 인간중심주의와 개인주의적 요소가 여전히 남아 있지만, 시몽동은 인간은 이런 한계를 초월하며 전개체적 실재를 인정해야 한다는 것이었다.

그의 기술철학의 요체는 생명체가 규율사회 속의 개체(individual)에서 탈개체화 된 가분체(dividual)로 이행하고 결국은 개체초월적 (transindividual) 존재로 나아간다고 보는 것이다.

이는 모든 경계가 사라지는 하이브리드 시대에 개체 간의 주종 관계는 빠진 상호 공존 및 연대에 주목하는 일종의 '객체지향적 존재론'을 의미하는 것이기도 하다.

과학기술과 사회

과학이 사회적으로 구성된다는 주장. 즉, 사회가 곧 과학지식 출현의 핵심에 있다는 입장인 스트롱 프로그램(strong program)을 곧 과학의 '사회구성주의'라고 말한다. 한편, 그냥 (과학에 의한) '구성주의'라고 함은 보통 사회에 의한 과학 구성보다는 과학에 의한 사회 구성을 의미하는 표현이다. 그리고 이 두 가지 입장을 통합해서 표현할 때는 과학과 사회의 '공동형성'(co-shaping)에 대한 논의라고 일컬어지기도 한다.

그렇다면 스트롱 프로그램 즉 사회구성주의가 등장한 배경은 무엇일까?[28] 이는 과학 작업이 본질적으로 공동체적이며 사회적 성격이 있다는 사회학자들(칼 만하임, 에밀 뒤르껭)의 주장에서 출발을 했다.

철학적 관점에서는 토마스 쿤이 말한 관찰의 이론적재성(theory-ladenness)이 콰인의 '과소결정이론(underdetermination theory)'과 결합한 것으로 볼 수도 있을 것이다. 여기서 과소결정이론이란 하나의 과학 이론은 증거나 데이터로 충분히 결정되지 않으며 과학 외적인 요인들 또는 이해관계가 인식론적 요소와 결합되면서 결정된다는 주장이다.

해리 콜린즈(Harry Collins)가 말한 과학연구의 세 단계를 살펴보면, 첫째는 과학논쟁 분석으로 그 해석에 있어서의 유연성을 발견하는 단계이며, 둘째는 유연성을 제한하고 논쟁 종결의 기제를 찾는 과정이다. 그런데 그다음 셋째는 이러한 기제 배후에 있는 사회적 구조와의 관계성을 찾아내게 된다(예: 우생학 이데올로기). 콜린즈는 여기서 서로 다른 실험을 동일한 영역으로 모으는 모종의 사회적인 협상이 존재한다고 주장했다(실험자

---

[28] 홍성욱, 「과학사회학의 최근 경향」, 『과학기술의 철학적 이해』, 한양대학교출판부, 2020, pp. 54-66 참조

의 회귀 현상).

이를테면, 중력파 발견을 위해서는 좋은 중력파 검파기를 만들어야 한다. 하지만 이 검파기는 중력파를 찾을 때까지는 좋은 장치인지 알 수 없다. 이를 위해서는 비교하는 표준을 정하는 눈금 매기기(calibration)를 통해야 하는데 이는 일종의 사회적 협상이라는 것이다. 과학의 이론과 실험 중 이론이 반드시 우위에 있는 것은 아니다. 예를 들어, 적외선 발견 사례는 천문학 관측을 통해 열선에 대한 새로운 이론에 도달한 케이스이다. 오늘날 과학철학자들도 실험, 기구, 측정과 같은 과학적 실천에 점점 더 주의를 기울이기 시작했다.

한편, 구성주의에서는 인간 행위자보다 기구, 기계, 전자, 세균 등 비인간 행위자(또는 양자 간의 대칭성)에 더 주목한다. 이러한 실험실의 조건들은 블랙박스화 되어서 실험실 밖 사회로 조심스레 유포되는데 이는 일종의 과학기술의 권력 같은 것이다. 이러한 것들(things)은 과학과 기술에 모두 중요하므로 이에 관한 기술과학(technoscience)이란 용어도 등장했다. 실험실의 결과들은 사회로 유포되는 동맹 네트워크의 분기점(노드; node) 같은 것들로, 국가는 이에 대한 투자를 해야 하는데, 특히 단위와 표준은 가장 기본적인 의무 사항일 것이다.

1960년대에는 기술이 사회를 결정한다는 구성주의적 믿음이 확산되었다. 기술은 그 원래의 발명 목적을 벗어나기도 하며, 이미 기술 속에 본질적으로 잠재된 사회적 궤도는 인간의 통제 밖이라는 주장도 나온다. 하지만 1980년대 기술사회학자들은 이러한 기술 결정론을 비판하면서 오히려 사회가 기술을 구성한다는 사회구성주의 관점을 부각시켰다. 이를테면 효율성은 자본주의 사회에서 중요한 가치이며, 자전거 설계나 220볼트 전원체계처럼 우리가 사용하는 모델은 다른 모델보다 편하고 안전하기 때문에 채택이 된다는 것이다.

한편, 존 로(John Law)는 이와는 조금 다른 관점으로 이종 공학이라는 개념을 제시했다. 그는 기술의 안정화 과정이 사회 집단의 협상을 통해 나온다기보다는 이질적 공학 요소 간의 상호 작용에서 조율되는 것으로 해석했다. 즉, 기술-사회의 행위자 연결망의 안정화를 통해 기술의 안정화도 일어난다는 주장이다.

기술은 과연 어떤 과정을 통해 발전해나갈까? 기술사학자 토마스 휴즈(Thomas Hughes)에 따르면 에디슨은 기술자였을 뿐 아니라 전압 분배, 계량기 등을 포괄하는 기술의 시스템 건설자였다. 우리가 익히 알고 있는 에디슨의 전구 발명은 사실 그중 하나의 구성 요소에 불과하다는 것이다. 기술은 처음엔 급진적 발명에서 싹이 트지만, 개발과 혁신 단계, 기술 이전의 단계, 성장과 경쟁의 단계, 그리고 안정화의 단계 등 네 단계를 거친다. 새로운 기술의 형성 과정에 있어서 때론 시스템 전체의 발전을 가로막는 큰 장애가 발생하기도 하는데, 개발과 혁신 단계에서는 이러한 문제를 해결하는 것이 중요한 관건이 된다. 이를테면 초기의 전력송신 시스템에서는 비싼 구리가 필요했는데, 이에 대한 직류와 교류의 해결 경쟁이 일어났다. 결국, 직류는 송전 반경을 단축하는 방식으로, 그리고 교류는 고전압을 얇은 구리선으로 송전하는 방식으로 이 문제를 해결했다.

이제 과학과 기술의 차이와 상호 작용에 대해서도 살펴보기로 하자. 과학은 자연현상을 깊은 수준으로 이해하려 하지만, 기술은 실제 쓸모있는 유용한 것을 제작하려고 한다. 근대 16-17세기까지만 해도 당시 지성인이었던 철학자/신학자 그룹과 기술자 그룹 간에는 상호 연관성이 거의 없이 별개의 활동을 했다. 하지만 17세기 이후 기술은 망원경, 현미경, 기압계 등 과학기기들을 통해 과학으로 침투하고 과학자도 기술의 발전에 크게 기여하게 되었다. 그러다가 과학자 겸 기술자라는 중간그룹 (상호 교역지대의 경계인들)이 형성되면서 상호 교류는 더욱 가속화가 일어났다. 과학연구의 경우에도 그렇지만 기술에서도 가치중립성 문제가 대두된다. 과학의 가치중립성이란 특정 이데올로기나 특정 집단의 이윤 추구 목적에 의해 특정 가치에 편향된 연구 결과를 산출하는 경우를 일컫는다.

그러다 보면 과학적 사실에 대해서도 과학적 권위로 포장된 거짓으로 재규정될 수 있다. 기술의 경우에도 초기 디자인에서 사회의 편견적 가치가 각인되는 경우가 많았다. 예를 들어, 버스 진입을 어렵게 한 뉴욕의 공원 디자인에는 미국 사회의 인종차별주의가 배어있었다. 기술 디자인이 시스템의 일부가 되면 사회적 관성 같은 것이 작용하여 이를 바꾸기는 무척 어려운 것이다.

과학기술의 리스크

오늘날 과학기술의 발전을 통해 사회적 안전망은 획기적으로 강화되고 위험 요소가 감소된 점이 분명히 있다. 하지만 현대인들은 현재가 과거보다 더 위험해졌다는 인식을 지닌다. 왜 그럴까?

리스크의 크기란 수학적으로는 발생 강도와 발생 확률을 곱한 리스크의 기댓값을 가리키는 것이지만 그런 정량적 판단은 위험에 대한 사회문화적 인식과 반드시 일치하는 것은 아니다. 현대적 의미의 위험분석은 17-18세기에서 비롯되었으며 수학/통계적 확률이론(정량화)과 과학적 방법(사건들의 인과관계)이라는 두 축으로 구성되는데, 역사적으로 근대 이후 해상, 화재, 생명 등의 보험을 통해 빠르게 발전했다. 현대 사회에서의 위험의 특성은 종합적 리스크 예측에 있어서 정량적 계산이 가능하고 또 다양한 리스크들은 일종의 자본적 관점을 가진다는 것이다.

그렇다면 위험에 대한 여러 가지 이론적 접근법에 대해 생각해보자. 가장 먼저 과학기술적 접근법이 있다. 이는 전문가들의 데이터 분석을 통한 정량적 접근법을 의미하는 것으로 우리의 인식 외부에 독립적으로 실재하는 리스크 범주에서 객관적 발생 가능성을 측정하고 계산하려는 것을 일컫는다. 한편 이와는 대조적인 접근법으로 심리학적 접근이 있다.

이는 과학기술적 접근과는 달리 일종의 주관적 위험 인식으로 일반 시민들의 주관적 생각과 느낌을 반영한 것이다. 하지만 이는 사회적인 상황이나 개인적인 믿음에 따라 왜곡되고 편향되기 쉽다는 측면이 있다. 이를테면 광우병 발생 사태 때의 미국 쇠고기에 대한 전국민적 반감, 그리고 체르노빌이나 후쿠시마 원전 사고 이후의 원자력 발전에 대한 기피 인식은 객관적 사실보다는 그 위험성이 더욱 과대하게 받아들여진 감이 없지 않다. 왜 이런 현상이 발생하는 것일까?

이런 심리학적이고 주관적인 접근법들은 대체로 다음과 같은 특성을 가진다. 첫째, 관련 정보의 접근성이 높을수록 우려가 크고, 둘째, 자신과의 관련성이 클수록 과대평가하며, 셋째, 충격적인 결과일수록 크게 받아들이며, 넷째, 언론 보도에 영향을 많이 받고, 다섯째, 개인적 손해 득실에 따라 다르게 평가하며, 여섯째, 집중적으로 발생했거나 현재 위험일수록 더 크게 보는 경향이 있다.

사실 큰 위험에 대해서는 사회적 접근이나 문화적 접근이 일어나는 경향이 있다. 위험(risk) 인식이란 사회적 현상이며 위험에 관한 커뮤니케이션의 결과 현상이라는 것이다. 울리히 벡(Ulrich Beck)은 오늘날 기후변화 같은 리스크는 현대 사회를 규정하는 핵심 요소로 간주하며 이들을 우리가 감수해야 할 일상적 부작용 수준이 아니라 인류의 미래를 위해 해결해야 할 우선적 과제로 보았다. 한편, 니클라스 루만(Niklas Luhmann)은 위험(Risiko)과 위해(Gefahr)로 구분하면서, 내가 통제할 수 없이 외부에서 강제되는 것은 위해로 받아들였지만, 어떤 집단 내부의 일은 위험으로 간주하면서도 관찰하고 스스로 선택할 수도 있는 문제라고 말했다.

과학기술과 위험의 관계를 좀 더 따져보자면, 사실 과학기술은 위험의 해결사이자 위험의 유발자이기도 하다. 위험 문제가 전통사회에서는 주로 자연에서 비롯된 것이라면, 현대 사회에서는 기술시스템의 취약성에 따른 경우가 많다.

따라서 현대 사회에서의 이런 위험을 '기술위험'이라고 부르기도 하는데, 이를 '정상사고'와 과학기술의 능력을 벗어나 변화적 불확실성을 가지는 '탈정상과학' 관점으로 나누어 생각할 수 있다. 먼저, 정상사고란 일종의 시스템적 사고이다. 작은 오류가 연쇄적으로 거대한 실패로 이어질 수 있는 사태를 말하는데, 이에 대해 우리는 기술적인 해결책을 추구하지만, 시스템의 복잡성이 증가할수록 그 위험성도 크게 내재 되는 법이다. 그다음 탈정상과학이란 기후변화 같은 큰 불확실성의 문제를 다루기 위해 펀토비치(Funtowicz)와 라베츠(Ravetz)가 도입한 개념이다.[29] 여기에서는

---

29) 강윤재, 「과학기술과 위험, 어떻게 볼 것인가」, 『과학기술의 철학적 이해』, 한양대학교출판부, 2020, pp.148-151 참조

시스템 불확실성(수평축)과 판단에 따른 위험부담 (수직축)이라는 두 축을 세운다. 시스템 불확실성은 기술적 부정확성, 방법론적 비신뢰성, 인식론적 무지 등을 판단하며, 각 판단에 따른 위험부담의 수준은 최소비용/평균 이상 규모/문명 전체 등 세 가지로 나눈다. 그런데 이중 어느 하나라도 높으면 탈정상과학의 범주에 들어가는데 그 해결책으로는 사실 분석과 동료공동체의 확장이 요구된다고 말한다. 이러한 문제들에 대해 건전한 교양 시민들은 도덕적 힘을 기반으로 하는 판단력과 정치적 영향력, 심지어는 창조력까지 발휘할 수 있기 때문이다.

오늘날 지구 생태 문제는 핵전쟁 리스크와 더불어 대표적인 글로벌 리스크 중 하나로 인식되고 있는데 이에 대한 분석을 조금 해보기로 하자. 우선 그 원인은 과연 어디에 있는 것일까? 신석기시대 농업혁명은 살림을 태워 초지와 농토로 만든 생태혁명의 시초였던 셈이다. 그 이후 중세 북부 유럽에서는 농토 확장과 풍차 바람개비로 쓸 재목을 구하려고 살림을 마구 벌채했고, 산업혁명이 가속화된 19세기 중엽엔 화석연료의 연소가 대기를 크게 오염시키기 시작했다.

또 20세기 넘어올 무렵에는 내연기관과 화학공업 활성화가 대기 오염을 크게 가속화 한 것이다. 사실 과거에는 이런 전 지구 차원의 생태 위험성을 간과해 왔다. 오랜 역사를 돌이켜보면 그리스 사람들은 자연에 정령이 깃들어있으며 인간은 그 일부라는 의식이 존재했었다. 하지만 로마시대에 공인된 그리스도교는 성자를 숭배하며 인간을 자연보다 우위에 놓고 영혼 없는 자연을 지배하고 착취할 수 있는 권한을 인정하는 분위기였다. 하지만 중세 스콜라철학의 토마스 아퀴나스는 신이 인간에게 준 역할은 자연의 지배자가 아니라 관리자 역할이며 인간에게는 자연 및 동물을 보호해야 할 도덕적 의무를 지닌다는 점을 새로이 일깨우기도 했다.

    그렇다면 근대의 자연관은 어떠했을까? 영국의 경험주의 철학자 베이컨은 자연철학은 원인의 탐구와 더불어 효과의 생산에 있다고 보면서 사유적 과학에서 실천적 과학(응용과학)으로의 전환하면서 인간의 영역을 확장해야 한다고 보았다. 또한, 이성의 시대가 오면서 기계적 과학관이 팽배하고, 기계가 자연보다 중요시되었다.

    더구나, 다윈의 자연선택론과 스펜서의 최적자 생존론에서는 인간은 생존을 위해 자연과 싸우는 존재로 인식되었다. 하지만 이제는 온난화로 인한 지구 생태계의 리스크를 바라보며 자연개념의 전환이 긴급히 요청되고 있는 실정이다. 생태학적 문제의 해결을 위해서는 기존 서구의 분석적, 비판적 접근법으로는 한계가 있을지도 모른다. 대신 조화를 중시하는 새로운 동양적 윤리나 스피노자의 형이상학 같은 철학이 요구된다는 의견도 대두가 되고 있다.

과학기술인의 윤리와 책임

    직장인 또는 조직의 어떤 일원으로서 이 극심한 경쟁 환경에 적응하는 생활을 계속해나가다 보면, 이따금 자신이 몸담은 조직의 이익과 바깥 사회의 윤리와 충돌 문제에서 고뇌하는 경우가 간혹 나타날 수 있다. 성과 압박이 극심하지 않은 편인 과학기술인이라 하더라도 막상 이런 상황이 개인에게 닥친다면 그 판단과 결단이 쉽지는 않을 것이다. 그런데 새로운 첨단 과학기술을 다루는 경우 리스크의 사회적 파장은 더 클 수도 있다.

우선 과학기술자들의 연구는 순수하며 가치 중립적이라고 말할 수 있는가에 대해 돌아볼 필요가 있다. 이들의 연구는 순수과학이나 공학기술의 권위로 포장되곤 하지만 현실에서는 어떤 이데올로기나 기업 집단의 이익이나 특정 가치에 편향되는 경우가 많기 때문이다. 하지만 그 연구자들은 연구의 결과 및 사회적 영향에 관해서는 그 사회적 책임을 회피하려고 하기 쉽다.

원자폭탄 개발의 주역이었던 물리학자 오펜하이머(John Robert Oppenheimer)는 2차대전 후 자신은 그저 과학기술의 산출물에 대한 개발자였을 뿐 원폭 개발의 책임은 정치인들의 몫으로 돌리려는 듯한 표현을 했다. 이와 대조하자면 독일에서의 하이젠베르크는 나치 정부의 명령이었던 원자에너지의 기술적 이용 연구 과정에서 자신은 고의적인 태업을 했다고 말했다.

또 하나의 예로, 1986년 7명 대원을 급사로 몰고 가 우리를 충격에 빠뜨렸던 우주왕복선 챌린저호 참사의 경우도 살펴보자. 모턴리콜사의 기술인들은 테스트를 통해 낮은 온도에서는 보조 추진 로켓에 들어가는 고리(O-ring)가 온전히 작동하지 않는 문제점을 발견했다. 하지만 이 보고를 받은 이 회사의 부사장은 그것은 결정적인 증거가 아니라며 그 수석엔지니어에게 "엔지니어의 모자가 아닌 경영인의 모자를 쓰라"고 말하며 발사를 강행시켰다고 한다.

그렇다면 현실적으로 첨단 과학기술인이 사회적 책임을 감당하기 어려운 이유가 어디에 있을까? 일단 좋은 의도로 만든 기술이고 실제 삶의 질과 복지를 도모하기는 하지만, 우리의 인식적 한계로 인하여 장기적으로 의외의 위협이 되며 그 예측이 쉽지 않은 경우가 많다. 때로는 그 결과가 유발하는 피해가 지역에 따라 달라지는 경우도 있다. 또 개발자는 어느 기업이나 국가연구소에서 조직의 피고용인 신분으로 적지 않은 경쟁의식에 사로잡혀 연구의 참 목적을 잊고 그 부작용에 대해 소홀하기 쉬운 경향이 있다는 것도 엄연한 현실이다.

하지만 과학기술인들에게도 평소 윤리적 주체로서의 자기 인식과 더불어 연구개발의 맥락과 사회적 책임성에 대한 통찰이 필요하다. 이를 위해서는 가장 중요한 것은 과학기술인들에 대해 인문학적 소양을 갖출 수 있는 여유와 교육적 조건이 잘 뒷받침되어야 할 것으로 보인다. 윤리적 가치나 정의의 기준이란 수학적 공식처럼 도출하기는 어려운 측면이 있다. 하지만 평소 다양한 윤리적 문제들과 쟁점들을 파악하면서 여러 관점의 차이를 이해하는 훈련이 필요해 보인다. 여러 윤리적 가치들끼리 충돌할 때에는 어떤 가치에 우선순위를 둘 것인가? 이러한 판단을 위해서는 다음과 같은 의사 결정 과정이 유용할 수 있다.

첫째, 관련 사실을 파악하면서 이와 관련된 윤리적 개념들을 정리해본다. 둘째, 윤리적 가치 쟁점들을 확인하면서 그 핵심 개념들을 도출한다(챌린저호에서는 안전성이 최우선), 셋째, 신뢰할만한 근거로 설득력 있는 해결책을 제시한다.

중국에서의 한 의대생 스토리가 있다.[30] 그는 외과 부분 최고 전문의 밑에서 수술 조수로 참여할 기회가 생겼다. 10시간의 응급수술 이후 봉합 지시를 받았는데, 사용된 거즈 열 조각 중 한 조각이 없다는 것을 확인하고 그

---

[30] 리웨이원, 『인생에 가장 중요한 7인을 만나라』, 비즈니스북스, 2015. 이 책에 등장하는 인상적인 스토리로, 저자는 좋은 상사나 파트너에 관해 가장 중요하게 생각해야 할 부분은 '인간성'이며 일 처리 능력을 그다음으로 보았다.

는 곧 이를 보고했다. 그러나 그 전문의는 들은 체도 않고 당장 봉합하라는 지시만 계속했다.

　그 학생은 이에 불복 선언을 하면서 주변 수련의와 간호사들을 긴장시켰다. 알고 보니 그 전문의는 일부러 한 개의 거즈를 숨겨두었던 것이며 그 이후 그를 정식 제자로 받아들였다고 한다. 이 스토리가 실제 있었던 이야기인지는 알 수 없으나 자신의 이해타산을 넘어 윤리적 주체로서 투철한 의식과 용기를 가졌던 이 의대생의 마인드가 우리에게 필요하다는 생각을 하게 된다.

　기업이나 조직에서는 제도와 원칙을 잘 확립할 필요성도 있다. 그리고 우선 내부 고발자에 대한 보호장치가 마련되어야 한다. 또 나중에 문제가 발생했을 경우, 관련자들의 윤리적 의무와 책임에 대해 차등적으로 추궁을 해야 한다. 즉 상급 연구자일수록, 응용단계 개발자일수록, 상용화에 가까운 단계 종사자일수록 더 큰 책임의 부과가 필요할 것으로 보인다. 과학기술 전문직 인원의 단체도 필요하며 그 구성원들은 맹목적 과학기술 지상주의를 반성하고 보다 나은 세상에 대한 구체적 비전들을 발전시키고 공유하는 문화를 조성하면 좋을 듯하다.

　이 사회를 살아가는 우리에게 윤리는 누구에게나 피할 수 없는 것이다. 개인의 삶과 직업인으로의 삶에서 늘 윤리적인 문제와 부딪히게 마련인 것이다. 철학자이기도 한 롭 리쉬 교수는 윤리학의 역할을 세 가지 차원으로 분류하면서 설명하고 있다. 먼저 개인 차원의 윤리학, 즉 인품, 도덕에 관한 이야기이다. 하지만 이런 테마는 진부하게 느껴질 수도 있다. 사실 각 개인에게 미래의 악행을 예방하기 위한 백신 같은 윤리학이란 없다.

　두 번째는 직업윤리 차원이다. 의료계에서의 히포크라테스 선서처럼 직업에서 사람들을 하나로 묶는 직업 규범 같은 것이다. 마지막으로 정치적, 공동체적 윤리 차원이다. 우리의 행동을 크게 형성하는 것이 사회적 제도인 바, 어떻게 하면 더 나은 방향을 갈 수 있는 더 나은 제도를 설계할 수 있을까를 고민하고 연구해야 한다.

그렇다면 철학적 관점에서 보는 윤리적 가치란 과연 어떤 것일까? 사실 옳고 그름은 그 맥락에 따라 다르고 윤리적 가치의 정의는 모호하기 그지없다. 오래전부터의 황금률에 따라 자신이 타인에게 대우받고 싶은 방식으로 타인을 대우하는 것이 윤리적으로 옳은 행위라는 표현이 일단 그럴듯해 보인다. 대철학자 칸트의 의무론에 따르면 윤리, 도덕이란 타인을 수단이 아닌 목적으로 대우하는 것이며, 행위의 결과와 상관없이 우리가 지켜야 할 양심적 행위들이라는 표현을 했다. 한편, 홉즈의 경우처럼 각자가 자연 본성대로 이기적으로 행동하는 것 그 자체가 곧 윤리적으로도 맞는 인간의 길이라는 관점도 있다.

이를 심리적 이기주의, 또는 윤리적 이기주의로 분류한다. 하지만 오늘날 사회생물학에서는 인간의 이타심 또한 타고나는 것이라는 분석도 내놓는다. 또 사회적 관점에서 공리주의는 가장 윤리적이란 최대 다수에게 최대 행복을 제공하는 것이라고 설명한다. 이처럼 윤리 문제에 대해 그만큼 보편적이고 객관적인 규정을 제대로 정하기가 쉽지 않은 것이다. 그렇지만 우리는 이 사회의 구성원인 개인의 활동이 이 사회에 해악이 아니라 더 좋은 영향을 미칠 수 있도록 각자의 바람직한 삶의 자세와 양식을 계속 논의하고 실행하는 데 힘써야 할 것이다.

이제 실천적 공학 윤리에 대해 조금만 더 살펴보며 마무리하기로 하자. 공학 윤리는 과학기술 활동과 관련된 사건에 대한 윤리적 가치문제 연구영역으로 이와 관련된 윤리적 쟁점을 해결하며 윤리적 판단의 정당화 활동을 이끈다. 주로 해당 영역의 단체나 개인들이 승인한 도덕적 믿음과 태도에 대해 논하는데, 미국에서는 과학기술자들이 준수해야 할 공학 윤리 강령이 존재한다. 공학 윤리의 핵심 목표는 윤리학 이론의 쟁점 탐구에 머무르지 않고, 미리 정당화된 윤리적 원리들을 구체적 상황에 적용하는 것이다. 그렇게 되려면, 과학기술자들이 유사시 윤리적 딜레마 상황에서 가장 적절한 윤리적 판단을 하기 위해 평소에 관련 주제에 대한 학습과 훈련이 요구된다.

챌린저호 발사 사례를 보면, 딜레마의 한 축은 안전이 최우선이 되어야 한다는 원칙이며, 다른 한 축은 자신이 소속된 집단의 이익을 증진 시켜야 한다는 원칙인데 이 두 축은 서로 충돌하게 마련이다. 한편 팔레스타인 테러조직 공습의 경우에도 자국 시민의 안전과 적국 시민의 생명 안전 사이에서 서로 다른 윤리적 가치끼리 충돌이 발생한다. 이런 쉽지 않은 윤리적 딜레마 상황들에서 우선순위를 정하는 윤리적 판단이 필요하다. 그렇다면 평소에 윤리적 쟁점들에 대한 대립적 논쟁을 이해하고, 사실을 토대로 비판적으로 평가하며, 함께 설득력이 생기도록 합리적으로 토의하는 훈련이 필요하다는 것이다. 윤리학은 실천에 관한 학문이다.

색인

(I)
if-then-ism ··· 173

(R)
RSA암호 ··· 153

(S)
Schroder-Bernstein정리 ·············· 169

(ㄱ)
가능태 ·· 180
가상디(Gassendi) ···························· 237
가설검정(hypothesis test) ············ 117
가소성(malleability) ······················· 255
가중치 ··· 143
감각질(qualia) ·································· 238
개별자(particular) ·························· 181
개체화론 ·· 261
객체지향적 존재론 ························ 263
건전성(soundness) ························· 203
게임 형식주의 ······································· 172
경사하강법(gradient descent) ······· 144
공분산 ·· 144
공약불가능성 ······································· 207
공학윤리 ··· 275
과소결정이론 ······································· 264

과학혁명의 구조 ································ 206
괴델수 ··· 242
구별 불가능자의 동일성 원리 ·········· 189
귀납법(induction) ··························· 204
귀류법 ··· 148
귀무가설 ·· 117
귀추법(Abduction) ························ 205
극점 ··· 95
극좌표 ·· 140
극한 계산법 ··· 88
근의 공식 ··· 33
기계 기능주의 ····································· 249
기능주의 ··· 238
기울기 벡터(gradient of f) ··············· 133

(ㄴ)
내쉬 평형(Nash Equilibrium) ········· 227
내적 ·· 120
노버트 위너(Nobert wiener) ·········· 226
뉴턴 ·· 186
닉 보스트롬 ······························ 216, 231

(ㄷ)
다변수함수 ··· 131
다비트 힐베르트(David Hilbert) ······ 174
다중선형회귀분석 ···························· 145
단사함수 ·· 71
단조증가함수 ··· 95
닮음 조건 ·· 44

대우증명법 ·················· 147
데미우르고스 ················ 178
데이비드 흄 ··················· 13
데이비드 흄(David Hume) ········ 163
데카르트 ···················· 236
도수분포표 ·················· 110
도함수 ······················ 93
동굴의 비유 ················· 176
드 모르간의 법칙 ·············· 61
등비수열 ····················· 83
등차수열 ····················· 83

(ㄹ)
라디안 ······················· 78
라이프니츠 ··················· 186
러셀의 패러독스 ·············· 168
로그 ························· 75
루치아노 플로리디 ············ 223
리처드 도킨스 ················ 230
리케이온 ···················· 179

(ㅁ)
맥스 테그마크(Max Tegmark) ······ 214
머신러닝 ···················· 222
멀티버스(Multiverse) ·········· 213
멈춤문제 ···················· 243
메논 ························ 159
멱집합 ······················ 169
명제 ························· 62

모나드(monad) ················ 185
모듈로-m 합동 ················ 151
모순율 ······················ 62
무리수 ······················ 21
무의미한 증명법(vacuous proof) ···· 149
미적분의 기본정리 ············· 98

(ㅂ)
반례증명법 ·················· 148
반증가능성(falsifiability) ········ 210
방향도함수 ·················· 137
배중률 ······················ 62
버트런드 러셀 ············ 14, 186
범주론 ····················· 180
베이즈정리 ·················· 55
베주의 항등식 ··············· 151
벤포드 법칙 ················· 221
보에티우스 ·················· 161
보편 기계 ··················· 246
보편자 ····················· 161
보편자(universal) ············· 182
복소수 ······················ 23
부등식 ······················ 39
부분적분법 ·················· 105
부수현상론 ·················· 237
부정적분 ···················· 97
분산(variance) ··············· 111
브라우어(L.E.J. Brouwer) ········ 162
브릿지 원리(bridge principles) ···· 173

비구성적 증명법 ················· 149

(ㅅ)
삼각비 ···························· 47
삼각비의 덧셈 정리 ············ 81
삼각치환법 ····················· 105
삼각함수 ························ 78
삼원주의(tri-ism) ············· 198
상대적 공간론 ················· 186
섀넌 ····························· 228
선험적 종합판단 ··············· 165
선험적(a priori) ··············· 163
선형사상(linear mapping) ··· 128
선형회귀분석 ··················· 142
속성 다발론 ···················· 185
속성이원주의 ··················· 237
수렴반경(radius of convergence) ·· 107
수반론 ·························· 237
수학적 귀납법 ················· 147
순열 ····························· 51
슈뢰딩거 ························ 197
슈뢰딩거의 고양이 ············ 215
스트롱 프로그램(strong program) ·· 264
시그마 기호 ···················· 85
시냅스 가소성(synaptic plasticity) ·· 220
시몽동(Gilbert Simondon) ·········· 261
심신문제 (body/mind problem) ····· 236
쌍둥이 패러독스 ··············· 192

(ㅇ)
아리스타르코스 ················ 214
아리스토텔레스 ············ 160, 178
앨런 튜링(Alan Turing) ······ 223
야코비안(Jacobian) ············ 142
에른스트 마이어(Ernst Mayr) ········ 209
에피메니데스 ··················· 167
엔트로피 법칙 ·················· 194
역관계 원칙 ···················· 225
연속 ····························· 90
연쇄법칙(Chain rule) ·········· 94
연역법 ·························· 203
연역주의적 형식주의 ·········· 173
열역학 제2법칙 ················ 194
오일러 공식 ···················· 108
오일러수 ························ 103
오컴의 유명론 ·················· 161
오펜하이머 ····················· 272
완전제곱꼴 ······················ 31
외적 ····························· 121
우시아(ousia) ··················· 180
원시함수 ························ 96
원의 방정식 ···················· 67
원초적 개별자(basic particular) ····· 182
윌리엄 래퍼포트 ··············· 252
유기체주의 ····················· 200
유리수 ·························· 19
유발 하라리(Yuval Noah Harari) ····· 218
유아론(solipsism) ·············· 240

유클리드의 호제법 ·············· 150
음수 ································ 15
의미 네트워크 ··················· 221
이데아(Idea) ····················· 160
이론적재성 ······················· 208
이종공학 ·························· 266
이차방정식 ······················· 32
이차함수 ·························· 36
이항 ································ 26
이항분포 ·························· 113
인간오성론 ······················· 164
인수분해 ·························· 28
인포스피어(Infosphere) ······· 223
일자론 ····························· 183
일차방정식 ······················· 25
일차함수 ·························· 35
임마누엘 칸트(Immanuel Kant) ······ 164

(ㅈ)
자명한 증명법(trivial proof) ············ 149
자연로그' ························· 103
장석권 ····························· 219
잭슨의 지식 논증 ··············· 241
전단사함수 ······················· 71
전미분 ····························· 135
전사함수 ·························· 71
절대적 공간론 ··················· 186
접평면 방정식(tangent plane) ········ 134
정규분포 ·························· 114

정보엔트로피 ···················· 228
정수의 나눗셈 정리 ············· 150
정적분 ····························· 96
제1 불완전성의 정리 ··········· 243
제2 불완전성의 정리 ··········· 243
제르멜로(Zermelo) ············· 15
제임스 글릭(James Gleick) ·········· 227
조건명제 ·························· 63
조합 ································ 51
존 로(John Law) ················ 266
존 서얼(John Searle) ··········· 245
존 스튜어트 밀(J.S.Mill) ······· 166
중국어 방 논증 ·················· 249
중적분 ····························· 139
지속의 문제 ······················ 183
지수의 법칙 ······················ 74
직접증명법(direct proof) ············ 147
진리집합 ·························· 63
집합 ································ 58

(ㅊ)
찰나 존재론(event ontology) ········ 186
창발성 ····························· 200
처치랜드(Churchland) ·········· 198
최선의 설명에 이르는 추론법 ········ 205

(ㅋ)
카를 헴펠(Carl Hempel) ············· 210
카를로 로벨리 ··················· 193

칸토어 ······································ 13, 21
칸트 ··· 195
쿠르트 괴델(Kurt Gödel) ················ 242
클로드 섀넌(Claude Shannon) ······· 224

(ㅌ)
타당성(validity) ···························· 203
타르스키(A. Tarski) ························ 171
타인 마음의 문제 ··························· 240
탈정상과학 ···································· 269
테세우스의 배 ······························· 184
테일러급수(Taylor series) ············· 106
토마스 휴즈(Thomas Hughes) ······· 266
토머스 쿤 ······································ 206
튜링 테스트 ··································· 245
트랜스 휴머니즘 ···························· 263
티마이오스 ···································· 177
티코 브라헤 ··································· 208

(ㅍ)
파르메니데스 ································ 183
판별식 ·· 34
패러다임 ······································· 206
퍼트남(Putnam) ···························· 174
페르마의 소정리 ···························· 152
페아노 ·· 14
편도함수 ······································· 132
편미분 ··· 132
편미분행렬 ···································· 133

편향 ·· 143
평균제곱오차 ································ 143
평면 방정식 ·································· 123
평행우주론 ···································· 213
포퍼 ·· 210
포퍼(Karl Popper) ························ 198
표본표준편차 ································ 116
표준정규분포 ································ 115
표준편차(standard deviation) ······· 111
프레게 ·· 14
플라톤 ··································· 159, 175
플랑크 시간 ·································· 194
피타고라스정리 ······························ 46
필요충분조건 ·································· 65

(ㅎ)
하이데거 ······································· 195
한국어방 논변 ······························· 252
함수 ··· 35
합동의 조건 ···································· 43
해리 콜린즈(Harry Collins) ············ 264
행렬 ··· 125
행렬식 ·· 126
허수 ··· 23
헤라클레이토스 ····························· 183
현실태 ·· 181
형상(eidos) ·································· 177
형식주의 ······································ 172
확률 ··· 53

확률밀도함수 ·········· 113
확률분포표 ·············· 112
확률질량함수 ·········· 113
환원적 유명론 ·········· 162
회전하는 양동이 논증 ·········· 190
후자 ·············· 14
후험적(a posterior) ·········· 163
흄의 원리 ·········· 13, 169
흉내게임(imitation game) ·········· 245
흡수법칙 ·············· 61
힌티카 ·············· 201